三北地区沙棘工业原料林资源建设与开发利用

胡建忠 等 编著

中国环境出版集团·北京

图书在版编目（CIP）数据

三北地区沙棘工业原料林资源建设与开发利用/胡建忠等编著. —北京：中国环境出版集团，2019.11
ISBN 978-7-5111-4161-3

Ⅰ. ①三… Ⅱ. ①胡… Ⅲ. ①沙棘—工业原料林—森林资源管理—三北地区 Ⅳ. ①S793.6

中国版本图书馆 CIP 数据核字（2019）第 250551 号

审图号：GS（2019）4944 号

出 版 人 武德凯
责任编辑 周　煜
责任校对 任　丽
封面设计 宋　瑞

出版发行 中国环境出版集团
　　　　　（100062　北京市东城区广渠门内大街 16 号）
　　　　　网　　　址：http://www.cesp.com.cn
　　　　　电子邮箱：bjgl@cesp.com.cn
　　　　　联系电话：010-67112765（编辑管理部）
　　　　　　　　　　010-67138929（第六分社）
　　　　　发行热线：010-67125803，010-67113405（传真）
印　　刷 北京中科印刷有限公司
经　　销 各地新华书店
版　　次 2019 年 11 月第 1 版
印　　次 2019 年 11 月第 1 次印刷
开　　本 787×1092　1/16
印　　张 24.5　彩插　8
字　　数 520 千字
定　　价 98.00 元

中国环境出版集团郑重承诺：
中国环境出版集团合作的印刷单位、材料单位均具有中国环境标志产品认证；
中国环境出版集团所有图书"禁塑"。

主要编写人员名单

序：胡建忠

第一章：胡建忠

第二章：胡建忠　单金友　金争平　王东健　张东为

　　　　闫晓玲　温秀凤　李　蓉　赵　越　等

第三章：胡建忠　王东健　单金友　金争平　殷丽强　等

第四章：胡建忠　张东为　闫晓玲　夏静芳　等

第五章：胡建忠　忻耀年　殷丽强　等

第六章：胡建忠　忻耀年　张　滨　等

跋：胡建忠

前　言

很小的时候，估计有六七岁吧，我就已经认识沙棘了。认植物是农村孩子的天性，基本技能，靠山吃山。我们家住在凤凰山下，但渭河两岸的川里人看我们住在凤凰山上，称我们是山上人。事实上从凤凰山顶向北俯视，我们村明显在山下，几乎和川里连成一片平原。凤凰山海拔 1 895 m，渭河海拔约 1 200 m，我们村子海拔最多也就 1 400 m。我们一出门就上山下沟，常常能碰到沙棘。那时我们管它叫酸刺，枝上面有刺，扎手，果实很酸，无法入口，所以这个名字，感觉很妥帖。1982 年春季大学毕业实习时，我进入陕甘交界的子午岭林区，重点开展了 5 种灌木研究，其中位列第一的就是酸刺！是的，我的毕业论文上写的就是酸刺！当时指导我毕业论文写作的是北京林业大学高志义教授，他可以说是我从事研究工作的第一导师，他不仅教会了我沙棘等水土保持植物方面的基本专业知识和技能，更重要的是还教育我做人要诚实、厚道。大学毕业后我能继续考研、读博以及进博士后流动站，都是他鼓励和支持我的结果。十分感谢高志义先生，我的人生导师！

大学的教育，使我明白了沙棘枝条上的刺，是耐旱性的一种表现；沙棘果实酸，是它含有果酸的缘故。不过有时偶遇一些沙棘，也能品出甜味来，那种果实含糖量肯定较高。1982 年大学毕业后，我一直在地方党政部门工作。1989 年年初的一个偶然机会，77 级师兄李敏（我是 78 级），从位于西安的黄河水利委员会（以下简称黄委）黄河上中游管理局来黄委西峰水保站任代站长，来我们单位开会时，看到我仍处于学非所用的状态，就建议我调到他所在的单位工作。经过稍许的考虑，在师兄的推荐下我便顺利地调入他所在的单位。在新单位从事新工作后，李敏师兄就将当时出版的仅有的几期《沙棘》杂志推荐给我看，我也从他那儿学到了植物生长呈 S 形曲线并从科学的角度认识沙棘，以及如何建模的知识和技能。从此，我就迷上了沙棘——这种 20 多年前就已认识、7 年前曾经研究过的植物，也迷上了数学，迷上了计算机，热衷于用计算机建模，模拟沙棘生长发育规律。从此，有关沙棘的论文也就一篇篇地发表了出来。李敏师兄是我重归沙棘队伍的带路人，感谢他！

除了开展沙棘生物学、生态学方面的一些小研究，在黄委西峰水保站，我开展的一项重要工作就是沙棘育种。这是一个全国性协作课题，课题负责人是中国林业科学研究院鼎鼎大名的黄铨研究员。通过种源、小群体等试验，黄铨先生领我进入了沙棘育种大门！他应该是我从事沙棘研究的第二个导师！通过这一课题，我系统地学习并实践了选、引、育的理论和技术，并运用于其他植物研究之中。十分感谢黄铨研究员，我的育种导师！黄铨先生带我们研究的这一课题，荣获国家科技进步一等奖。

1995 年、1996 年连续两年，我被全国沙棘办也就是我现在单位的前身借调，参与承办了一次国际会议、一次国内会议，筹办了一个国际中心，编辑出版了两本与沙棘有关的著作，几乎跑遍了三北地区种植沙棘的沟沟岔岔。在此期间我有幸接触到许多高水平专家，看到许多沙棘试验基地及生产企业，不仅使我开阔了眼界，也积累了许多沙棘知识。2000 年，我主笔撰写的《沙棘生态经济价值及综合开发利用技术》出版后，得到广大读者及业内人士的好评，作为培训教材使用。

沙棘适应性强，三北地区许多地方都可以种植。水土保持治理选用沙棘，退耕还林工程也选用沙棘。加之沙棘有一特性，那就是种植前 3 年，它长得最好；5 年郁闭，郁郁葱葱；一直到 8 年或者 10 年左右，就开始衰败直至死亡。有鉴于此，我曾经呼吁营造沙棘乔木混交林，前期利用沙棘的优势，快速郁闭，辅佐乔木生长；到 8~10 年的沙棘生长后期时，利用乔木优势，遮掩沙棘"英年早逝"的劣势——此时乔木已成林，沙棘作为伴生树种的使命业已完成，两者顺利交接，相得益彰。这种想法，我在甘肃庆阳曾经实践过、也取得过一些成功的经验，并撰写过有关文章。但是未能在全国沙棘生态建设任务最大的砒砂岩地区得以实施，实属遗憾。总的来说，沙棘生态林，更适合营造乔木沙棘混交林的模式。乔木主要指常见的油松、侧柏、刺槐、山杏等，沙棘就是土生土长的中国沙棘，采用常规种植技术，株间混交或行间混交，保证能造一片、成一片、绿一片、美一片。

作为生态建设树种，沙棘在三北地区发挥了十分重要的作用。但是，三北地区普遍位于农牧交错带，也是水蚀风蚀交错区，自然条件很差，生态灾难频繁，人民生活水平相对较为低下。如果能将生态建设与脱贫致富有效结合起来，那真是功德无量了。因此，在三北地区系统开展沙棘工业原料林建设的想法就在我脑海中产生了，并盘踞了两年。这两年来，我开始结合本职工作，在开展高效水土保持植物调研时，就开始对三北地区沙棘种植园、主栽品种、构建模式以及龙头企业等进行系统调研和分析，当然也免不了检索、咨询以及求取有关资料包括图片等。并利用早上上班早到的那两个小时，以及出差时晚间的所有空闲时间，阶段性写作，很快初稿就拿出了，然后配图、润色、校核、订正等也陆续完成。参加本书编著的作者单位，包括我所供职的水利部水土保持植物开发管理中心（水利部沙棘开发管理中心）、国际沙棘协会（ISA），还有黑龙江省农科院浆果研究所、新疆农垦科学院林园研究所、黄河水利委员会西峰水土保持科学试验站、辽宁省水土保持研究所、青海省农林科学院青藏高原野生植物资源研究所、北京金奥尔工程技术有限公司等。本书各章末尾均列有主要参编人员的名单。

沙棘开发是我 2005 年之后开展的新工作之一。在承担北方几个省区沙棘规划的过程中，时任高原圣果公司副总工的忻耀年高工（现在北京金奥尔工程技术有限公司供职）提供给我一些沙棘药品、保健品、食品、化妆品等方面开发利用的工艺技术材料，使我收获颇多。忻耀年高工应该算是我步入沙棘开发大门的领路人，在这里将特别的敬意送给他！本书开发利用章节中，保健品、药品部分引用了《保健食品良好生产规范实施指南》《药品生产质量管理规范及附录（2010 年修订版）》部分内容，产品工艺部分引用了我主笔撰写出版的《沙棘生态经济价值及综合开发利用技术》《砒砂岩区沙棘生态控制系统工程及产业化开发》两书的部分内容，也参阅了一些相关书籍及中国知网上一些文献资料内容，所参考文献附在相关章节之后。向这些提及以及未提及的作者表示感谢！如果挂一漏万，有些资料未能标明出处，还请作者海涵！

　　感谢两年多来在沙棘调研中提供帮助的有关单位，他们是：黑龙江省水利厅水保处、黑龙江省农科院浆果研究所、大兴安岭地区水务局、齐齐哈尔市水务局、漠河县水务局、黑龙江农垦九三管理局水务局、九三管理局荣军农场、孙吴县政府、孙吴县水务局、孙吴县林业局、孙吴县农业局、孙吴县工信局、林口县政协、林口县政协办、林口县水务局、延寿县水务局，辽宁省水利厅水保局、辽宁省水土保持研究所、辽宁省干旱地区造林研究所、阜新市水保局、阜新市林业局、朝阳市水保局、朝阳市林业局、建平县水务局、建平县水保局、建平县林业局，吉林省水土保持研究院、国家林业局沙漠林业实验中心、内蒙古自治区鄂尔多斯市沙棘办、东胜区水保局、准格尔旗水保局、达拉特旗水保局、山西省水利厅水保局、朔州市水利局、五台县水利局、右玉县水利局、岢岚县政府、岢岚县水利局、岢岚县林业局、文水县水利局，陕西省吴起县水保队、吴起县退耕办、甘肃省水利厅水保局、黄委西峰水保站、民乐县水保站、民乐县林业局，新疆维吾尔自治区林业厅、新疆农垦科学院林园研究所、新疆生产建兵团 170 团、阿勒泰地区林业局、青河县林业局、布尔津县林业局、哈巴河县林业局、温宿县工业园区管委会、温宿县林业局、温宿县水保局等。

　　也感谢两年来在沙棘调研中，能够让我入厂区观摩、拍照的有关企业，他们是：长乐山大果沙棘开发有限公司、鼎鑫生物工程有限公司、朝阳智慧沙棘生物科技开发股份有限公司、山西五台山沙棘制品有限公司、山西汇源献果园生物科技有限公司、北京汇源集团右玉有限责任公司、山西省山地阳光食品有限公司、吕梁野山坡食品有限责任公司、宇航人高技术产业有限责任公司、鄂尔多斯市高原植物资源开发有限责任公司、内蒙古天骄圣果生物科技有限公司、华池县甘农生物科技有限公司、山丹县甘农生物科技有限公司、甘肃甘农生物科技有限公司民乐分公司、青海启源生物科技开发有限公司、青海康普生物科技股份有限公司、新疆慧华沙棘生物科技有限公司、新疆恩利德生物科技有限公司、青河县隆壕生物科技发展有限公司、布尔津汇源生物科技有限公司、新疆康元生物科技股份有限公司等。还要感谢提供有关材料和照片的企业，它们是：宇航人高技术产业有限责任公司、青河县隆壕生物科技发展有限公司、完美（中国）有限公司、北京宝得瑞健康产业有限公司、鼎鑫生物工程有限公司、山西科林生物技术开发有限公司、吕梁野山坡食品有限责任公司等。

文中地图部分由我的博士同学、中国农业大学张超教授帮忙完成，向老同学致谢！设计图由本书作者之一殷丽强高工负责完成。照片绝大部分由我本人所摄，还有部分珍贵照片来自单金友研究员、金正平高工、王东健研究员、闫晓玲教授、张滨工程师等。此外，黑龙江省众源冬果沙棘开发有限责任公司杜中元总经理、中国林科院黄铨研究员、中国林科院沙漠林业中心的罗红梅副研究员，以及山合林（北京）水土保持技术有限公司赵学明高工等也提供了一些重要照片，在此表示感谢。还要特别感谢水利部财政项目"全国水土流失区高效水土保持植物资源配置示范"提供出版资助。

沙棘工业原料林建设开发是一件新事情，这方面还有许多工作要探索、要完善。本书的出版，不仅旨在有效指导沙棘工业原料林资源建设与开发的初步实践，同时还意在抛砖引玉，吸引更多的同仁，关注我国沙棘工业原料林资源建设与开发利用向纵深发展，以便凝聚力量，同心同德，共同服务于我国生态文明建设事业。由于作者水平有限，加之时间仓促，书中谬误在所难免，敬请读者提出宝贵意见，以便作者及时更正并应用于工作实践中。来信请发至：bfuswc@163.com。

胡建忠

2018 年 5 月 5 日初稿

2018 年 10 月 12 日定稿

目　录

序

　　工业原料林，又称工业人工林，是指采取集约经营方法，实行速生、丰产、短轮伐，以解决迅速发展的轻化工、建筑、食品、医疗等工业原料而经营的林分，如造纸原料林、食用菌原料林、人造板工业原料林、紫胶和烤胶原料林以及木本粮、油林等。它之所以叫工业原料林有两层含义，一是作为工业原料而经营；二是对这种林分要采取工业式经营。工业原料林在现代科学技术的推动下，以生产周期短、经营目的明确为特点，采用高度集约的生产方式，使原料林的速生栽培不仅成为可能，而且能成为一项可以投资赢利的产业，更是以异乎寻常的速度，在一些国家率先发展起来[1]。

　　从全世界范围看，工业原料林栽种面积虽只占世界森林面积的3%，但其年蓄积生长量却占世界森林生长量的20%以上。在日本、巴西、新西兰、印度尼西亚、马来西亚等一些国家，工业原料林已经在林业生产中占据了重要的地位，取得了很好的经济效益[2]。我国一些重点集体林区，选择了许多有价值的树种如槟榔（*Areca catechu*）、橡胶树（*Hevea brasiliensis*）、桉树（*Eucalyptus* sp.）、芒果（*Mangifera indica*）、北五味子（*Schisandra chinensis*）、软枣猕猴桃（*Actinidia arguta*）、蓝莓（*Vaccinium myrtillus*）、蓝靛果（*Lonicera caerulea* var. *edulis*）、翅果油树（*Elaeagnus mollis*）、文冠果（*Xanthoceras sorbifolium*）、长柄扁桃（*Amygdalus pedunculata*）、苦水玫瑰（*Rosa rugosa*）等（图0-1），在实践中科学合理地运用技术措施与手段，确保营林工作成效，提高了产业经济效益，实现了投资回报最大、经营利润合理的两大目标[3,4]。

槟榔（海南昌江）

橡胶树（海南万宁）

桉树（广东湛江）

芒果（广西田林）

北五味子（辽宁凤城）

软枣猕猴桃（辽宁凤城）

蓝莓（黑龙江伊春）

蓝靛果（黑龙江大兴安岭）

翅果油树（山西乡宁）

文冠果（甘肃靖远）

长柄扁桃（陕西神木）

苦水玫瑰（甘肃永登）

图 0-1　我国不同地区种植的工业原料林

第一节　沙棘工业原料林及其建设由来

　　沙棘属植物（*Hippophae*）是一种发源于青藏高原，分布于欧亚大陆，一般呈灌木状（在南亚地区及我国西南地区有许多呈乔木状）生长的高效水土保持植物。多年来，我国人工种植的沙棘乡土资源，多为中国沙棘（*Hippophae rhamnoides* ssp. *sinensis*）亚种，而从俄罗斯、蒙古引进的所谓大果沙棘，多为蒙古沙棘（*Hippophae rhamnoides* ssp. *mongolica*）亚种。中国沙棘多服务于生态建设目的，其涵养水源、水土保持、防风固沙等作用十分明显，属于公益林。国家经济建设的快速发展，企业对植物原料的迫切需要，促成了沙棘工业原料林的诞生。用于沙棘工业原料林建设的沙棘，除了优选的中国沙棘亚种的一些品种，一般为从俄罗斯和蒙古引进的蒙古沙棘亚种优良品种，还有蒙古沙棘与中国沙棘两个亚种间的杂交种——蒙中沙棘（*Hippophae rhamnoides* ssp. *Mongolica-sinensis*）。以下为了叙述方便，将沙棘属植物统称为沙棘，将蒙古沙棘简称为大果沙棘。

一、工业原料林概述

《中华人民共和国森林法》规定，将森林划分为 5 大类，即防护林、用材林、经济林、薪炭林及特种用途林。中华人民共和国林业行业标准《公益林与商品林分类技术指标》（LY/T 1556—2000）按森林多功能主导利用途径的不同所划分的森林类型，分为公益林与商品林两个类别。其中：

（生态）公益林（non-commercial forest）指为维护和创造优良的生态环境，保持生态平衡，保护生物多样性等，满足人类社会的生态需求和可持续发展为主体功能，主要是提供公益性、社会性产品或服务的森林、林木、林地。

商品林（commercial forest）指以生产木（竹）材和提供其他林特产品，获得最大经济产出等满足人类社会的经济需求为主体功能的森林、林地、林木，主要是提供能进入市场流通的经济产品。

按前述国家林业行业标准（LY/T 1556—2000），以森林提供的主导产品属性不同，建立了"森林类别—林种—二级林种"3 级森林分类系统，详见表 0-1。

表 0-1　森林主导功能分类系统

类别	林种	二级林种	主导功能
公益林	特种用途林	国防林	保护国界、掩护和屏障军事设施
		科教实验林	提供科研、科普教育和定位观测场所
		种质资源林	保护种质资源与遗传基因、种质测定、繁育良种、培育新品种
		环境保护林	净化空气、防污抗污、减尘降噪、绿化美化小区环境
		风景林	维护自然风光和游憩娱乐场所
		文化林	保护自然与人类文化遗产，历史与人文纪念
		自然保存林	留存与保护典型森林生态系统、地带性顶极群落、珍贵动植物栖息地与繁殖区和具有特殊价值的森林
	防护林	水土保持林	减缓地表径流、减少水力侵蚀、防止水土流失、保持土壤肥力
		水源涵养林	涵养和保护水源、维护和稳定冰川雪线、调节流域径流、改善水文状况
		护路护岸林	保护道路、堤防、海岸、沟渠等基础设施
		防风固沙林	在荒漠区、风沙沿线减缓风速、防止风蚀、固定沙地
		农田牧场防护林	改善农田牧场自然环境、保障农牧业生产条件
		其他防护林	防止和阻隔林火蔓延、防雾、护渔、防烟等
商品林	用材林	一般用材林	培育工业及生活用材、生产不同规格材种的木（竹）材
		工业纤维林	培育造纸及人造板工业等所需木（竹）纤维材
	薪炭林		生产木质热能原料和生活燃料
	经济林	果品林	生产干、鲜果品
		油料林	生产工业与民用油加工原料
		化工原料林	生产松脂、橡胶、生漆、白蜡、紫胶等林化原料
		其他经济林	生产饮料、药料、香料、调料、花卉、林（竹）食品等林特产品及加工原料

二、沙棘工业原料林的提出

20 世纪 50—70 年代，我国人工种植的沙棘林基本上属于公益林中的防护林和商品林中的薪炭林，且以前者种植面积较大；种植品种多为中国沙棘亚种乡土资源[5]。20 世纪 80 年代改革开放以来，随着从苏联引进优良大果沙棘栽培品种，商品林中的经济林种植在我国东北地区逐步展开[6]。

20 世纪 80 年代中期，东北地区开始通过货币购买、互换种质资源、以货易货等方式，首先引进了苏联第一代、第二代大果沙棘优良品种，并利用较好的坡耕地，在黑龙江等地多以种植园方式经营（图 0-2）。肥沃的土壤、适宜的气候，加之精耕细作、管理科学，引进的大果沙棘让东北地区沙棘种植者尝到了甜头。更为可贵的是，在种植过程中，选育出了中国第一代沙棘良种辽阜 1 号（*Hippophae rhamnoides* ssp. *mongolica* "Lianfu 1"）等[7]，并逐步推广到我国三北地区，起到了推动大果沙棘种植和开发的突出效果。

黑龙江孙吴

黑龙江讷河

黑龙江林口

黑龙江穆棱

图 0-2　东北地区大果沙棘种植园

从 20 世纪 90 年代起，新疆北部阿尔泰地区从俄罗斯、蒙古以及我国东北地区引进优良大果沙棘品种，以种植园的方式（图 0-3）经营[8]。新疆"有水便是绿洲，无水便是荒漠"的自然特征，注定大果沙棘种植与其他许多作物、林果木一样，只能采取灌溉栽培方式。新疆大果沙棘种植从阿尔泰地区的青河县开始，逐步向北疆、南疆等其他地区推进，甚至带动了新疆生产建设兵团参与，并开展了规模化种植大果沙棘的历程，形成了当地一个独具特色的工业资源。

新疆克拉玛依

新疆青河

新疆布尔津

新疆哈巴河

图 0-3   北疆大果沙棘种植园

2006—2008 年，以沙棘生态治理砒砂岩著称的内蒙古鄂尔多斯地区，提出并实施了种植沙棘工业原料林的全面布局。鄂尔多斯气候条件干旱，加之土质疏松，水土流失十分严重，因此适宜种植的沙棘良种不能直接应用引进的俄罗斯大果沙棘，只能从中选择一些选育沙棘（仍为蒙古沙棘），还有一些蒙中杂交品种。目前，鄂尔多斯以经济用途为首要目的种植的大果沙棘，多布设于河滩地，或在川滩地与作物进行带状间作式栽培，或用于露天煤矿的复垦（图 0-4）。目前，该区也算是我国除东北黑龙江、西北新疆以外，第三片面积较大且较为集中的大果沙棘经济林种植地区。

矿区复垦（内蒙古鄂尔多斯）

农林复合（内蒙古达拉特）

图 0-4　内蒙古大果沙棘工业原料林

我国 3 大片区沙棘种植基本上出于经济目的，林种类别归商品林，包含了表 0-1 中 3 个一级林种—用材林（二级林种有工业纤维林）、薪炭林和经济林（二级林种有果品林、其他经济林）。我们将这些林种（含二级林种）统一用一个新的名称"工业原料林"来加以概括，用于反映我国三北地区以经济利用为主要目的的沙棘林。

第二节　沙棘工业原料林建设目的和要求

我国虽然地大物博，但由于人口这个巨大基数，我国人均土地资源仍然十分有限。沙棘资源建设不可能靠无限扩大山丘区人工林地面积，广种薄收，满足企业加工需求。选择条件较好的土地发展沙棘工业原料林，能够以较小投入获取较大效益，事半功倍[9,10]。

一、建设目的

沙棘工业原料林的建设，既是解决企业原料供给、增加农民收入的重要手段，也是有效保护现有沙棘天然资源和公益林的客观要求。

（一）有效解决加工企业对优质沙棘资源的迫切需求

改革开放后，特别是自从 1985 年 11 月 16 日时任水电部部长的钱正英同志向中央主要领导呈交了"以开发沙棘资源作为加速黄土高原治理的一个突破口"的报告后，在全国范围内掀起了种植、开发沙棘的热潮。据不完全统计，截至 2000 年年底（第一个十五年），全国范围（主要为三北地区）建有大大小小沙棘企业近千家，通过水土保持小流域治理、三北防护林建设等，新造沙棘林 1 000 余万亩，其中在东北地区种植有小面积大果沙棘资源，但三北地区绝大部分地区种植的是中国沙棘林，或准确地说是"生态林"，虽然发挥着很好的水土保持、水源涵养、防风固沙等生态功能，但就资源产量而言，与沙棘企业需求十分不对称，优质资源不足、产品营销不力等造成了这一阶段许多沙棘企业陆续破产。

2001 年起，全国退耕还林、还草工程逐步实施，掀起了又一波种植沙棘的热潮。在三北地区通过退耕地种植沙棘，以及三荒地水土保持小流域综合治理，截至 2015 年（第二个十五年）新增沙棘林 2 000 余万亩（绝大部分依然为中国沙棘林）。沙棘以其种植前 3 年生长速度最快、5 年进入盛果期、远较其他许多经济树种结实早等特点，成为北方许多地区退耕还林、流域治理的首选树种。沙棘造林方式以纯林为多，但也不失沙棘与油松、山杏、杨树、刺槐等的乔灌混交林。但问题是，虽然人工种植沙棘的面积累计已达 3 000 万亩，而且沙棘种植后的生态效益也十分显著，但由于采用实生苗，造林后雄株比例经常占到 60%～70%，特别是沙棘强大的萌蘖能力，致使沙棘人工林分在 5 年以后几乎全部郁闭，沙棘果实产量仅成为"生物产量"，苦于树冠下部自然整枝枯死、果层区刺多，特别是林密无法进入采摘，而难以成为"经济产量"，因此沙棘加工企业仍然为资源短缺而四处奔波。这一阶段沙棘企业经过大浪淘沙，能够生存下来的多是这一行业的佼佼者（图 0-5）。大浪淘沙后的百余家沙棘企业，依然受制于沙棘资源的短缺而步履蹒跚，发展相当缓慢。

野山坡（山西文水）

五台山（山西五台）

山阳药业（山西岢岚）

科林（山西太原）

长乐山（黑龙江孙吴）

鼎鑫（黑龙江延寿）

朝阳智慧（辽宁建平）

宝得瑞（北京）

宇航人（内蒙古和林格尔）

天骄（内蒙古鄂尔多斯）

康普（青海西宁）

完美（广东中山）

隆壕（新疆青河）

惠华（新疆青河）

康元（新疆哈巴河）

布尔津汇源（新疆布尔津）

图 0-5　我国部分沙棘企业

从 20 世纪 80 年代中后期开始，我国东北地区从苏联引进大果沙棘建立种植园的实践，已经为沙棘资源的获取探索了一条道路。近年来在干旱少雨的内蒙古鄂尔多斯地区，在地方政府推动下，也种植了一些沙棘工业原料林。特别是在矿区复垦地，由于企业有实力配置滴灌设施，种植的"深秋红""壮圆黄"等品种的沙棘林，已进入盛果期（图 0-6）。因此，利用引进大果沙棘以及从中选育或采取杂交手段等获取的沙棘优良资源，采用扦插手段快繁苗木，建立沙棘工业原料林，辅之以经济林的管理手段，可以实现"一亩顶百亩"的效果。从现场调查研究结果来看，1亩工业原料林的大果沙棘果实产量，可以达到100亩中国沙棘生态林的果实产量。在三北地区建设沙棘工业原料林，是有效解决加工企业沙棘原料的主要途径。

图 0-6　矿区复垦地上的沙棘工业原料林（内蒙古鄂尔多斯）

（二）合理保护现有沙棘天然资源和公益林资源

20世纪80年代以来，人们对生态环境保护的认识逐步深化。越来越多的人认识到，良好的生态环境是社会经济可持续发展最重要的保障因素之一。森林是陆地生态系统的主体，是保持生态平衡、保护生物多样性、维护生态环境至关重要的物质载体，它的生态效益价值远远大于生产木材的直接经济价值。因此，森林应当在涵养水源、保持水土、防风固沙、调节气候、保护农田以及保护生物多样性等方面发挥主导作用。而且，只有把大多数天然林有效地保护起来，同时按照相同的策略，大力发展公益林，才能天、人互补，达到上述目的，从根本上保证国家多方面的生态经济需求，满足人们对经济发展和美好生活向往的需求。实践证明，保障工业快速发展对植物原材料的需求，有一个重要的措施，就是在自然条件和经济条件较为适宜的地区，大力开展工业原料林建设。这样方可减轻人类对天然林和公益林的压力，达到保护森林资源的目的。

沙棘资源建设也不例外。20世纪80年代末从国家号召开发沙棘以来，沙棘企业几乎遍及三北地区，甚至在上海、广州等沿海经济快速发展地区也建有沙棘开发公司。企业的需求，资源的不足，致使群众采果由近及远，逐步到更为遥远的所谓老山、河源区等生态保护区采摘。特别是由于沙棘资源的责、权、利划分不清，采摘中甚至经常发生对沙棘资源的掠夺式采摘，还有甚者将整株沙棘树伐倒采果，这种掠夺式采摘毁灭了大面积的沙棘天然林以及早期营造的公益林，严重降低了这些地区生态功能。在西北地区的甘肃、青海、新疆等地，沙棘天然林被成片破坏的事件不胜枚举。

因此，在条件较为适宜的我国三北地区建立沙棘工业原料林，不仅十分紧迫而且大为必要。沙棘工业原料林可以建设在交通方便之处，以实现近距离采摘；按需确定种植品种，雌雄比例搭配合理，以满足高产优质的目的，特别是有助于防止杀鸡取卵式采摘破坏，从而从根本上消除对沙棘天然林和公益林的破坏，实现区域总体生态、经济功能的最优布局。

（三）切实提高企业、农民双方参与沙棘资源经营和管护的积极性

如前所述，多年来在三北地区沙棘造林实践中，遍布于荒山、荒沟、荒滩的沙棘林，多源于水土保持小流域治理、三北防护林建设、退耕还林还草工程等国家级生态工程。这些工程普遍基于生态治理，因此，种植中多采用沙棘实生苗造林。这种造林手段，苗木繁殖容易，成林迅速。在三北地区，一般 3～5 年即可成林，生态功能十分显著。但是，这类公益林中林木个体多为雄株，雌株比例少且棘刺太多，加之林分郁闭，无法进行采摘。这种状况严重影响到沙棘相关企业的资源供给，许多企业只能小打小闹，处于半停产状态中；而群众采摘十分不易，成本过高，种植、管护的积极性几乎没有。

营造沙棘工业原料林，促进农民拥有的沙棘林地果叶资源与企业的资金、技术和人才等生产要素紧密结合，必然是一场革命性的创举。由于采取无性系沙棘良种壮苗，雌雄比例通过人为合理搭配，加之经营、管护措施到位，抗灾应变能力强，因此，原料林基地的沙棘不仅可实现科学经营，而且能达到速生、丰产、稳产，有效延长沙棘林经营周期的效果，可最大程度保障企业所需资源供给，提高农民造林、营林的积极性，从而能自觉投入沙棘经营活动中去，逐步实现自有沙棘林的采果采叶，进而实现企业与农民共赢的局面。企业从大量优质资源的合理供给中，解决了"等米下锅"的窘境，从而能够扩大再生产，扩大投入包括对原料供给的保护性投入，提供优质产品，服务于整个社会。企业、农民双方互相支持，互相促进，相得益彰。

二、基本要求

发展沙棘工业原料林，不仅是增加资源，同时也是保护资源的重要手段，对于促进生态文明建设和社会主义新农村建设，均具有十分重要的现实意义。沙棘工业原料林建设，有其对技术、经营和市场等方面的基本要求。

（一）合理配套经营管理措施

完善沙棘资源经营管理措施，是实现沙棘工业原料林能否实现可持续经营的前提。

首先，应通过科技创新，提高营林的科技含量。沙棘工业原料林建设区，可根据区域产业发展策略、自然生态环境建设需要，对沙棘原料林基地进行统筹规划、合理布局，并

通过建立健全沙棘工业原料林发展的科技支撑体系，实现集约经营，提高沙棘果、叶等资源产品产量和质量，实现区域生态、经济协调发展。

其次，要遵循市场经济规律，按照市场经济规律运作。加大沙棘资源整合力度，使其朝规模化、集约化方向发展，引导沙棘资源资产合理、有序、高效、快捷地流转。

最后，还要转变有关部门的管理职能，重点依靠经济手段、法律手段，辅之以必要的行政手段，对沙棘工业原料林经营活动进行有效调控，充分发挥好规划、引导、协调、监督和服务等职能，有效培育沙棘资源资产市场。

（二）努力构建种植加工共同体

有关研究[11,12]业已表明，在集体林区，应通过破解造林资金和技术的"瓶颈"——林工分离，引导林农将其拥有的林地、林木所有权和使用权，与林业企业开展合作经营，建立工业原料林基地，使企业与林农结成紧密的利益共同体，实现经营目标的利益最大化。

沙棘工业原料林经营的目标模式应该是林工结合，企业化或集团化经营，以追求最大经济利益为主要目标。营造沙棘工业原料林，在林权明晰、林农自愿和利益分配明确的基础上，发挥市场对资源配置的作用，促进农民拥有的沙棘林地资源与企业的资金、技术和人才等生产要素结合，构建"公司+基地+农户"、"公司+协会+基地+农户"或股份制联合经营等共同体经营模式，实现市场化运作和现代企业的经营管理，促进林工结合。

种植加工共同体模式促进了融资机制的创新，进一步拓宽了造林、营林资金的渠道，探索了降低和规避企业投资风险的有效办法，提高了企业资金的运营效果，凸显了龙头企业的带动作用，同时有效促进、保障了企业资源供给，明显增加了农民自有沙棘林的经济效益，也给农民吃了定心丸，进而形成企业与农民的共赢局面。

（三）有序完善市场经济体制

我国的林业、水保等有关工作者，对国外先进的工业原料林的建设情况、经营实践、发展道路和趋势、经济扶持手段、税费政策等做过很多研究。李智勇先生对新西兰、日本、马来西亚，侯元兆先生对巴西、智利、刚果，王秉勇对巴西，以及沈照仁和陆文明先生对印度尼西亚，都在不同方面、从不同角度做过大量的研究工作[13]。

李建民先生对巴西的短周期工业原料林基地建设做过实地考察和研究，他认为，巴西短周期工业原料林基地建设有4个特点：一是有性育种与无性利用相结合，提高人工林生长效率；二是科学研究与生产利用相结合，提高人工林的经营效益；三是营林生产与林产工业相结合，确保人工林的资金投入；四是重视政策扶持。

国外工业原料林的发展比较成熟，这得益于其比较成熟的市场经济体制和产业扶持政策，从立项、投资、营林、采运到加工等整个过程都非常成熟和理性，当然也得益于其庞大的企业集团所起的"龙头"作用。例如，印度尼西亚的顺和成集团和国际木材公司就是典型，它们经营工业原料林的模式很成熟，原料问题解决得很好。而印度尼西亚本国私人公司投资工业原料林的规模巨大、林工结合得很完整，值得我国认真学习、总结和借鉴。

我国工业原料林的市场模式和适应性的政策研究较少，总体来说，模式还比较落后，有些政策也不到位，而且大部分还是计划经济时期的产物，与市场经济体制不相适应。相关研究中关于林业税费过重现象的反映较多，各级森林主管部门和经营者也多有抱怨。而投资政策与投入和税费都有联系，税费政策是投资政策的一部分，投资政策可以直接影响对人工林的资金投入。目前，政府应打破现有的部门利益条块分割等壁垒，对工业原料林的经营制订相关的扶持政策，有效解决工作中存在的制约问题。

第三节　沙棘工业原料林建设现状

我国沙棘工业原料林建设尚处于起步阶段，目前主要位于东北、新疆和内蒙古鄂尔多斯3大片区，同时还有一些规模很小且零散的其他片区。目前，三北地区沙棘工业原料林建设面积约有50万亩。

一、东北片区

东北片区发展沙棘工业原料林起步最早，主要位于黑龙江省，且与东北经济特征相符，发展步伐不大。但黑龙江林口、穆棱近几年发展较快，给东北片区沙棘工业原料林建设，吹起了阵阵清风。目前，东北片区沙棘工业原料林建设面积约有12万亩。

（一）黑龙江省

黑龙江中北部是目前我国东北地区大果沙棘种植最为集中的地区（图0-7），除了吴县保有"丘伊斯克"（*Hippophae rhamnoides* ssp. *Mongolica* 'Chuiskaya'）等大果沙棘资源面积4万亩外，林口县及毗邻穆棱市八面通林业局发展势头很快，目前"深秋红"（*Hippophae rhamnoides* ssp. *Mongolica* 'Shenqiuhong'）等大果沙棘种植面积已高达6万亩，而且未来几年规划的种植面积都在数万亩之上。全省现有沙棘工业原料林面积约12万亩。孙吴县等多地有将大果沙棘主栽品种更新为既晚熟、从而避开用工问题，又能打冻果、有利于提高采摘效率的优良品种——"深秋红"的趋势。

"丘伊斯克"（黑龙江孙吴）　　　　　　　"深秋红"（黑龙江孙吴）

呈冻果的大果沙棘晚熟品种——"深秋红"（黑龙江林口）

图 0-7　黑龙江省大果沙棘资源建设

东北地区大果沙棘一般容许在种植后前 3 年在带间套种大豆（*Glycine max*）等作物，但却"一刀切"地禁止 3 年后套种，虽然某种程度上防止了打药等对果实的污染情况，但沙棘带间杂草丛生却随处可见，土地利用率不高也是不争的事实。

同时，虽然该区是全国最早开展大果沙棘种植的地区，但加工企业却寥寥无几。孙吴县仍是多年前的老企业"长乐山"，延寿县新建了"鼎鑫"，算是黑龙江省为数不多的亮点。总体来看，企业配置少，产品种类也不多，与其资源大省地位不相匹配，在一定程度上限制了这一地区沙棘资源建设的发展步伐。

这一地区大果沙棘资源在生态与经济两方面都发挥了积极作用，但是，有关部门还应未雨绸缪，继续做出不懈努力。首先，需要科学论证大果沙棘企业的总体布局及开发战略，积极引入一些龙头企业，努力加大开发力度；其次，应稳步开展沙棘资源基地有机认证工作，争取将大果沙棘资源销往日韩、欧美等地区；最后，采取多种综合措施，尽早预防种植面积发展过快可能造成的"物贱伤农"现象，如在大果沙棘带间种植抗病虫能力强的紫花苜蓿（*Medicago sativa*），有效支持当地畜牧业发展等。

（二）辽宁省

辽宁省西部的阜新、朝阳两市，以及毗邻的内蒙古赤峰等地，形成了东北地区另一片沙棘集中种植区域（图0-8）。此区虽然从行政区划上归东北，但从生态区域上来看，实应归属于华北北部。辽宁省称得上工业原料林的沙棘种植园寥寥无几，面积仅区区百十亩。

沙棘嫩枝扦插育苗（辽宁阜新）

大果沙棘种植园（辽宁阜新）

大果沙棘种植园（辽宁建平）

图 0-8　辽宁省大果沙棘资源建设

阜新市是我国大果沙棘的主要选育和繁育基地，从 20 世纪八九十年代起，陆续选育了"辽阜 1 号""深秋红""状圆黄"（*Hippophae rhamnoides* ssp. *Mongolica* 'Zhuangyuanhuang'）、"无刺丰"（*Hippophae rhamnoides* 'Wucifeng'）等优良品种，并通过全光喷雾嫩枝扦插繁育手段，将优良品种推广到三北地区，作为种植园品种被优先选用，在沙棘资源产业化建设方面发挥了突出的作用。特别是"深秋红"品种，具有结实晚、果实在树体滞留时间长等优良特征，在东北地区已经成为打冻果的首选品种。目前，阜新市每年仍繁育"深秋红"等优良品种 2 000 余万株，在三北地区生态建设中得到很好的推广应用。但令人遗憾的是，阜新虽然提供了占全国一半以上的大果或改良沙棘苗木并推广到三北地区，但阜新自己却几乎没有沙棘种植园，仅在阜蒙有数亩改良沙棘观测园。

朝阳市建平县在 20 世纪 90 年代，以百万亩中国沙棘种植面积，成为当时全国沙棘种植第一县，发挥了很好的示范作用。后来由于生长年限、土壤水分以及病虫害等多方面因素的影响，中国沙棘保存面积锐减。不过从 21 世纪初起，中国沙棘又作为退耕还林工程、小流域治理工程的主要树种，以与乔木混交的方式，在建平县继续得到运用。调查中发现，与中国沙棘混交的山杏（*Armeniaca sibirica*）、杨树（*Populus* sp.）、油松（*Pinus tabuliformis*）等树种，生长旺盛，植物多样性高，已形成了很好的林相，发挥了突出的生态功能。在建平县黑水镇现代农业科技园区保留着数亩大果沙棘种植园。

建平县现仍保留有沙棘加工企业 6 家（图 0-9），其中辽宁意成企业集团的智慧沙棘，包含沙棘冰酒、沙棘油、沙棘汁、沙棘黄酮等产品，已在新三板上市，利用这一平台优势，为做大做强企业，开展了全新探索，成效较为显著。

图 0-9　辽宁省沙棘加工企业生产线（辽宁建平）

辽西是辽宁省水土保持的重点地区，中国沙棘多年来在这一地区得到了推广利用，发挥了很好的生态经济功能，今后还应以伴生树种方式，与乔木树种开展混交种植。目前，阜蒙、建平、朝阳等地建有以试验为主要目的的百十亩大果沙棘园，从生长结实情况分析，这一地区有建成大果沙棘工业原料林的基本条件，关键在于科学规划，有序推进。

二、新疆片区

新疆地区是与东北、鄂尔多斯齐名的我国三大沙棘工业原料林建设基地之一，在我国生态建设、产业开发中起着十分重要的作用。以阿勒泰为代表的北疆地区，包括新疆生产建设兵团，是我国沙棘工业原料林种植的最强势地区，沙棘种植、企业布局发展速度很快；南疆地区近年来也逐步开展了大果沙棘种植。该区现有大果沙棘工业原料林面积约 33 万亩，成为国内沙棘工业原料林种植面积最大的基地，其中：北疆 15 万亩，南疆 10 万亩，新疆生产建设兵团 8 万亩。

（一）北疆

北疆伊犁州下辖阿勒泰地区、塔城地区和伊宁市，都是沙棘种植重点地区，此外，克拉玛依市以及昌吉州等，从 21 世纪伊始即开始有计划地逐步推动沙棘工业原料林基地建设，目前大果沙棘种植面积约 15 万亩。

北疆沙棘工业原料林建设比较规范，主要表现在以下三个方面。

一是基地主栽品种十分丰富，几乎涵盖了国内所有大果沙棘优良品种。在北疆地区，既有来自俄罗斯的"丘伊斯克""太阳"（*Hippophae rhamnoides* ssp. *mongolica* 'Solnechnaya'）等引进品种（图 0-10），也有在引进实生种苗基础上选择出的"深秋红""状圆黄""乌兰沙林"（*Hippophae rhamnoides* ssp. *mongolica* 'Wulanshalin'）、"辽阜 1 号"等选育大果沙棘品种，还有中国、蒙古两亚种之间进行杂交而得的"杂雌优 1 号"（"蒙中黄"）、"杂雌优 10 号"（"蒙中红"）、"杂雌优 54 号"（"俄中丰"）等中蒙沙棘杂交品种，特别是从当地野生大果沙棘资源中选择来的一些优良乡土品种（图 0-11）。

图 0-10 北疆引进大果沙棘优良品种（新疆青河）

图 0-11 北疆优良大果沙棘乡土资源（新疆布尔津）

二是模式构建比较成功，土地、水分利用十分合理。北疆地区普遍采用 1.5 m×4 m～2 m×4 m 的沙棘定植株行距，行间保留有以藜科（*Chenopodiaceae*）植物为主的自然植被；在水分条件较好地段，行间还间作有小麦（*Triticum aestivum*）、紫花苜蓿（*Medicago sativa*）、两色金鸡菊亦称雪菊（*Coreopsis tinctoria*）、西瓜（*Citrullus lanatus*）等，形成了比较理想的农林复合模式。

三是龙头企业与资源建设齐头并进，两者相得益彰。青河县有新疆慧华沙棘生物科技有限公司、青河县隆濠生物科技发展有限公司、新疆恩利德生物科技有限公司等，布尔津县引进了全国饮料行业大哥大汇源集团建厂，哈巴河县有新疆康元生物科技有限公司等企业，这些企业的生产布局或全或专，各有特色（图 0-12）。隆濠的沙棘茶系列、慧华的产品系列、康元公司的冻干粉产品具有专、全、精等特色。这些龙头企业不仅在产品生产线上下功夫，而且在资源建设、采收等方面也想方设法，谋求更大的综合效益，如康元公司的资源基地已延伸到了青河县以及位于塔城地区鄂敏县的 170 团等地，汇源布尔津公司正计划从德国引进工业化采收机械设备等。

沙棘茶（新疆青河）

沙棘保健品（新疆青河）

图 0-12　北疆部分沙棘开发产品

北疆沙棘工业原料林建设中存在着一些问题，如 2002—2004 年，青河县种植的大果沙棘，普遍已经老化衰败，需要及时更新；一些大果沙棘林行间已经郁闭，需要及时进行疏除和整形修剪；沙棘原料及产品的出口渠道不畅等。总体来看，瑕不掩瑜，北疆地区沙棘工业原料林资源建设与开发利用发展势头看好，目前需要各方采取积极措施，密切配合，多点扶持，稳步推进。

（二）新疆生产建设兵团

新疆生产建设兵团第 5 师 87 团，第 9 师 170 团，第 10 师 182 团、183 团[14]等，也是新疆大果沙棘种植的重要力量，其大果沙棘种植有着十分鲜明的特点，总面积已达到 8 万亩左右。下面以 170 团为例。

位于新疆塔城地区额敏县的 170 团，其地理位置并不是理想的农业生产环境，贫瘠的土地、匮乏的水资源都限制着这里的发展，但是在永不放弃的兵团人不懈努力地找寻、试种下，终于找到了最适合这片土地的作物——沙棘。目前全团已种植沙棘工业原料林 5 万亩，多数已进入盛果期（图 0-13）。

图 0-13　新闻媒体在 170 团观摩沙棘种植园（新疆额敏）

170 团种植沙棘的主要经验，一是领导重视。十余年来，不管岗位如何变动，历任领导都将沙棘种植作为当地改善生态环境、增加经济收入的主要方向，大抓特抓，坚持不懈。二是利用团场畜牧主业优势，因势利导，就地取材，在沙棘种植穴里施足牲畜粪肥，补充戈壁滩地肥分不足的劣势。三是在没有地表径流、只能打井并开展井灌的不利条件下，全部使用滴灌技术，实现有限水分利用的最大化，保证了沙棘生长发育不同阶段对水分的需求。四是研究硬枝扦插技术，合理提高苗木和根系两个方面高度（长度）、粗度等，保证种植成活率和生长率。五是试验不同的栽培模式，如两行一带模式、深开沟模式、高截干恢复树势模式等，创造了独具特色的戈壁沙棘种植模式（图 0-14），推动了沙棘资源的树体活力和保存率。六是病虫害防治工作搞得好，团场地块设有黑光灯、性引诱剂等设施，探明虫害类型，采取措施捕杀，目前正在研究措施，对野猪毁坏沙棘树体情况加以防护。七是资源销路畅通，部分果实经周边康元公司分支企业就地加工利用，部分纯果卖给了宝得瑞等区外企业，原料销售一空，基本无卖果难问题，也为该团沙棘种植吃了"定心丸"。

引进大果沙棘优良品种

沙棘硬枝扦插苗圃

图 0-14　新疆生产建设兵团第 9 师 170 团大果沙棘资源建设

但是在兵团大果沙棘种植方面仍有一些技术环节需要加以调整完善，如 170 团的双行一带模式，需要调整为单行模式，否则影响产量及采摘效率；第 8 师林业站苗圃的种植密度过大，造成植株瘦高冠窄，坐果枝条减少，也需要通过疏除过多植株、辅之以整形修剪来调整完善。在病虫害防治方面，目前虽然没有发现大面积感染情况，但已经发现了一些食干害虫侵入植株，需要高度重视，及时采取林业、生物、物理、化学等综合措施来加以防治。

（三）南疆

南疆地区沿塔里木河流域中亚沙棘野生资源分布不少，多年来当地群众通过采收沙棘果实，压榨果汁自用或将果实出售给有关收购企业，经济效益一直不错。阿克苏地区乌什县有中亚沙棘野生资源 10 万亩左右，克州乌恰县拥有的中亚沙棘资源面积更大，估计近 20 万亩。在克州阿合奇县，野生中亚沙棘资源约有 4 000 亩，但人工种植沙棘面积已达 6 万亩，其中已挂果面积 1 万亩左右。在阿克苏地区温宿县调研时发现，沿河流、道路两侧，中亚沙棘随处可见（图 0-15）。南疆地区不仅有野生沙棘资源，20 世纪 80 年代在全国"沙棘热"高潮中，和田地区曾经在和田河流域种植过数万亩中亚沙棘资源，后因加工企业不配套而致使资源遭到破坏。

图 0-15　南疆地区野生中亚沙棘资源（新疆温宿）

2015 年，在新疆世纪天源生物科技股份有限公司带动下，阿克苏地区温宿县已开始种植大果沙棘，目前种植保存面积达 2 万亩，品种多为"太阳"、"丘伊斯克"、"深秋红"和"壮圆黄"等，3～4 年生的大果沙棘已经普遍挂果，长势喜人（图 0-16）。而且沙棘嫩枝扦插工作也搞得有声有色，优良品种正在走向自给自足（图 0-17）。

图 0-16   南疆鹅卵石滩上建立的沙棘种植园（新疆温宿）

图 0-17   沙棘嫩枝扦插（新疆温宿）

2017 年 11 月种植的沙棘，在 2018 年 8 月调查时发现，林子普遍长到 1 m 高左右（图 0-18），成活率高，分枝多，花芽不少，来年应该普遍会开始挂果。

图 0-18　乱石滩上奇迹——沙棘顽强地扎了根（新疆温宿）

随着南疆地区沙棘人工种植逐渐提到议事日程，一些大型企业也开始入驻南疆。除新疆世纪天源生物科技股份有限公司、新疆奥普生物科技有限公司等乌鲁木齐企业进驻外，区外企业如北京汇源集团于 2018 年初宣布，在乌什县投资 5 亿元，分 3 期计划种植 6 万亩大果沙棘人工林、建成大型果汁果浆生产线等。

南疆地区目前大果沙棘资源建设面积约 10 万亩。在大枣、核桃等传统种植产能过剩的情况下，该区转而种植大果沙棘，从生态、经济两方面考虑，都是一种可取的选择。但是，应该吸取有关教训，在科学论证的前提下，适度确定种植规模，配套适宜的加工生产线，企业上、中、下游设置合理，并尽量防止一哄而上、物贱伤农现象出现，才能在南疆地区开辟一片生态建设的新天地。

三、内蒙古片区

该区专指内蒙古自治区鄂尔多斯市。从目前来看，鄂尔多斯市是与新疆、黑龙江齐名的我国三大沙棘工业原料林资源建设基地之一。2011 年，鄂尔多斯市政府发布了《关于扶持沙棘产业发展的若干规定》，并对建立沙棘工业原料林制定了一系列扶持政策。鄂尔多斯市各级水保部门遵循生态文明建设有关理念，在水利部沙棘开发管理中心的技术支持下，群策群力，狠抓落实，在半干旱地区建立了 20 余万亩大果沙棘工业原料林样板（图 0-19），起到了很好的示范推动作用。不过由于病虫害等原因，致使目前大果沙棘资源保存面积仅 5 万亩左右。

大果沙棘工业原料林（内蒙古鄂尔多斯）

大果沙棘工业原料林（内蒙古准格尔）

大果沙棘工业原料林（内蒙古达拉特）

图 0-19　内蒙古鄂尔多斯沙棘工业原料林资源建设

在鄂尔多斯，资源建设方既有当地沙棘农民协会，也有龙头企业，还有煤矿公司。资源基地建设与护岸固滩、防风固沙、矿区复垦等紧密结合，在获取生态效益的前提下，追求最大的经济效益。这里有个有趣的现象，凡是公司、企业在水、肥等方面提供了资助的，沙棘工业原料林基地建设成效都很好；而利用集体土地种植，但由于抚育投入没有得到解决的，建设成果就差强人意。鄂尔多斯区在振兴煤矿、聚鑫隆煤矿的复垦区，建立"深秋红"等品种大果沙棘工业原料林 1.5 万亩，由于注重灌水，目前已经硕果累累（图 0-20）。达旗在库布齐沙漠东缘沙地，采用大型喷雾设施，建立大果沙棘与农作物复合经营模式 1 万余亩，目前大果沙棘已陆续进入挂果期。准格尔旗在多条河流两岸滩地，种植了 10 余万亩大果沙棘。在鄂尔多斯市，早期种植的沙棘工业原料林，这两年已经陆续结出丰硕的果实，被区内外有关企业收购。

图 0-20　矿区复垦中的"深秋红"果实（内蒙古鄂尔多斯）

在复垦区，大果沙棘与小麦、紫花苜蓿、向日葵（*Helianthus annuus*）等的农林复合类型，由于作物在大果沙棘带间的种植，防止了沙棘萌蘖株的出现，减轻了除蘖负担，同时，对农作物的水肥管理，无形中也促进了大果沙棘的生长。农林复合类型中的大果沙棘，比同等立地大果沙棘纯林的长势、结实有明显的提高。调查中注意到：大果沙棘株距以 2 m 为宜，这是保证大果沙棘生长发育的最佳距离。有些地区为了保证密度而将株距加密到 1 m 的做法不可取，这一距离虽然在种植初期（1～3 年）的视觉效果好，但严重影响了随后几年树体的扩张和结实。令人欣喜的是，在历经了危害严重的卷叶病后，鄂尔多斯境内的中国沙棘已经基本上平安度过，而大果沙棘、蒙中杂交沙棘也开始逐渐恢复，表现也令人满意，这为下一阶段沙棘工业原料林建设中的种质资源选择提供了很好的依据。

沙棘工业原料林的建设，在鄂尔多斯市不像生态林建设，已经实施了近 30 年，积累了丰富的经验。在沙棘工业原料林建设中，由于起步力度大，实施中出现的一些问题，目前已经逐渐显露出来。如早期建设的一些基地，普遍雄株比例很大；种植地区多数出现抚育措施跟不上，萌蘖株太多，影响主栽树结实和采摘的现象；准格尔旗境内卷叶病（一种植原体病）危害还较为严重等（图 0-21），致使鄂尔多斯境内现保存大果沙棘资源面积仅 5 万亩左右。针对这一状况，采取的应对措施，一是对早期建设的沙棘工业原料林基地，按比例挖除雄株，补植雌株；二是对大果沙棘带间的萌蘖株，采取"夏季剪条""早春挖苗"相结合的办法，可让抚育投入有所回报，解决育苗插条、种植用苗问题；三是在药物治疗卷叶病的前提下，逐步用蒙中杂交沙棘、优选中国沙棘雌株更替原有部分大果沙棘品种。

图 0-21　遭受卷叶病危害的大果沙棘工业原料林（内蒙古准格尔）

四、其他

黄土高原是中国沙棘造林的主战场。除前述内蒙古鄂尔多斯外，区域内山西、陕西、甘肃、宁夏、青海等省区，也在一直种植沙棘资源，并探索如何持续解决沙棘企业原料短缺问题。但由于种种原因大果沙棘工业原料林资源建设一直未能走向正轨，目前除了实施过一些试验，基本上没有形成规模种植面积。

（一）山西省

山西省是我国大规模种植开发沙棘的策源地，中国沙棘在水土保持工程、退耕还林工程等建设中，作为先锋树种、伴生树种，都起到了十分重要的作用。沙棘开发在经历了 20 世纪八九十年代的高潮期，21 世纪前十余年的蛰伏期后，近年来山西省在生态脱贫的进程中，立足资源优势和产业前景，将沙棘作为主打品种之一全面推广，正在将"小灌木"做成"大产业"，准备掀起又一波沙棘种植开发新高潮。

山西省野生沙棘资源，主要分布在东部以五台山为主的太行山区和西部吕梁山区。五台县中国沙棘自然资源较为丰富，虽然没有呈大面积分布，但散生的一片片群落，却为沙棘的生长发育及采摘提供了较为便利的条件。区内建有山西五台山沙棘制品有限公司（图0-22），该公司专门开展沙棘精深加工，采用独特的工艺技术，生产"五峰慧果"牌沙棘籽油、果油和全果油等软胶囊及瓶装产品，产品除出口之外已遍布全国许多地区，所产初级原料也已成为保健品、食品等多个行业的主要供应基地，经济效益比较突出，被授予五台县"农产品加工龙头企业"称号。

沙棘籽油全自动超临界萃取生产线　　　　　　　　沙棘软胶囊生产线

图 0-22　沙棘产品加工设备（山西五台）

　　山西省的人工种植沙棘资源，多位于西部吕梁山区，特别是右玉、岢岚等县。山西省右玉县拥有"全国造林绿化先进县""国家水土保持生态文明县"等称号，全县沙棘资源面积达36万亩，在发挥保持水土、防风固沙和固岸护堤等生态作用外，还作为生物资源很好地促进了当地特色产业的发展（图0-23）。全县现有沙棘企业11家，其中进驻县工业园区的就有山西汇源献果园生物科技有限公司、北京汇源集团右玉有限责任公司、山西塞上绿洲食品饲料有限公司、右玉蓝天沙棘食品公司、山西绿都沙棘食品公司、右玉野果王沙棘饲料公司等6家，产品除食品、饮料外，还有油、黄酮等高端产品。这些企业推动着当地沙棘资源的建设与保护，沙棘种植与开发互相促进，在右玉县已形成了良性循环。

沙棘人工林资源　　　　　　　　　　　　沙棘果枝采收

图 0-23　中国沙棘人工林及果枝采收（山西右玉）

山西省岢岚县，被誉为"骑在羊背上的岢岚"。在 1996 年全国沙棘大会上，岢岚县就为大会提供了以沙棘枝叶为饲料育肥的"沙棘羊肉"，获得与会代表的一致好评。近年来，岢岚县将沙棘种植开发作为全县重点工程进行部署，全县沙棘资源面积已增至 42 万亩，在原有"山地阳光""芦峰食品"等沙棘企业的基础上，新近在工业园区建成投资达 4 亿元的"山阳药业"。据介绍，"山阳药业"装配了沙棘软、硬胶囊线，超临界油线以及浸提黄酮等高端生产线，年加工沙棘果实能力 5 000 t 左右（图 0-24）。岢岚县还计划引进两家企业，其中一家将以生产"正心园"沙棘茶、沙棘六味口服液为主，另一家以生产沙棘饲料、食用菌为主，从而使沙棘资源在岢岚县真正实现无废料利用。

专业合作社新种的中国沙棘林

中国沙棘果实

入库冷冻的中国沙棘果枝

"山阳药业"沙棘产品仓库

图 0-24　山西省沙棘资源及果实采收储藏（山西岢岚）

位于山西省文水县的吕梁野山坡食品有限责任公司，是一家以沙棘等果蔬产品综合研制、收购、生产、销售为主体的民营企业，拥有员工近 400 名。公司已形成"公司+基地+农户（合作社）"运作模式，与"产、加、销一条龙"、"科、农、工、贸一体化"的发展格局，是山西省农业产业化"513"工程入选企业、"山西省质量信誉 AA 级"企业和山西省农业标准化示范基地。公司主要产品有沙棘饮料、罐头、饼干等数十个品种（图 0-25），产品销售网络遍布全国各地;沙棘原汁等原料出口日本、韩国等国家。公司年产值已过 2 亿元,年上缴税收四五百万元。公司董事长介绍说,下属企业除沙棘饮料、食品外,辅助企业如瓶、箱厂等也正在建设中。

繁忙的沙棘生产车间　　　　　　　　　　　　沙棘专卖店

图 0-25　山西省现代化沙棘生产车间及产品(山西文水)

山西省沙棘资源虽然较多,但多为天然灌丛或人工生态林,一般来说果实采收难度极大,而工业原料林基地几乎没有。特别是基于全省沙棘企业布局已初步完成的事实,资源缺乏必将成为制约企业健康发展的主要限制因素。吕梁野山坡食品有限责任公司负责人介绍说,公司除立足于山西省忻州、朔州、大同等沙棘产地外,每年都要从青海、甘肃、内蒙古、辽宁甚至四川等省区采购中国沙棘果实。种种迹象足以表明,山西省可用于加工利用的当地沙棘资源已十分紧缺,而外地沙棘资源由于受到更多省外企业的抢购以及运距等制约,很快将面对成本增加的问题。因此,选用优良沙棘品种,特别是中蒙杂交品种,以及优良中国沙棘雌株,就地营建沙棘工业原料林,应是企业及政府有关部门必须要做的头等大事。这件事情做好了,才能真正推动山西省沙棘产业大发展,使之成为全省生态文明建设的新突破口、生态产业发展的新亮点,特别是惠民工程的新途径。

(二)甘肃省

甘肃省的沙棘资源,既有子午岭、关山、小陇山、白龙江以及祁连山等林区的天然林,也有天水、庆阳等地区 20 世纪五六十年代以来人工营造的水土保持林,以及 21 世纪以来各地开展的退耕还林工程沙棘造林。20 世纪八九十年代,甘肃省沙棘企业几乎遍布庆阳、平凉、天水、定西等地区,沙棘种植有计划、有规模,如庆阳地区做出了全区发展百万亩沙棘林的规划,沙棘加工也搞得轰轰烈烈、遍地开花。

目前,经过大浪淘沙,全省沙棘企业精益求精。华池县甘农生物科技有限公司针对近年来资金不足等问题,2017 年已经从深圳引入了投资方,开展设备升级和更新改造工作，同时已派出多队人马，分赴省内外采购沙棘带枝果原料，拟通过推动沙棘饮料产品开发，逐步拓宽开发领域，振兴陇东沙棘开发产业。民乐、山丹两县是张掖市 21 世纪初实施退耕还林工程中种植沙棘面积较为集中的地区，从 2002 年开始，民乐县沙棘种植面积累计有 35 万亩，山丹县沙棘种植面积达 70 万亩。甘肃甘农生物科技有限公司民乐分公司（以下简称民乐公司）加工厂区面积现有 200 亩，主要加工沙棘茶，目前年产量达 30 t，其产品作为上游原料，供国内较为大型的沙棘加工企业如青海康普德、河北神兴等用于深加工。山丹县甘农生物科技有限公司（以下简称山丹公司）加工厂区占地面积 42 亩，主要是对收购的沙棘果枝进行冻冷分离后，将冻果拉到下游企业进行加工利用。据悉，山丹公司计划引入有关生产线，加工沙棘茶饮料和果汁；民乐公司也将补充有关设备，生产沙棘果汁等产品。这些沙棘企业的建立，为当地退耕还林工程经济效果的发挥起到了很好的推动作用，也保护了沙棘林地，促进了其水土保持等生态功能的持续发挥（图 0-26）。

沙棘油松混交林（甘肃华池）

沙棘护岸林（甘肃民乐）　　　　　　　　沙棘护坡林（甘肃山丹）

图 0-26　沙棘纯林混交林在甘肃省境内随处可见

天水市清水、秦安两县野生沙棘资源丰富，加之人工种植面积，目前，这两个县共有沙棘林 30 余万亩。清水县天河酒业公司紧紧抓住当地沙棘资源优势，从 1984 年起开展研发沙棘产品，1987 年投资 380 万元建成年产 2 000 t 沙棘瓶装饮料及浓缩原汁、分离果油等生产线，1990 年引进开发了年产 2 000 t 易拉罐沙棘饮料生产线，1991 年在全省首家新上 1 000 t 复合纸软包装生产线，1993 年建成年产 30 t 沙棘籽油生产线，生产高、中、低糖沙棘汁饮料、沙棘果油和籽油，1998 年与西安灵丹公司合作，建成了年产 1 000 kg 沙棘总黄酮生产线。在该企业带动下，全县从事沙棘开发的企业达到 10 余家，比较著名的有清水绿宝沙棘制品有限公司。全县沙棘产品涵盖 3 大系列 18 个产品，其中有 6 个产品已进入省、部级国家名优产品行列，先后荣获国家级金、银奖 15 项，国际金奖 4 项[15]。

甘肃漳县沙棘种植历史也比较悠久，全县沙棘总面积有 30 万亩。漳县的沙棘天然林较多，农民通过采收沙棘果，获得了较好的收益。目前，漳县沙棘市场经过 20 多年的发展，从最初的只能提供单一的沙棘鲜果市场，逐步发展到可以提供沙棘籽、沙棘叶、沙棘清汁等初级产品以及沙棘果油、沙棘籽油、沙棘食品、保健品、化妆品等中高端产品，特别是罐装及瓶装沙棘汁，以其适宜的口感和低廉的价格，赢得了当地群众的喜爱，已成为当地饮料市场很受欢迎的饮品之一。从 2012 年开始，漳县通过招商引资（如甘肃艾康沙棘制品有限公司）、项目整合、政府扶持等措施，已将全县建成集生态、旅游、观光为一体的园林沙棘基地，并通过改造低产林，建设优质丰产高效沙棘示范基地，培植龙头企业，推动了沙棘产业的良性发展，使沙棘产业成为一项富民、环保、生态、节能的好项目，达到企业增效、农民增收和改善生态环境的目的。

甘南、陇南等地区丰富的天然沙棘资源，吸引了国内一些大型企业每年前往收购优质沙棘资源。这些沙棘天然资源富集地区同样是很好的人工沙棘资源建设基地。这一地区未来沙棘资源的建设，不容小觑。甘肃全省的沙棘资源，特别是人工林资源，基本上出于水土保持需要，或退耕还林目的。因此，全省的沙棘资源基本上归于生态林，目前尚无工业原料林。

此外，在陕西、宁夏、青海等地，真正意义上的沙棘工业原料林，也基本无从谈起，在此不再赘述。

（本章编写人员：胡建忠）

参考文献

[1] 张建国，黄和亮. 林地资源价格问题研究. 林业经济问题，1998，专刊5：32-35.

[2] 李建民，张玲文. 巴西短周期工业原料林基地建设的特点. 世界林业研究，2005，18（2）：78-80.

[3] 谢耀坚. 真实的桉树. 北京：中国林业出版社，2015：38-39.

[4] 梁梅华. 广西沿海地区短周期工业原料林可持续经营研究. 南宁：广西大学，2007.

[5] 胡建忠. 沙棘的经济开发价值综合开发利用技术. 郑州：黄河水利出版社，2000：1-7.

[6] 赵军，郭春华，孙晓春，等. 大果沙棘良种引种选育研究简报. 沙棘，1996，9（4）：12-14.

[7] 黄铨，于倬德. 沙棘研究. 北京：科学出版社，2006：362-385.

[8] 阿宾，崔东. 青河县沙棘资源调查. 新疆林业，2009（1）：38-39.

[9] 翁乾麟，黄宗华，蒋小勇. 广西林业如何实现跨越式发展——关于广西速生丰产林建设的探讨. 广西林业，2004（2）：14-15.

[10] 戴星翼，江兴禄. 探路人的足迹——永安集体林权制度改革研究. 北京：中国林业出版社，2006：1-38.

[11] 林秀花. 集体林权制度改革后福建省工业原料林基地建设模式研究. 南京：南京林业大学，2007.

[12] 王飞. 我国工业人工林建设与发展的市场模式与投资政策. 北京：中国林业科学研究院，2001.

[13] 吕羡林. 八十七团沙棘产业拉动生态良性发展. 中国特产报，2008-05-30（C03）.

[14] 安丽琴. 清水县沙棘开发利用现状及发展前景. 沙棘，2007，20（1）：28-30.

第一章　沙棘工业原料林建设地位论述与区划

沙棘在我国北方，特别是西北地区，多以野生状态遍布荒山野岭、荒滩荒沟。20 世纪 50 年代起，甘肃省天水市将沙棘用于水土保持，在秦安县等地营造了大量的沙棘护坡林、护沟林、护岸林、护渠林、护路林等，生态防护作用十分显著。但总体来看，当时沙棘在我国西北、华北的种植呈现着小规模、区域性的特征，默默无闻，无声无息。这种状况一直延续到 1985 年。1985 年 11 月 16 日，时任水电部部长的钱正英向中央主要领导呈交了"以开发沙棘资源作为加速黄土高原治理的一个突破口"的报告，得到时任中共中央总书记胡耀邦同志的批示："我在好些省都看到沙棘这种灌木植物。它是一种保持水土的灌木，又是一种可产饲料果子的作物树，建议加以扶持发展。"[1]从此掀开了我国大规模种植开发沙棘的热潮。

第一节　沙棘工业原料林建设地位论述

时任中共中央胡耀邦总书记在给钱正英部长报告的批示中还说道："但能起良好的保持水土作用的灌木树和草本植物还很多，哪些地区哪种土壤适宜什么品种就提倡哪一种，群众乐意推广哪一种就选择哪一种，这样效果会更好些。"事实正是如此。1985 年以来，全国多地 30 余年沙棘种植开发的实践，充分证明了中央领导的高屋建瓴和深谋远虑。那就是：从我国大区域来看，沙棘并不能"包打天下"，它基本适合"三北"地区种植；从立地条件来看，沙棘也不是"万金油"，它在不同区域有其适宜的不同立地条件类型；而从生态经济社会的综合功能考虑，沙棘在不同区域、不同立地应"适地适树适法"，分别建立不同的生态林、生态经济林和经济林。沙棘工业原料林属于经济林，建设沙棘工业原料林，既与群众经济利益密切结合，也是保证当地涉农企业优质原料供给的前提，更是推动"绿水青山""金山银山"建设的重要举措。故此，在当今构建田园综合体、提倡生态文明建设的背景下，就更需要对其区域建设地位加以认真阐述。

一、十分重要的绿色经济资源

沙棘在我国三北地区是一种十分重要的经济植物资源。沙棘能够引起各行各业、各阶层人士的广泛关注，首先得益于它的果实——一种果汁丰富、呈浆果状的核果。对沙棘果实的开发利用，推动了 20 世纪 80 年代中国第一波沙棘开发热潮。

（一）效果突出的药用植物资源

中国是世界上最早开发沙棘医疗保健功能的国家。公元 8 世纪（唐朝）的藏医巨著《四部医典》中对沙棘果实的医疗保健功能就有详细的记载，如沙棘果实对呼吸系统具有祛痰利肺之效；可协调脾、胃、肝、肾以及心脏的功能；对创伤有消炎止痛、去腐生新、促进愈合的作用；对循环系统有活血化淤的功能。该书介绍了沙棘果实的药味、药性，以及用沙棘果实制成的丸、散、膏、丹、汤、酥、酒等剂型，收集了 80 多种沙棘果实验方。

清道光年间（1821—1850），蒙古族学者罗桑却佩所著的《藏医药选编》一书，全书120 章中，有 13 章记载了沙棘果实的药性及在各科中的临床效果。书中还收集了与沙棘果实浸膏配伍的 37 种方剂，并更进一步确认了沙棘果实对胃、肠、肝、脾及妇科病的治疗作用。

沙棘果实是沙棘最有开发价值的部分，其中含有 3 大营养物质的碳水化合物、脂类、蛋白质（包括氨基酸），多种维生素、微量元素、无机盐、有机酸和其他生物活性物质，如黄酮类和酚类化合物、甾醇、果胶、三萜烯类、丹宁类物质等。沙棘的叶片含有与果实中相类似的生物活性物质和维生素等，如碳水化合物、有机酸、丹宁、类胡萝卜素、三萜烯酸、叶绿素、脂肪酸、黄酮类化合物、氨基酸、甾醇、聚戊醇、维生素 C、维生素 E、微量元素等[2]。沙棘果实、叶片均含有丰富的生物活性物质，对其开展提取和加工利用，是沙棘经济开发的物质基础。近年来的研究与实践取得了很大的成效，证实沙棘在心血管系统维护、消化系统维护、免疫系统维护、抗衰老、抗肿瘤、抗辐射等方面确实具有可贵的药用价值，是发展前途广阔的一种中药材，一系列沙棘药"准"字号药品（图1-1）相继开发出来，服务于人民。

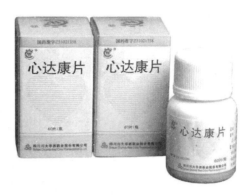

图 1-1　国药准字号沙棘药品

（二）营养均衡的食用植物资源

沙棘的食品饮料价值，也就是沙棘所含的营养成分被人体消化吸收后所发挥的各种功能。沙棘具有强化日常膳食、提供热能、促进脂溶性维生素吸收、补充人体必需矿质元素、维持生命机体正常运转的价值，围绕沙棘开发的系列食品饮料也花色齐全，品种繁多。

在食用方面，沙棘产地自古以来就有食用沙棘鲜果的习惯。现代人以沙棘为原料，已研制成多种食品、饮料和酒类等产品。食用沙棘系列食品能消除疲劳，恢复体力，提神醒脑，并可调节人体免疫功能。特别是沙棘汁，盛夏饮用可防暑、消食、生津、止渴，四季饮用可强身健体，延缓衰老。俄罗斯学者还发现，沙棘汁是一种独一无二的抗辐射饮料。

目前，国内市场有沙棘清汁、沙棘原汁、沙棘浓缩汁、沙棘全果原粉等初级产品类；有沙维乐、沙力士、沙棘果汁、沙棘果茶等无酒精饮料类；有沙棘啤酒、沙棘汽酒、沙棘甜酒、沙棘酒等含酒精饮料类；有沙棘原粉、沙棘晶、沙棘茶、沙棘冷冻干粉等固体饮料类；有沙棘罐头、沙棘果酱、沙棘蜜饯、沙棘醋、沙棘酱油、沙棘面包等糕点食品类（图 1-2）。

图 1-2　沙棘食用类产品

（三）无废料利用的工业植物资源

正因为沙棘果、叶等器官中含有丰富的生物活性物质，因此，沙棘的综合开发利用方向十分宽广。沙棘地上部分的果、叶、枝干均可以进行综合开发利用，从而实现对地上部分的无废料利用（地下部分也有许多重要开发价值，但从水土保持角度考虑，不主张对其进行开发）。

果实是沙棘开发的主要器官，多年来已经开展了许多诸如成分分析提取、饮料食品、药品、保健品等方面的开发利用，效果很好。

叶是近年来新开展的一个利用方向，主要是借鉴银杏叶的开发利用，已经做了许多分析测试工作，也提取出了沙棘叶黄酮，但其尚未被国家列入药用植物部分，但保健茶（图1-3）已经被成功开发。

图 1-3　沙棘保健茶

枝干占沙棘地上部分生物量的绝大部分，通过每年的修剪和果穗剪取，特别是每隔 6～8 年对沙棘林进行的高截干、平茬、更新等，可以获得大量枝干，可用于加工生产沙棘人造板、颗粒燃料，进行生物发电等利用。

就上述开发环节中出现的废料，如果渣、果皮、碎屑等，均可以作为用来制作食用菌基料、饲料添加剂等（图1-4）。

图1-4　沙棘食用菌基料（新疆青河）

此外，围绕沙棘林还可以搞林下经济，如农林复合业、林下养殖等，特别是可以开展采摘、旅游观光活动，宣传、带动、促进当地经济。

二、功能强大的减洪拦沙先锋植物

沙棘在我国三北地区的种植具有十分强大的减洪减沙效益。时任水电部部长钱正英看重的正是这一点。在裸露地等许多劣质土地，沙棘的先锋树种功能体现得淋漓尽致。同时，沙棘强大的减洪减沙效益体现得更为重要的一点，就是沙棘的伴生功能，也就是与其他乔木树种混交、促进乔木树种生长、尽快成林的能力相当优秀。也正是在作为先锋树种和伴生树种的过程中，沙棘在三北地区通过植冠层、枯落物层的分层有序截留性能，表土层的渗透性能，沙棘群落可以最大限度地消耗降水和径流动能，为有效发挥其改良土壤、涵养水源、保持水土作用奠定了基础，发挥了很好的减洪减沙效益。下面以分别实施于1981—1988年的"辽西半干旱地区建平大面积人工沙棘水土保持林种植工程"[①]、1998—2008年的"晋陕蒙砒砂岩区沙棘生态工程"[3]两个项目（课题）为例，据以说明沙棘强大的减洪减沙效益。

（一）辽西半干旱地区建平大面积人工沙棘水土保持林种植工程

20世纪80年代初，辽宁省水电厅将建平县列为水土保持重点县，重点扶持，并明确确立沙棘为水土保持小流域综合治理的主要树种，大面积推广（图1-5）。截至1988年年

---

① 建平县人工沙棘水土保持林课题组. 辽西半干旱地区建平大面积人工沙棘水土保持林技术开发研究鉴定材料汇编. 辽宁建平, 1999: 22-29.

末，已发展到 5.23 hm²。

图 1-5   小流域沙棘人工林（辽宁建平）

1981—1982 年，在建平县黑水乡大营子、罗福沟乡南川流域设置了 2 处标准径流小区。经过连续 7 年观测，发现黑水乡大营子流域，沙棘种植后 1～7 年，沙棘林比对照荒山年径流量分别减少 69.85%、62.42%、38.88%、49.43%、80.61%、100%、83.33%，平均为 64.99%；沙棘林比对照荒山年土壤侵蚀量分别减少 80.00%、87.88%、92.10%、69.61%、88.09%、100%、98.55%，平均为 89.08%。罗福沟乡南川流域，沙棘种植后 4～10 年，沙棘林比对照荒山年径流量分别减少 92.88%、94.23%、100%、95.70%、96.19%、89.31%、100%，平均为 96.32%；沙棘林比对照荒山年土壤侵蚀量分别减少 99.25%、77.64%、100%、96.54%、94.38%、88.69%、100%，平均为 95.24%。两处试验结果表明，沙棘种植 4～5 年后，年径流量可减少 80% 以上；沙棘种植当年，年侵蚀量可减少 80%。

在建平县三义号小流域的人工模拟降雨测试结果表明，5 龄沙棘林比对照荒山减少径流量 98.68%，减少土壤侵蚀量 99.97%。在辽西半干旱地区，沙棘种植后 2～3 年的减洪减沙量即相当可观，4～5 年郁闭成林后的减洪减沙效益十分明显。

（二）晋陕蒙砒砂岩区沙棘生态工程

1998—2008 年，随着砒砂岩区沙棘生态工程（图 1-6）的逐年实施，流域内沙棘林占流域总林地面积的比例逐年增大，沙棘的减洪量也逐年增大。"水保法"研究成果[4]表明，皇甫川、孤山川、窟野河流域沙棘林面积分别达到 194.48 km²、171.30 km²、809.19 km²，占流域总林地面积的比例分别由 2002 年的 0.59%、1.98%、1.87%增加到 2008 年的 8.42%、24.32%、26.39%，沙棘的减洪量分别由 2002 年的 4.71 万 m³、5.34 万 m³、43.31 万 m³增加到 2008 年的 68.23 万 m³、81.85 万 m³、830.71 万 m³。也就是说在 2008 年，皇甫川、孤山川、窟野河流域，仅砒砂岩生态工程沙棘林的减洪量就占 3 流域林地减洪量的 8.42%、24.32%、26.39%。皇甫川、孤山川、窟野河流域沙棘平均每年减少洪水量分别为

36.44 万 m³、46.12 万 m³、398.28 万 m³。2002—2008 年，沙棘总减洪量 3 365.87 万 m³，平均每年减少洪水量 480.84 万 m³，即每平方千米沙棘林平均每年可减少洪水量近 10 000 m³。

图 1-6　沙棘减沙工程（内蒙古准格尔）

在砒砂岩区，沙棘最大的生态效益就是拦沙，从开始种植时修建的造林整地工程一直到沙棘郁闭成林，沙棘生态工程持续发挥着巨大的拦沙效益。随着沙棘生态工程的逐年实施，流域内沙棘林占流域总林地面积的比例逐年增大，沙棘的减沙量也逐年增大。皇甫川、孤山川、窟野河流域沙棘的减沙量，分别由 2002 年的 2.23 万 t、2.21 万 t、16.52 万 t 增加到 2008 年的 29.82 万 t、31.19 万 t、360.28 万 t。皇甫川、孤山川、窟野河流域沙棘平均每年拦沙量分别为 19.27 万 t、16.86 万 t、165.64 万 t。3 支流沙棘平均每年总减沙 201.76 万 t。2002—2008 年，每平方千米沙棘林平均每年可拦沙 0.44 万 t。

根据"水保法"分析结果，从 2007 年开始，砒砂岩区沙棘生态工程每年可减洪近 1 000 万 m³，拦沙 500 万 t 以上，减洪、拦沙效果非常明显。

三、社会效益明显的生态文明树种

沙棘在我国三北地区，特别是新疆、内蒙古等老少边贫地区的种植与开发，具有多方位的社会功能。下面以前述"晋陕蒙砒砂岩区沙棘生态工程"为例，通过在当地开展问卷调查，说明沙棘种植开发在包括人口素质、生活质量和社会进步 3 类社会效益描述性指标评价中的突出作用[5]。

（一）提升人口素质

衡量人口素质的具体指标主要包括：培训、对家庭剩余劳动力的利用等。

1. 培训

沙棘工程坚持"以人为本"的理念，在改善生态环境的同时，高度重视提升当地农户的人口素质。沙棘工程采用"政府+农协+企业+农户"的项目运行机制，将生态环境治理、资源建设、产业开发、农户增收紧密结合，发挥了很好的作用。为了更顺利地开展沙棘种植活动，宣传沙棘的经济、社会与生态价值，提升农户的市场、生态与法制观念，沙棘中心及市、县（区、旗）级的沙棘协会会，定期开展沙棘知识培训，受到了当地农户的热烈欢迎。通过培训，农户不仅更加全面地认识到了沙棘的价值，学到了丰富的种植、市场营销与法律知识，提升了种植沙棘的积极性，以更加主动的姿态参与到沙棘工程当中来。

调查显示，已经开展的沙棘培训达到了户均 4.58 次，40%的农户表示完全满足需求，52%的农户表示基本满足需求，只有 8%的农户表示不能够满足需求。对于培训效果而言，45%的农户表示非常有效，46%的农户表示比较有效，只有 9%的农户表示没有效果。

2. 对家庭剩余劳动力的利用

通过开发利用沙棘资源，农民得到了实惠，尝到了甜头，不仅调动了他们的积极性，也为当地的剩余劳动力找到了就业门路。由于种植沙棘并没有过高的技术与劳动强度需求，很多家庭的妇女、老人都能参与到沙棘种植当中来。随着沙棘经济效益的逐渐显现，越来越多的农户参与到沙棘种植的行列当中。更重要的是，结合沙棘培训与沙棘开发，许多农户提升了市场意识，丰富了经营理念，在种植业、畜牧业等传统的家庭主业外，积极寻求其他的致富道路。对于利用效果而言，45%的农户表示非常有效，47%的农户表示比较有效，只有 8%的农户表示没有效果。

（二）改善生活质量

衡量改善生活质量的具体指标主要包括：生活满意度、住房面积等。

1. 生活满意度

接受调查的农户普遍对沙棘工程实施后自己的生活状况表示满意，其中：生活满意度"很高"的占 72.6%，"较高"的占 21.2%，"一般"及以下的仅占 6.2%。他们普遍认为，沙棘工程对提高他们生活质量方面起到了相当好的推动作用，而这些作用集中体现在沙棘工程有效地改善了当地的生态环境。随着当地居民生活水平的不断提高，农户对生活的要求不再仅停留于经济层面，他们对生活环境，特别是居住区周围的生态环境也提出了更高的要求，这也是农户更全面地认识沙棘工程意义的原因。可以说，随着沙棘工程的经济价值不断被挖掘，沙棘工程也通过依托生态价值逐渐渗透出社会价值，农户们普遍对当地与家庭在未来一段时间内的发展持乐观期望。同时，沙棘工程在推动当地基础设施建设方面发挥了一定作用。

2. 住房面积

随着沙棘工程实施项目区的经济发展水平不断提高，当地人民的生活水平与生活质量日益上升。"三农"政策的进一步贯彻，使得农民得到了更多的实惠。沙棘工程实施的近

10 年里，项目区农户的家庭平均住房面积和住房建筑材料均有较大提升。调研区工程实施前住房面积为 61.1～97.3 m^2，2008 年这一指标达到 79.8～179.5 m^2。

（三）推动社会进步

衡量推动社会进步的具体指标主要包括：农户观念、农村建设、政府参与等。

1. 农户观念

接受调查的农户表示，沙棘工程为他们带来的远远不止成片的沙棘林和遍野的沙棘果，他们认为沙棘工程在相当程度上提高了他们的生态环保观念、市场观念和民主法治观念。调研农户认为生态环保观念、市场观念、民主法制观念分别有"很大提高"的占 73.58%、49.52%、44.34%。更有村民指出，沙棘工程的实施甚至改变了他们的生活方式——通过集体劳动与交流，他们对小到村里、大到国家的各类事务更加关心，他们认识到了改善生态环境的重要性，更懂得了保护生态环境是每一个公民应尽的义务。调研表明，村民对国家大事关心程度有"很大提高"的占 51.89%。一些村民通过沙棘项目培训找到了创业思路，在几年内就发展为远近闻名的"大户"。更多的村民愿意积极地加入到社会活动和集体活动当中来，他们希望能通过这些活动接触到更多沙棘知识、学习到更多沙棘知识，并充分发挥自己的话语权。村民问卷统计说明，参与社会活动次数、参与村民集体活动次数有"很大提高"的分别占 30.48% 和 19.81%，有"较大提高"的分别占 46.66% 和 59.43%。同时，沙棘工程在一定程度上解决了农村剩余劳动力尤其是妇女劳动力的就业问题，对个体家庭发挥着较大的经济社会效益。对提高妇女收入的影响有"很大提高"的占 46.60%。

2. 农村建设

部分农户认为，通过政策宣讲、集体劳动，实施沙棘工程各村的邻里关系与干群关系得到了一定改善（达"很大改善"的分别占 29.25% 和 44.34%，达"较大改善"的分别占 36.79% 和 28.30%），也有部分农户认为沙棘工程在推动农村基础设施建设、改善治安情况与社会风气等方面发挥了积极作用（有"很大改善"的分别占 44.34%、35.85% 和 36.79%）。也有一些农户更倾向于认同，沙棘工程在提升农村居民观念与改善生态环境方面发挥了作用，但认为沙棘工程在促进农村建设方面的贡献不大。不过总体来看，沙棘工程的实施，对当地农村建设应该起到了一定的促进作用。

3. 政府参与

沙棘工程采用"政府+农协+企业+农户"的项目运行机制，其中政府在这一机制中发挥着总领和牵头作用，不仅要积极协调农协、企业、农户之间的关系，还要对项目运行进行示范与监督。事实证明，有政府参与的项目运行机制适合沙棘工程，适合当地农村。接受调查的农户普遍认为，沙棘工程的成功实施离不开当地政府对"三农"问题（达"很高"的占 76.42%）和沙棘工程的重视和支持（达"很高"的占 75.47%）。农户认为政府的协调与支持非常重要，政府的参与为农户提供了与政府、农协、企业直接对话的机会，更好地保障了参与沙棘工程的农户权益。同时，政府与协会共同提供的培训，有助于村民更加清晰地认识和了解沙棘工程的政策与目标，有利于项目在农村的普及与开展。

从深层次来看，相对于经济效益而言，上述沙棘生态工程的社会效益要更加明显。

第二节　沙棘工业原料林建设区划

三北地区沙棘工业原料林的建设，既要杜绝一哄而起，也要防止大起大落，需要在科学区划的基础上，有序推进，良性发展。

一、区划原则

三北地区沙棘工业原料林建设的区划，要以满足生产需要为前提，以推动生产发展为准绳，并高度重视以下 3 个基本原则：一是大体相似的水分条件；二是基本相同的种植技术；三是连通闭合的地理区域。

（一）大体相似的水分条件

沙棘有关研究成果[6,7]表明，沙棘主要种植、推广于我国三北地区，且生长发育状况与水分条件密切相关。

在我国年等降水量地图中，可以明显看到 3 条鲜明的等降水量线，代表了我国特别的地理意义：

800 mm 年等降水量线：沿秦岭—淮河一线向西折向青藏高原东南边缘一线，此线以南，年降水量一般在 800 mm 以上，为湿润地区；此线以北，年降水量一般在 800 mm 以下，为半湿润地区。它的地理意义是，传统意义上南方与北方的分界线；北方旱地与南方水田的分界线；水稻、小麦种植的分界线；湿润地区与半湿润地区的分界线；亚热带季风气候与温带季风气候的分界线；热带亚热带常绿阔叶林与温带落叶阔叶林的分界线；河流结冰与不结冰的分界线等。

400 mm 年等降水量线：沿大兴安岭—张家口—兰州—拉萨—喜马拉雅山脉东端一线，它同时也是我国半湿润和半干旱区的分界线。400 mm 降水量线把我国大致分为东南与西北两大地区。它的地理意义是，森林植被与草原植被的分界线；东部季风区与西北干旱半干旱区的分界线；农耕文明与游牧文明的分界线。

200 mm 年等降水量线：从内蒙古自治区西部经河西走廊西部以及藏北高原一线，此线是干旱地区与半干旱地区的分界线，也是中国沙漠区与非沙漠区的分界线。

根据这 3 条等降水量线，可对我国干湿地区进行划分，如表 1-1 所示。

表 1-1　我国干湿地区划分与分布特点

干湿地区	降水量/mm	干湿状况	主要分布地区	气候	植被
湿润区	>800	降水量>蒸发量	东南大部、东北的东北部	气候湿润	森林
半湿润区	400~800	降水量>蒸发量	东北平原、华北平原、黄土高原南部和青藏高原东南部	气候较湿润	草原和森林
半干旱区	200~400	降水量<蒸发量	内蒙古高原、黄土高原和青藏高原大部分	气候较干燥	主要为草原
干旱区	<200	降水量<蒸发量	新疆、内蒙古高原西部、青藏高原西北	气候干旱	主要为荒漠

在上述 4 大干湿地区中，位于南方的湿润区，从自然情况来看，温度过高，降水过大，沙棘种植后生长纤细，分枝性能差，基本不能结实；从经济情况来看，可种植的经果植物很多，也无须再增加一种植物。综合分析结果认为，该区不适合种植沙棘。

而在半湿润区，温度、降水等生态条件可以完全满足沙棘生长发育之需，自然条件最为适宜沙棘种植。

在半干旱区，温度适宜，降水不足，需要在雨季采用集流措施聚集雨水，方能基本满足沙棘生长发育之需。

在干旱区，温度适宜，降水严重缺少，必须在生长季节经常保持灌溉，才能大体满足沙棘生长发育之需。

据此，可根据干湿地区类别，按照气候带先划分出沙棘种植气候带，气候带与半湿润、半干旱、干旱这些类型相对应；在带的基础上，根据地理位置等实际情况，再划分区来。这样，才能保证区划有一个基本相同的气候条件，特别是影响最大的干湿条件。

（二）基本相同的种植技术

沙棘种植技术包括苗木繁育、整地、栽植、管护以及资源采收等方方面面。在区划中，不管一级区还是二级区，区内应该在良种、苗木培育、整地和栽植技术、资源采摘手段等方面，尽量保持基本相同，以实现标准化管理。

从多年的实践来看，不同的地理区域，有着不同的自然条件，一般也孕育了较为一致的种植技术。所以，这一条件与前一条件所涉及区域基本上也是吻合的。

（三）连通闭合的地理区域

作为一种区划，不管一级区还是二级区，地理区域必须连通闭全。

根据 3 条等降水量线划分的一级区域，显然是闭合的；二级区域，由于区域内开展沙棘种植的条件所限，只就目前状况列出近中期适宜发展的分区。当然分区也是闭合的，只是有一些分区由于各方面原因，暂不区划而已。

二、区划成果

根据沙棘的具体情况，本区划中没有直接按前述等降水量线，而是根据降水量、蒸发量、地理位置等情况，将分区降水量线加以调整，即按 250 mm 等降水量线，将半干旱、干旱两个区域加以划分；按 500 mm 等降水量线，将半干旱、半湿润两个区域加以划分。

依据区划原则，涉及沙棘种植区划分的因素主要有：（1）气候类型：半湿润、半干旱和干旱 3 类；（2）种植类型："自然型"、"集流型"和"灌溉型"；（3）地理类型：东北北部，华北北部，黄土高原中部，河套、河西走廊和新疆（又分为北疆、南疆）。其中地理类型只代表目前适宜种植的三北地区地理类型，还有一些地区如黄土高原南部等，以及区外的西藏、西南地区等，待条件成熟时，亦可逐步加入区划图，并升级到全国沙棘工业原料林种植工作。

区划命名时，一级区主要用气候类型+种植类型来划分；二级区主要用地理位置+种植类型来划分。据此，三北地区沙棘工业原料林种植区划分为 3 个一级区、7 个二级区，见图 1-7、图 1-8。

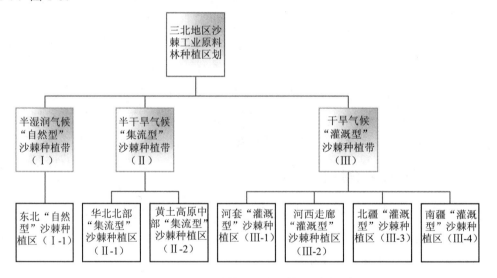

图 1-7　三北地区沙棘工业原料林种植区分类图

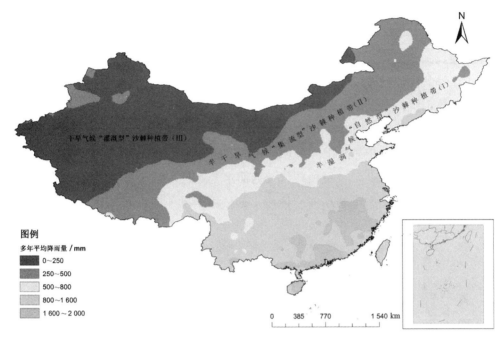

图 1-8 三北地区沙棘工业原料林种植带

一级区：共 3 个，包括：半湿润气候"自然型"沙棘种植带（Ⅰ）、半干旱气候"集流型"沙棘种植带（Ⅱ）、干旱气候"灌溉型"沙棘种植带（Ⅲ）。

二级区：每个一级区下，按现阶段适宜种植的范围划出二级区，共计 7 个，包括：

半湿润气候"自然型"沙棘种植带（Ⅰ）下划分为：东北"自然型"沙棘种植区（Ⅰ-1）。本带下其他适宜地区因条件不具备，目前暂不再区划。

半干旱"集流型"气候沙棘种植带（Ⅱ）下划分为：华北北部"集流型"沙棘种植区（Ⅱ-1）、黄土高原中北部"集流型"沙棘种植区（Ⅱ-2）。

干旱气候"灌溉型"沙棘种植带（Ⅲ）下划分为：河套"灌溉型"沙棘种植区（Ⅲ-1）、河西走廊"灌溉型"沙棘种植区（Ⅲ-2）、北疆"灌溉型"沙棘种植区（Ⅲ-3）、南疆"灌溉型"沙棘种植区（Ⅲ-4）。

3 个一级区，从气温来看全部适宜种植沙棘，不过从降水及地表水、地下水情况来看，半湿润气候沙棘种植带（Ⅰ）仅靠自然降水，就足以满足种植沙棘需求。半干旱气候沙棘种植带（Ⅱ）需要采取工程整地措施，实现集流补水，才能满足种植需求。而干旱气候沙棘种植带（Ⅲ）如果没有地表水、地下水资源，根本不能种植沙棘，种植沙棘只能建立在当地取水许可条件下的灌溉种植，在这一种植带，"有水就是绿洲，无水就是荒漠"。

从半湿润气候沙棘种植带（Ⅰ）来看，气温、降水完全符合沙棘种植，但由于区内土地属性、自然资源特别是植物资源特性以及种植习惯等制约，黄土高原南部目前并不适合种植沙棘。因此，该区只重点划分出东北这一个区域，规划用于近中期"自然型"沙棘工业原料林建设。

从半干旱气候沙棘种植带（Ⅱ）来看，气温适宜，一般降水不足，需要通过集流补水。因此，从种植传统、企业布局等通盘考虑，该区只重点划分出华北北部、黄土高原中部这两个区域，规划用于近中期"集流型"沙棘工业原料林建设。

从干旱气候沙棘种植带（Ⅲ）来看，气温适宜，降水一般极为稀少，只有进行灌溉，方能适度种植沙棘。因此，从种植传统及地面水资源量等统筹考虑，该区只重点划分出河套、河西走廊、北疆、南疆这 4 个区域，规划用于近中期"灌溉型"沙棘工业原料林建设。

第三节　沙棘工业原料林建设分区

以东北黑龙江为代表的沙棘工业原料林资源建设区，降水丰沛，土壤肥沃，可以开展"自然型"沙棘种植；以辽西、冀北、黄土高原中部地区为代表的沙棘工业原料林资源建设区，山丘区土壤干旱，河滩地地下水位低，多数年份降水资源不足，河流断流，应该开展"集流型"沙棘种植，即开展水土保持工程整地，充分集蓄地表径流，以种植较低密度沙棘为宜；以河套、河西走廊和新疆（包括北疆、南疆）为代表的沙棘工业原料林资源建设区，虽然气候干旱，但沙棘种植区却选在地表水较为丰沛的地段，可以开展"灌溉型"沙棘种植。

三北地区沙棘工业原料林建设区划图，详见彩色插页。

一、半湿润气候"自然型"沙棘种植带

本带（Ⅰ）面积约 300 万 km^2。从自然条件来看，东北地区降水较为充沛，蒸发量不高，为"雨养农业"，仅凭自然条件，沙棘工业原料林建设就非常容易；东部的黄淮河平原区为农业区，不宜种植；中部的黄土高原南部为传统林果区，适宜种植树种较多，暂不区划（川西、云南西北部、藏南等西部地区不属于三北地区）。因此，二级区只列出了近中期可以种植的东北 1 个区。

（一）东北"自然型"沙棘种植区

该区面积约 6.22 万 km^2，涉及黑龙江省孙吴、五大连池、克山、克东、北安、拜泉、明水、青冈、海伦、绥棱、望奎、北林、庆安、铁力、巴彦、呼兰、木兰、宾县、

通河、方正、延寿、依兰、桦南、林口、海林、穆棱、麻山等地区。该区位置详见图 1-9。

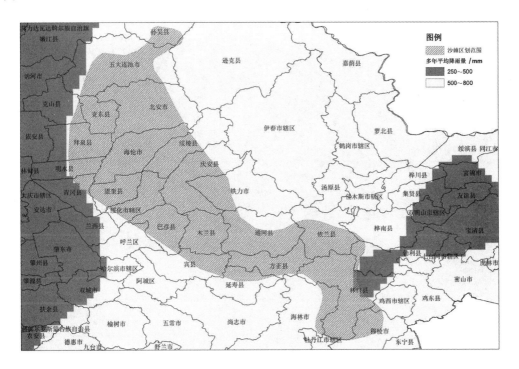

图 1-9 东北"自然型"沙棘种植区位置图

（二）其他

在黄土高原南部，如前所述，为传统林果种植区；四川西部、云南西北部、藏南等地区沙棘属植物自然分布较多，但不属于三北地区。这些区域仍有一定的区域可用于沙棘工业原料林建设，但近中期条件尚不具备，或不属于本区，故暂未安排。

二、半干旱气候"集流型"沙棘种植带

本带（Ⅱ）面积约 227 万 km²。从自然条件来看，降水不多，蒸发不少，为我国"十年九旱"地区，沙棘工业原料林的建设，必须满足集流聚水条件，用于补充因降水不足所造成的一系列问题。二级区只列出了近中期可以开展建设的华北北部和黄土高原中部 2 个区，而西部的青藏高原不属于三北地区暂未列入。

（一）华北北部"集流型"沙棘种植区

从行政区域上来看，该区多属东北区，但从地理角度来看，实应列为华北北部。该区

面积约 4.88 万 km²，涉及辽宁省阜蒙、海州、北票、建平、朝阳、双塔、龙城、喀左等；内蒙古自治区库伦、奈曼、敖汉、喀喇沁、宁城、元宝山等；河北省平泉、围场、丰宁、隆化、赤城、双滦等地区。该区位置详见图 1-10。

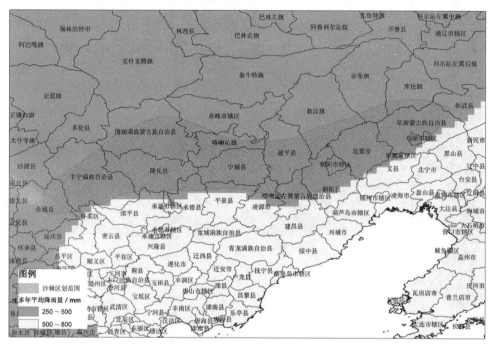

图 1-10　华北北部"集流型"沙棘种植区位置图

（二）黄土高原中部"集流型"沙棘种植区

该区面积约 10.15 万 km²。涉及山西省大同、广灵、浑源、怀仁、应县、繁峙、灵丘、左云、右玉、山阴、代县、朔城、平鲁、原平、偏关、神池、宁武、河曲、五寨、保德、岢岚、岚县、静乐、兴县、娄烦、临县、方山、清徐、交城、离石、柳林、中阳、石楼、永和等；陕西省神池、府谷、佳县、米脂、吴堡、子洲、绥德、子长、清涧、延川、延长、宝塔、安塞、靖边、吴起、志丹、定边等；甘肃省环县、华池、庆城、镇原、崆峒、会宁、静宁、通渭、安定、陇西、渭源、秦安、北道、秦城、甘谷、武山、漳县、岷县、礼县等县；宁夏回族自治区原州、彭阳、西吉、海原、隆德、泾源等地区。该区位置详见图 1-11。

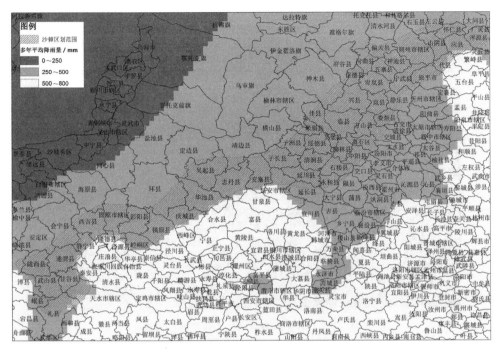

图 1-11　黄土高原中部"集流型"沙棘种植区位置图

三、干旱气候"灌溉型"沙棘种植带

本带（Ⅲ）面积约 474 万 km^2。从自然条件来看，降水稀少，蒸发量巨大，沙棘种植必须满足灌溉条件，方能作为工业原料林经营，否则单凭自然降水，沙棘种植后根本不能成活。目前适宜种植的有黄河干流途经的宁夏平原（西套）和内蒙古河套地区（前套、后套），有祁连山融雪水灌溉的甘肃河西走廊，有地表径流环伺的北疆准噶尔盆地周边地区（不包括东侧），以及南疆塔里木盆地西部和西南部地区。因此，二级区列出了近中期可以开展沙棘工业原料林建设的河套、河西走廊和北疆、南疆 4 个区。

（一）河套"灌溉型"沙棘种植区

该区面积约 2.91 万 km^2。涉及后套的内蒙古自治区乌拉特前、乌拉特中、乌拉特后、五原、杭锦、杭锦后、临河、磴口、乌海等；西套的宁夏回族自治区惠农、大武口、平罗、贺兰、兴庆、金凤、西夏、永宁、青铜峡、利通、中宁、沙坡头等地区。该区位置详见图 1-12。

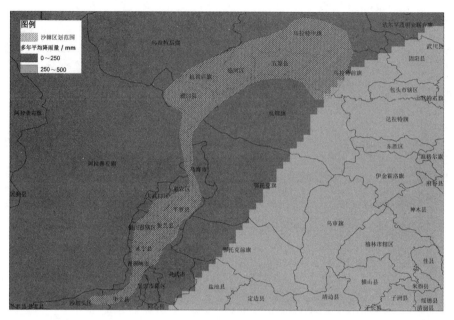

图 1-12　河套"灌溉型"沙棘种植区位置图

（二）河西走廊"灌溉型"沙棘种植区

该区面积约 1.80 万 km²。涉及甘肃省景泰、古浪、凉州、永昌、金昌、山丹、民乐、甘州、临泽、肃南、高台、金塔等，以及内蒙古自治区的阿拉善右旗等地区。该区位置详见图 1-13。

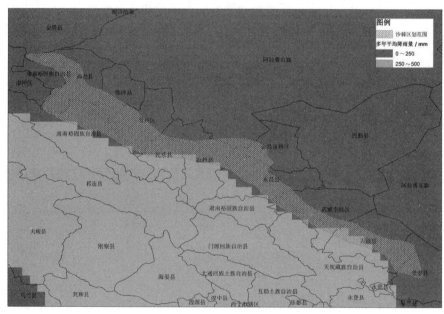

图 1-13　河西走廊"灌溉型"沙棘种植区位置图

（三）北疆"灌溉型"沙棘种植区

该区面积约 5.20 万 km²。涉及新疆维吾尔自治区青河、富蕴、福海、阿勒泰、布尔津、哈巴河、吉木乃、和布克赛尔、额敏、托里、克拉玛依、温泉、博乐、精河、乌苏、奎屯、沙湾、石河子、玛纳斯、呼图壁等地区。该区位置详见图 1-14。

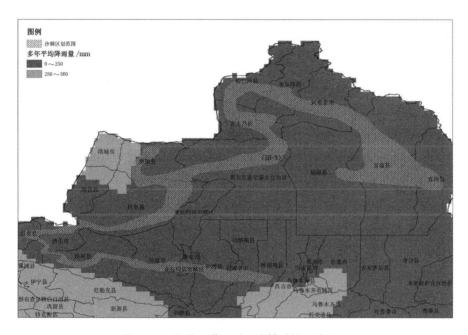

图 1-14　北疆"灌溉型"沙棘种植区位置图

（四）南疆"灌溉型"沙棘种植区

该区面积约 4.80 万 km²。涉及新疆维吾尔自治区温宿、乌什、柯坪、阿合奇、阿图什、乌恰、疏附、阿克陶、英吉沙、莎车、泽普、叶城、皮山、墨玉、和田、洛浦、策勒、于田等地区。该区位置详见图 1-15。

需要说明的是，目前分区图所涉及的县、市、区、旗，只是从目前来看，具备自然、经济、社会等条件的地区。其实分区外的毗邻地区，条件具备的，也可参照实施。

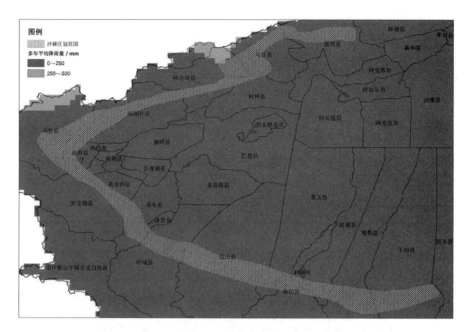

图 1-15   南疆"灌溉型"沙棘种植区位置图

参考文献

[1]   全国沙棘协调办公室. 中国沙棘开发利用（1985—1995）. 西安：西北大学出版社，1995：16.

[2]   胡建忠，郜源临，李永海，等. 砒砂岩区沙棘生态控制系统工程及产业化开发. 北京：中国水利水电
出版社，2015：261-270.

[3]   胡建忠，郜源临，李永海，等. 砒砂岩区沙棘生态控制系统工程及产业化开发. 北京：中国水利水电
出版社，2015：164-221.

[4]   吴永红，胡建忠，闫晓玲，等. 砒砂岩区沙棘林生态工程减洪减沙作用分析. 中国水土保持科学，2011，
9（1）：68-73.

[5]   胡建忠，郜源临，李永海，等. 砒砂岩区沙棘生态控制系统工程及产业化开发. 北京：中国水利水电
出版社，2015：432-436.

[6]   廉永善. 沙棘属植物生物学和化学. 兰州：甘肃科学出版社，2000：71-79.

[7]   胡建忠. 沙棘的生态经济价值及综合开发利用技术. 郑州：黄河水利出版社，2000：7-21.

第二章 沙棘工业原料林区域良种选配与繁育

在三北地区沙棘工业原料林建设区域，适宜种植的沙棘良种是有区域特征的，没有一种是能够"包打天下"的良种。因此，应该首先分区域选择适宜的沙棘良种，做到"适地适树"；然后按照一定的无性繁殖手段开展繁育，为下一阶段栽培提供"良种壮苗"。

第一节 沙棘工业原料林区域良种选配

我国辽西、冀北、黄土高原等地区，多年以来选用野生中国沙棘种子育苗或挖掘根蘖苗，开展荒山绿化等生态建设工作。20 世纪 80 年代末，东北地区通过以货易货方式，逐渐从俄罗斯（包括苏联）引入大果沙棘优良品种，用于种植园建设。从此，我国经济型沙棘即沙棘工业原料林建设拉开了序幕，按区域选择适宜良种的工作逐步步入正轨。

一、主要沙棘良种来源

我国沙棘良种资源，起于国外引种，壮大于选择育种，突破于杂交育种，并渐成规模，不断孕育形成了一个较为庞大的沙棘良种选育体系。这种体系的主要组成部分，除优良乡土资源外，还包括国外引种、选择育种和杂交育种等来源。

（一）国外引种

主要为从俄罗斯（包括苏联）引进的大果沙棘优良品种，另外还有少许来自蒙古、德国等国家的大果沙棘优良品种。

1. 从俄罗斯引种

20 世纪 30 年代开始，以苏联西伯利亚利萨文科园艺研究所为代表的一些单位，就开始了沙棘育种工作，截至目前已筛选出了近 200 种大果沙棘优良品种，其中 50 多种进入了国家品种目录。我国引进的俄罗斯（包括苏联）大果沙棘品种，在生产实践中广为栽培的主要有"丘伊斯克"、"橙色"（*Hippophae rhamnoides* ssp. *mongolica* 'Orangevaya'）、"浑金"（*Hippophae rhamnoides* ssp. *mongolica* 'Samorodok'）、"巨人"（*Hippophae rhamnoides* ssp.

mongolica 'Velikan'）、"优胜"（*Hippophae rhamnoides* ssp. *mongolica* 'Prevoschodnaya'）和"太阳"等[2-4]。

（1）丘伊斯克

"丘伊斯克"品种由俄罗斯西伯利亚利萨文科园艺研究所采用杂交育种途径获得，引进种亦称"楚伊"（图2-1）。

图2-1   大果沙棘引进良种——"丘伊斯克"（新疆青河）

俄罗斯推广区域主要位于阿尔泰、新西伯利亚、伊尔库茨克等15个州（区）。

在原产地，"丘伊斯克"树高2.5 m，树冠圆形，棘刺较少。定植3～4年后进入结果期，成熟期为8月上旬。果实呈柱椭圆体，橙色，采收时不破浆。果柄长2～3 mm，百果重90 g，6～7年后进入盛果期，株产达14.6～23.0 kg，盛果期可达8～10年。果实含糖6.4%，含酸1.7%，含油率6.2%，维生素C含量134 mg/100 g，胡萝卜素含量3.7 mg/100 g。耐严寒，抗病虫害。

在我国内蒙古磴口中国林业科学研究院沙漠林业试验中心的试验结果表明，"丘伊斯克"造林后第4个年度普遍进入结果期，初果期百果重63.22 g，果纵径1.28 cm，横径0.86 cm，果柄长0.34 cm，种子千粒重20 g。

内蒙古磴口定植5年生"丘伊斯克"生长指标为：树高139 cm，地径2.4 cm，冠幅96 cm，单株鲜果产量0.9 kg，单产3 064 kg/hm²，种子千粒重14.4 g；定植6年生"丘伊斯克"生长指标为：单株鲜果产量6.6 kg，单产11 055 kg/hm²，种子千粒重14.4 g。

黑龙江绥棱定植5年生"丘伊斯克"生长指标为：树高163 cm，地径3.6 cm，冠幅155 cm，单株鲜果产量2.5 kg，单产5 550 kg/hm²，种子千粒重18.1 g；定植6年生丘伊斯克生长指标为：单株鲜果产量5.7 kg，单产6 350 kg/hm²，种子千粒重18.1 g。

（2）橙色

"橙色"品种（图2-2）由俄罗斯西伯利亚利萨文科园艺研究所采用杂交育种途径获得。

图2-2 大果沙棘引进良种——橙色（黑龙江绥棱）

俄罗斯主要推广区域位于弗拉基米尔、下诺夫哥罗德和阿尔泰等州（区）。

在原产地，橙色树高 3 m，树冠呈正椭圆形，棘刺较少。定植 4 年后进入结果期，成熟期为 9 月中旬。果实呈椭圆体，橙红色，采收时不破浆。果柄长 8～10 mm，百果重 60 g，6～7 年株产达 13.7～22.1 kg，盛果期可达 10～12 年。果实含糖 5.4%，含酸 1.3%，含油率 6%，维生素 C 含量 330 mg/100 g。耐严寒，对干缩病有一定抗性，抗病虫害。

在我国内蒙古磴口中国林业科学研究院沙棘沙漠林业试验中心的试验结果表明，"橙色"造林后第 4 个年度普遍进入结果期，初果期百果重 36.84 g，果纵径 0.96 cm，横径 0.79 cm，果柄长 0.37 cm，种子千粒重 18.46 g。

内蒙古磴口定植 5 年生"橙色"生长指标为：树高 157 cm，地径 3.5 cm，冠幅 130 cm，单株鲜果产量 1.1 kg，单产 3 497 kg/hm²，种子千粒重 17.1 g；定植 6 年生"橙色"生长指标为：单株鲜果产量 2.7 kg，单产 4 463 kg/hm²，种子千粒重 17.1 g。

黑龙江绥棱定植 5 年生"橙色"生长指标为：树高 155 cm，地径 3.4 cm，冠幅 130 cm，单株鲜果产量 3.5 kg，单产 7 770 kg/hm²，种子千粒重 17.4 g；定植 6 年生"橙色"生长指标为：单株鲜果产量 3.1 kg，单产 3 474 kg/hm²，种子千粒重 17.4 g。

（3）浑金

"浑金"品种（图 2-3）由俄罗斯西伯利亚利萨文科园艺研究所采用杂交育种途径获得。

图2-3 大果沙棘引进良种——浑金（黑龙江绥棱）

俄罗斯主要推广区域位于库尔干、车里雅宾斯克和阿尔泰等州（区）。

在原产地，"浑金"树高 2.4 m，树冠张开形，棘刺较少。定植 4 年后进入结果期，成熟期为 8 月底。果实呈椭圆体，橙黄色，采收时不破浆。果柄长 3～4 mm，百果重 70 g，6～7 年株产达 14.5～20.5 kg，盛果期可达 10～12 年。果实含糖 5.3%，含酸 1.55%，含油率 6.9%，维生素 C 含量 133 mg/100 g，胡萝卜素含量 3.81 mg/100 g。耐严寒，耐干旱，抗病虫害。

在我国内蒙古磴口中国林业科学研究院沙棘沙漠林业试验中心的试验结果表明，"浑金"造林后第 4 个年度普遍进入结果期，初果期百果重 32.63 g，果纵径 0.96 cm，横径 0.81 cm，果柄长 0.30 cm，种子千粒重 18.33 g。

内蒙古磴口定植 5 年生"浑金"生长指标为：树高 161 cm，地径 3.6 cm，冠幅 142 cm，单株鲜果产量 1.1 kg，单产 3 497 kg/hm²，种子千粒重 12.6 g；定植 6 年生"浑金"生长指标为：单株鲜果产量 2.3 kg，单产 3 813 kg/hm²，种子千粒重 12.6 g。

黑龙江绥棱定植 5 年生"浑金"生长指标为：树高 168 cm，地径 3.7 cm，冠幅 161 cm，单株鲜果产量 2.8 kg，单产 6 210 kg/hm²，种子千粒重 14.9 g；定植 6 年生"浑金"生长指标为：单株鲜果产量 4.4 kg，单产 5 318 kg/hm²，种子千粒重 14.9 g。

（4）巨人

"巨人"品种（图 2-4）由俄罗斯西伯利亚利萨文科园艺研究所采用杂交育种途径获得。

图 2-4　大果沙棘引进良种——巨人（黑龙江绥棱）

俄罗斯主要推广区域位于库尔干、彼尔姆和斯维尔德诺夫斯克等州。

在原产地，"巨人"树冠呈尖圆锥形，棘刺较少。定植 3～4 年后进入结果期，成熟期为 9 月下半月。果实呈柱形，橙黄色，采收时不破浆。果柄长 3～4 mm，百果重 80 g，6～7 年株产达 11.2～15.5 kg，盛果期可达 10～12 年。果实含糖 6.6%，含酸 1.7%，含油率 6.6%，维生素 C 含量 157 mg/100 g，胡萝卜素含量 3.1 mg/100 g。耐严寒，抗病虫害，对干缩病有一定抗性。

在我国内蒙古磴口中国林业科学研究院沙棘沙漠林业试验中心的试验结果表明，"巨人"造林后第 4 个年度普遍进入结果期，初果期百果重 45.25 g，果纵径 1.29 cm，横径 0.68 cm，果柄长 0.18 cm，种子千粒重 19 g。

内蒙古磴口定植 5 年生"巨人"生长指标为：树高 112 cm，地径 1.6 cm，冠幅 85 cm，单株鲜果产量 0.1 kg，单产 200 kg/hm²，种子千粒重 15.2 g；定植 6 年生"巨人"生长指标为：单株鲜果产量 3.3 kg，单产 5 528 kg/hm²，种子千粒重 15.2 g。

黑龙江绥棱定植 5 年生"巨人"生长指标为：树高 170 cm，地径 3.2 cm，冠幅 131 cm，单株鲜果产量 1.7 kg，单产 3 765 kg/hm²，种子千粒重 18.7 g；定植 6 年生"巨人"生长指标为：单株鲜果产量 3.6 kg，单产 4 029 kg/hm²，种子千粒重 18.7 g。

（5）优胜

"优胜"品种（图 2-5）由俄罗斯西伯利亚利萨文科园艺研究所采用杂交育种途径获得。

图 2-5　大果沙棘引进良种——优胜（黑龙江绥棱）

俄罗斯推广区域位于阿尔泰、新西伯利亚、狄明等州。

在原产地，"优胜"树冠呈圆形，无刺。定植 4 年后进入结果期，成熟期为 8 月底。果实呈长卵圆体，橙黄色，有光泽，采收时不破浆。果柄长 7 mm，百果重 80 g，株产达 7～8 kg（最高可达 22.1 kg）。果实含干物质 17%，糖 7.6%，含酸 1.6%，含油率 6.5%，维生素 C 含量 118.2 mg/100 g，胡萝卜素含量 2.5 mg/100 g。耐严寒，耐干旱，抗内原真菌病，抗沙棘蝇，但不抗干缩病。

在我国内蒙古磴口中国林业科学研究院沙棘沙漠林业试验中心的试验结果表明，"优胜"造林后第 4 个年度普遍进入结果期，初果期百果重 42.35 g，果纵径 1.10 cm，横径 0.87 cm，果柄长 0.50 cm，种子千粒重 19 g。

内蒙古磴口定植 5 年生"优胜"生长指标为：树高 122 cm，地径 2.6 cm，冠幅 78 cm，单株鲜果产量 2.6 kg，单产 8 492 kg/hm²，种子千粒重 15.9 g；定植 6 年生"优胜"生长指标为：单株鲜果产量 3.5 kg，单产 5 844 kg/hm²，种子千粒重 15.9 g。

黑龙江绥棱定植 5 年生"优胜"生长指标为：树高 180 cm，地径 4.2 cm，冠幅 158 cm，单株鲜果产量 4.1 kg，单产 9 105 kg/hm²，种子千粒重 17.2 g；定植 6 年生"优胜"生长指标为：单株鲜果产量 1.8 kg，单产 1 943 kg/hm²，种子千粒重 17.2 g。

（6）太阳

"太阳"品种（图 2-6）由莫斯科大学植物园选育，亦称"向阳"。

图 2-6   大果沙棘引进良种——太阳（黑龙江绥棱）

在原产地，"太阳"树冠紧凑，呈微叉开式。结实较早，定植 2～3 年后进入结果期，成熟期为 8 月底。果实呈圆球体，橙黄色，有光泽，采收时不破浆。果柄长 4.5～5.0 mm，百果重 50 g，5 年株产达 8 kg。果实含糖 0.4%，含酸 1.3%，含油率 3.5%，维生素 C 含量 122 mg/100 g，胡萝卜素含量 3.9 mg/100 g。

在我国内蒙古磴口中国林业科学研究院沙棘沙漠林业试验中心的试验结果表明，"太阳"造林后第 4 个年度普遍进入结果期，统计初果期百果重 58.23 g，果纵径 1.32 cm，横径 0.88 cm，果柄长 0.27 cm，种子千粒重 20.06 g。

内蒙古磴口定植 5 年生"太阳"生长指标为：树高 146 cm，地径 2.7 cm，冠幅 120 cm，单株鲜果产量 0.6 kg，单产 2 065 kg/hm²，种子千粒重 15.0 g；定植 6 年生"太阳"生长指标为：单株鲜果产量 3.4 kg，单产 5 654 kg/hm²，种子千粒重 15.0 g。

前面介绍的多为俄罗斯第一代、第二代沙棘良种，第三代沙棘良种目前正在我国三北地区开展区域性试验，目前表现较好的有 10 余种，还有待生产性试验后得出最后结论。

2. 从其他国家引种

从蒙古引进的主要品种有"乌兰格木"（*Hippophae rhamnoides* ssp. *mongolica* 'Ulaangom'）、"川人"（*Hippophae rhamnoides* ssp. *mongolica* 'Chandman'）等，表现较好；从德国引进的主要品种有 Hergo、Leikora、Pollmix、Frugana 等，但于 2013—2014 年在黑龙江绥棱初选试验后，表现不好，未再进行有关引种研究。

"乌兰格木"（图 2-7）为蒙古的地名，同时也作为品种名称使用。这个品种由蒙古植物学家拉根通过杂交育种手段选育而成，母本为俄罗斯"丘伊斯克"，父本为蒙古西部的蒙古沙棘亚种，在干旱但有灌溉条件的地域选育而成，特点是树体呈灌丛型，无刺或少刺，花期从 5 月 15—20 日开始，果红或黄色，球形或卵圆形，果实纵、横径分别为 9.6 mm、7.9 mm，果柄长 4 mm，果皮厚，百果重 50 g，种子长、宽分别为 6.5 mm、2.9 mm，单产达 5.5 t/hm²，含油率 8.5%，维生素 C 含量 146 mg/100 g，胡萝卜素含量 6.1 mg/100 g。

图 2-7　大果沙棘引进良种——乌兰格木（黑龙江绥棱）

在我国黑龙江绥棱黑龙江省农科院浆果研究所、内蒙古磴口中国林业科学研究院沙漠林业试验中心的试验结果表明，"乌兰格木"的百果重在绥棱为 40.01 g，在磴口为 40.04 g；果实纵、横径在绥棱分别为 0.96 cm、0.81 cm，在磴口分别为 1.12 cm、0.80 cm；相应果形系数在绥棱为 1.19，在磴口为 1.40；果柄长在绥棱为 0.29 cm，在磴口为 0.25 cm。在绥棱，乌兰格木果实维生素 C、维生素 E 含量分别为 82.03 mg/100 g、1.65 mg/100 g，水解总黄酮为 12.69 mg/100 g。

"乌兰格木"造林后第 4 个年度普遍进入结果期。5 年生"乌兰格木"，在黑龙江绥棱的鲜果株产为 3.3 kg，鲜果单产为 7 320 kg/hm²，种子千粒重为 14.48 g，种子单产为 245.55 kg/hm²；在内蒙古磴口的鲜果株产为 0.38 kg，鲜果单产为 1 265.4 kg/hm²，种子千粒重为 14.1 g，种子单产为 43.35 kg/hm²。6 年生"乌兰格木"，在黑龙江绥棱的鲜果株产为 2.19 kg，鲜果单产为 2 431.5 kg/hm²，种子千粒重为 14.48 g，种子单产为 81.9 kg/hm²；在内蒙古磴口的鲜果株产为 3.69 kg，鲜果单产为 6 144 kg/hm²，种子千粒重为 14.1 g，种子单产为 211.05 kg/hm²。

（二）选择育种

选择育种，包括从我国野生中国沙棘资源中采种筛选、从引进国外优良品种种子繁育实生苗后代中选择两条途径，其中后者又包括对俄罗斯品种、蒙古品种以及北欧品种中的选择[5]。这种选择方法叫实生选种法，准确地说，是采集（国内）或引进（国外）具优良性状的种子，利用其后代的性状分化和幼年期适应能力强的特点，从不同的家系和家系内分化的单株中，择其对本地适应能力强而性状优良者选而用之。选择过程中，要经过多次的去劣存优，选取少量优良育种材料，经无性系化后再进行无性系比较测定，最终进行决选而成[6]。

1．从野生中国沙棘资源中选择

中国林业科学研究院自 1985 年起，开始系统研究沙棘遗传改良问题，取得了较为丰硕的成果[7]。以中国沙棘野生资源为基础，选育出"桔丰"（*Hippophae rhamnoides* ssp. *sinensis* 'Jufeng'）、桔大（*Hippophae rhamnoides* ssp. *sinensis* 'Juda'）、"红霞"（*Hippophae rhamnoides* ssp. *sinensis* 'Hongxia'）、"丰宁雄"（*Hippophae rhamnoides* ssp. *sinensis* 'Fengningxiong'）、"蛮汗山雄"（*Hippophae rhamnoides* ssp. *sinensis* 'Manhanshanxiong'）。并通过小群体比较试验，筛选出河北丰宁、陕西黄龙、辽宁罗扶沟、山西太岳、甘肃关山梁、青海大通等 6 个采种基地，环效指数提高 20%～40%，经济效益提高 10%以上。

（1）红霞

"红霞"（图 2-8）原材料来源于河北省涿鹿县野生中国沙棘林。

图 2-8　中国沙棘选育良种——"红霞"（内蒙古磴口）

优树选择年度为 1987 年，在内蒙古磴口县中国林业科学研究院沙漠林业实验中心做子代测定。

该品种原株和原种材料，均保存在内蒙古磴口县中国林业科学研究院沙漠林业实验中心。由黄铨、李建雄等选育而成。

果色橘红色，百果重 15.0 g，果纵径 5.5 mm，横径 6.7 mm，果柄长 2.1 mm，为扁圆果型，结实后第 3 年株产 25 kg。果实总糖含量 9.89 g/100 g，总酸含量 3.07 g/100 g，粗脂肪含量 7.99 g/100 g，总氨基酸含量 4.515 mg/100 g，维生素 C 含量 252 mg/100 g。

树形为主干型，萌蘖力强，棘刺中等。果实密集，满树为果，甚为艳丽，挂果期长达 3 个月之久。

（2）橘大

"橘大"（图 2-9）原材料来源于河北省涿鹿县野生中国沙棘林。

图 2-9　中国沙棘选育良种——橘大（内蒙古磴口）

优树选择年度为 1987 年，在内蒙古磴口县中国林业科学研究院沙漠林业实验中心做子代测定。

该品种原株和原种材料，均保存在内蒙古磴口县中国林业科学研究院沙漠林业实验中心。由黄铨、佟金权等选育而成。

果色橘黄色，百果重 30.0 g，果纵径 7.4 mm，横径 8.6 mm，果柄长 3.0 mm，为扁圆果型，结实后第 5 年株产 20 kg。果实总糖含量 2.65 g/100 g，总酸含量 6.42 g/100 g，总氨基酸含量 6.676 mg/100 g，维生素 C 含量 1 415 mg/100 g，β-胡萝卜素含量 81 mg/100 g，维生素 E 含量 176 mg/100 g，果肉含油率 13.42%，种子含油率 11.90%。

树形为主干型，树冠较开阔，棘刺少。

（3）橘丰

"橘丰"（图 2-10）原材料来源于河北省涿鹿县野生中国沙棘林。

图 2-10　中国沙棘选育良种——橘丰（内蒙古磴口）

优树选择年度为 1987 年，在内蒙古磴口县中国林业科学研究院沙漠林业实验中心做子代测定。

该品种原株和原种材料，均保存在内蒙古磴口县中国林业科学研究院沙漠林业实验中心。由黄铨、罗红梅等选育而成。

果色橘黄色，百果重 24.0 g，果纵径 6.0 mm，横径 7.1 mm，果柄长 2.7 mm，为扁圆果型，结实后第 5 年株产 25 kg。

树形为主干型，萌蘖力极强。

（4）丰宁雄

"丰宁雄"（图 2-11）原材料来源于河北省丰宁县野生中国沙棘林，亦称"无刺雄"。

图 2-11　中国沙棘选育良种——丰宁雄（内蒙古鄂尔多斯）

优树选择年度为 1988 年，在内蒙古磴口县中国林业科学研究院沙漠林业实验中心做子代测定。

该品种原株历经多次迁址而被毁，原种在内蒙古磴口县中国林业科学研究院沙漠林业实验中心、辽宁省阜蒙县均有保存。先后由王道先、董太祥、黄铨、李忠义等选育而成。

树形为主干型，花芽饱满、充实，萌芽、萌蘖力强。5 年生时，树高可达 4 m。在一般条件下无刺，但引进到较为干旱地区后，也常出现少量枝刺。

（5）蛮汗山雄

"蛮汗山雄"（图 2-12）原材料来源于内蒙古凉城县。

图 2-12　中国沙棘选育良种——蛮汗山雄（内蒙古鄂尔多斯）

优树选择年度为 1991—1995 年，在内蒙古凉城县林业试验站做子代测定，在内蒙古呼和浩特坝口子繁殖无性系定植。

该品种原株、原种均无保存（无性系在内蒙古鄂尔多斯市东胜区九成宫有保存）。先后由周世权、蓝登民、金争平等选育而成。

蛮汗山雄沙棘树形为主干不明显的灌丛型，花芽饱满、充实，萌芽、萌蘖力较强。5 年生时，树高 3～4 m。枝条棘刺较少，但引进到更干旱地区后，枝刺增多。

与"丰宁雄"比较，"蛮汗山雄"的生长势偏弱，花芽偏小，抗旱性偏弱。

2. 从引进国外良种实生苗中选择

包括从俄罗斯引进的"丘伊斯克"为育种材料选育的"辽阜 1 号"（*Hippophae rhamnoides* ssp. *mongolica* 'Liaofu 1'）、"棕丘"（*Hippophae rhamnoides* ssp. *mongolica* 'Zongqiu'）、"白丘"（*Hippophae rhamnoides* ssp. *mongolica* 'Baiqiu'）；从蒙古引进的"乌兰格木"为育种材料选育的"乌兰沙林"（*Hippophae rhamnoides* ssp. *mongolica* 'Wulanshalin'）等；从北欧引进的混杂品种（人为失误造成）为育种材料选育的"深秋红"、"壮圆黄"和"无刺丰"（*Hippophae rhamnoides* 'Wucifeng'）等，其中特用经济型品种百果重提高 1～4 倍，产果量

提高 10～20 倍，亩产 1.0～1.5 t，有 4 个品种达到无刺选育目标。下面是对主要品种的简要介绍。

（1）辽阜 1 号

"辽阜 1 号"（图 2-13）原材料来源于俄罗斯"丘伊斯克"种子，通过实生措施选育而得。

图 2-13　大果沙棘选育良种——辽阜 1 号（辽宁阜蒙）

优树选择年度为 1990 年，在辽宁省阜蒙县福兴地乡做子代测定。

该品种原株和原种材料，均保存在内蒙古磴口县中国林业科学研究院沙漠林业实验中心和辽宁省阜蒙县。由黄铨、李忠义、段海霞等选育而成。

果色橘黄色，果实顶端有红晕，百果重 41.0～45.0 g，果纵径 11～12 mm，横径 8.0～8.5 mm，果柄长 3.0～4.0 mm，为圆柱果型，盛果期株产 8 kg，种子千粒重 15～28 g。果实总糖含量 1.60 g/100 g，总酸含量 2.25 g/100 g，总氨基酸含量 0.509 mg/100 g，维生素 C 含量 154 mg/100 g，β-胡萝卜素含量 441 mg/100 g，维生素 E 含量 89 mg/100 g，果肉含油率 31.3%，种子含油率 9.29%。

树形为灌丛型，树冠较开阔，棘刺少。

（2）棕丘/白丘

"棕丘"（图 2-14）、"白丘"（图 2-15）原材料来源于俄罗斯"丘伊斯克"种子，通过集团选择法选育而得。

优树选择年度为 1990 年，在内蒙古磴口做子代测定。将其中枝条呈棕褐色的定为"棕丘"，灰褐色的定为"白丘"。

该品种原株和原种材料均保存在内蒙古磴口县中国林业科学研究院沙漠林业实验中

心。由黄铨、罗红梅等选育而成。

图 2-14　大果沙棘选育良种——棕丘（内蒙古磴口）

图 2-15　大果沙棘选育良种——白丘（内蒙古磴口）

"棕丘"树体灌丛状，枝条开张中等，无刺或基本无刺，根萌蘖力强。高 1.8～2.2 m。花期 4 月中旬，果熟期 8 月上旬。果实橘黄色，长椭圆体，纵径 1.1～1.2 cm，横径 0.8～1.0 cm，果形系数 1.2，果柄长 2.5～3.0 mm，百果重 40～50 g，单产 15.0～22.5 t/hm^2，种子棕色或棕褐色，千粒重 15 g。鲜果总糖含量 6.37 g/100 g，总酸含量 1.07 g/100 g，维生素 C 含量 491 mg/100 g；干果粗脂含量 3.3 mg/100 g，总黄酮含量 62.4 mg/100 g，维生素 E 含量 5.72 mg/100 g，β-胡萝卜素含量 13.51 mg/100 g。叶片总黄酮含量 415.2 mg/100 g。

"白丘"入冬后枝条呈灰白色，较粗硬，有少量棘刺。百果重 38 g，株产 8 kg。其余性状与棕丘相同或相近。

（3）乌兰沙林

"乌兰沙林"（图 2-16）原材料来源于蒙古"乌兰格木"种子，通过实生措施选育而得。需要说明的是，"乌兰沙林"是由 7 个优良雌无性系组成的复合无性系品种。

图 2-16　大果沙棘选育良种——乌兰沙林（内蒙古磴口）

优树选择年度为 1989 年，在内蒙古磴口县中国林业科学研究院沙漠林业实验中心做子代测定。

该品种原株和原种材料，均保存在内蒙古磴口县中国林业科学研究院沙漠林业实验中心。由黄铨、佟金权、李建雄等选育而成。

果色深橘黄色，果实顶端有红晕，百果重 52 g，果纵径 11～14 mm，横径 8～10 mm，果柄长 4.0～6.0 mm，为卵圆形，盛果期亩产 1 t。果实总糖含量 4.03 g/100 g，总酸含量 1.70 g/100 g，维生素 C 含量 154 mg/100 g，β-胡萝卜素含量 24.42 mg/100 g，维生素 E 含量 7.40 mg/100 g，总黄酮含量 72.48 mg/100 g（叶片 85.80 mg/100 g）。

树形为灌丛型，耐干旱、耐瘠薄。

（4）深秋红

"深秋红"（图 2-17）原材料来源于北欧 37 个及俄罗斯 10 个沙棘良种的种子，通过实生措施选育而得。但由于选育过程中编号混乱，已无法确知来源。

优树选择年度为 1990 年，在辽宁省阜蒙县福兴地乡做子代测定。

该品种原株和原种材料，均保存在辽宁省阜蒙县。由黄铨、李忠义、段海霞、梁九鸣等选育而成。

图 2-17　大果沙棘选育良种——深秋红（黑龙江林口）

果色橘红色，鲜亮，百果重 66 g，果纵径 14 mm，横径 9 mm，果柄长 4.0 mm，为圆柱果型，盛果期亩产 1 t。果实总糖含量 9.57 g/100 g，总酸含量 1.49 g/100 g，总氨基酸含量 6.301 mg/100 g，维生素 C 含量 14 mg/100 g，β-胡萝卜素含量 8 mg/100 g，总黄酮含量 12 mg/100 g。

树形为主干型，干直立性强。最大的特征是挂果期超长，不落果也不烂果，果实于 8 月上中旬变为橘红，但经秋不落果，在冬天斗霜傲雪，分外漂亮。

（5）壮圆黄

"壮圆黄"（图 2-18）原材料来源于北欧 37 个及俄罗斯 10 个沙棘良种的种子，通过实生措施选育而得，但由于选育过程中编号混乱，已无法确知来源。

图 2-18　大果沙棘选育良种——果实未成熟的壮圆黄（新疆哈巴河）

优树选择年度为 1990 年，在辽宁省阜蒙县福兴地乡做子代测定。

该品种原株和原种材料，均保存在辽宁省阜蒙县。由黄铨、李忠义、段海霞、梁九鸣等选育而成。

果色橘黄色，百果重 75 g，果纵径 12.5 mm，横径 10 mm，果柄长 2.0 mm，为圆球果型，盛果期亩产 1 t。果实总糖含量 5.976 g/100 g，总酸含量 1.58 g/100 g，总氨基酸含量 6.167 mg/100 g，维生素 C 含量 13.4 mg/100 g，β-胡萝卜素含量 6.21 mg/100 g，总黄酮含量 17.56 mg/100 g。

树形为主干型，树冠紧凑。

（6）无刺丰

"无刺丰"（图 2-19）原材料来源于北欧 37 个及俄罗斯 10 个沙棘良种的种子，通过实生措施选育而得，但由于选育过程中编号混乱，已无法确知来源。

图 2-19   大果沙棘选育良种——无刺丰（内蒙古磴口）

优树选择年度为 1990 年，在辽宁省阜蒙县福兴地乡做子代测定。

该品种原株和原种材料，均保存在辽宁省阜蒙县。由黄铨、李忠义、段海霞、梁九鸣等选育而成。

果色橘黄色，两端有红晕，百果重 85 g，果纵径 13 mm，横径 10 mm，果柄长 4.0～5.0 mm，为圆柱果型，盛果期株产 21 kg，亩产 1.3 t。果实总糖含量 7.72 g/100 g，总酸含量 1.25 g/100 g，总氨基酸含量 6.624 mg/100 g，β-胡萝卜素含量 8.42 mg/100 g，总黄酮含量 42.08 mg/100 g。

树形呈馒头状，为多主枝披散型。

（三）杂交育种

引进俄罗斯、蒙古的大果沙棘普遍具有果大、无刺或少刺、果柄长、产量高等特征，但抗性较差，在我国的适宜范围有限。欲扩大其栽种范围，与抗性强的中国沙棘开展杂交，十分有效。

1. 蒙古沙棘（蒙古国）×中国沙棘

系中国林业科学研究院（以下简称中国林科院）及协作单位，用"乌兰沙林"（蒙古沙棘）作母本、"丰宁雄"（中国沙棘）作父本，进行杂交所得蒙中沙棘杂交品种。

（1）华林 1 号

从 1992 年起，中国林科院研究员黄铨等开始了杂交育种，总计 35 个杂交组合的试验。用"乌兰沙林"作母本、"丰宁雄"作父本，发现杂交种树体发育与雄株基本持平，生态价值接近；而枝刺数减少 1/3，果柄长增加 70%，百果重增加 118%，株产增加 27%，经济效益增加值 1 倍以上。从设置在宁夏吴忠的试验点来看，杂交种百果重平均达 32.6 g，最高达 50.0 g；株产平均 11.35 g，最高达 36.75 kg。从设置在内蒙古磴口的试验点来看，杂交种百果重平均达 30.5 g，最高达 53.9 g；株产平均 2.94 g，最高达 12.0 kg。两地均发现无刺单株出现，这样的杂种单株，经济性状很好。据此选育出了优良杂交种"华林 1 号"（*Hippophae rhamnoides* ssp. *monglica-sinensis* 'Hualin 1'）（图 2-20）。

图 2-20　蒙中杂交沙棘良种——华林 1 号（内蒙古磴口）

亲本材料为"乌兰沙林"和中国沙棘优树 F_1 代雄株。选出 9 个无性系原株进行混合繁殖，作为生态经济兼顾的无性系品种。

优树选择年度为 1990 年，在内蒙古磴口县做子代测定。

该品种原株和原种材料，均保存在内蒙古磴口县中国林业科学研究院沙漠林业实验中心。由黄铨、罗红梅、史玲芳等选育而成。

果实橘黄色，百果重 36.8 g，果径平均 8 mm，呈圆球果、椭球体型，株产 4.5 kg。果实总糖含量 10.57 g/100 g，总酸含量 1.51 g/100 g，粗脂肪含量 1.71 g/100 g，总氨基酸含量 5.04 mg/100 g，维生素 C 含量 179.7 mg/100 g，β-胡萝卜素含量 0.94 mg/100 g，维生素 E 含量 0.72 mg/100 g，总黄酮含量 36.44 mg/100 g。

树形为主干型，枝条粗壮，生育旺盛。

（2）蒙中黄

"蒙中黄"（*Hippophae rhamnoides* ssp. *monglica-sinensis* 'Mengzhonghuang'）（图 2-21）的母本为"乌兰沙林"沙棘，父本为"丰宁雄"沙棘，通过人工控制授粉杂交而来。原区试编号"杂雌优 1 号"。

图 2-21　蒙中杂交沙棘良种——蒙中黄（内蒙古鄂尔多斯）

1997 年在内蒙古磴口沙棘育种基地，通过套袋授粉获得杂交种子。1998 年育苗，获得杂种苗木。其中部分苗木于 1999 年在内蒙古鄂尔多斯水利部沙棘开发管理中心九成宫基地定植并建成子代测定林，2006 年完成子代测定。2009 年起进行区域试验。

该品种原株和原种材料，均保存在内蒙古鄂尔多斯九成宫。由黄铨、金争平、卢顺光、温秀凤等选育而成。

果实深黄色，近球体形，8 月中旬至 9 月上旬成熟，百果重 34.1 g（东胜）～35.5 g（太谷），果纵径 7.3～7.9 mm，横径 7.2～7.8 mm，果柄长 2.9～3.1 mm；盛果期亩产 800 kg。果实总糖含量 10.35 g/100 mg，总酸含量 1.98 g/100 g，总氨基酸含量 392.5 g/100 g，维生素 C 含量 117.0 mg/100 g，β-胡萝卜素含量 1.89 mg/100 g，维生素 E 含量 17.45 mg/100 g。

树形为灌丛型，树冠较开张，成年树株高超过 2.5 m，枝条少刺。

（3）蒙中红

"蒙中红"（*Hippophae rhamnoides* ssp. *monglica-sinensis* 'Mengzhonghong'）（图 2-22）的母本为"乌兰沙林"沙棘，父本为"丰宁雄"沙棘，通过人工控制授粉杂交而来。原区试编号"杂雌优 10 号"。

1997 年在内蒙古磴口沙棘育种基地，通过控制授粉获得杂交种子。1998 年育苗，获得杂种苗木。其中部分苗木于 1999 年在内蒙古鄂尔多斯水利部沙棘中心九成宫基地定植并建成子代测定园。2006 年完成子代测定。2009 年起进行区域试验。

图 2-22　蒙中杂交沙棘良种——蒙中红（内蒙古鄂尔多斯）

该品种原株和原种材料均保存在内蒙古鄂尔多斯九成宫。由黄铨、金争平、卢顺光、温秀凤等选育而成。

果实橘红色，顶端有红晕，果近球体形，8 月中旬至 9 月上旬成熟，百果重 26.8 g（东胜）～27.3 g（太谷），果纵径 7.9～8.3 mm，横径 7.0～8.2 mm，果柄长 2.9～3.0 mm；盛果期亩产 700 kg。果实总糖含量 11.01 g/100 mg，总酸含量 1.99 g/100 g，总氨基酸含量 489.6 g/100 g，维生素 C 含量 313.4 mg/100 g，β-胡萝卜素含量 6.05 mg/100 g，维生素 E 含量 10.19 mg/100 g。

树形为灌丛型，树冠较开张，成年龄株高超过 2 m，枝条少刺。

（4）达拉特

"达拉特"（*Hippophae rhamnoides* ssp. *monglica-sinensis* 'Dalate'）（图 2-23）的母本为"乌兰沙林"沙棘，父本为"丰宁雄"沙棘，通过人工控制授粉杂交而来。原区试编号"杂雌优 12 号"。

图 2-23　蒙中杂交沙棘良种——达拉特（内蒙古鄂尔多斯）

1997 年在内蒙古磴口沙棘育种基地，通过控制授粉获得杂交种子。1998 年育苗，获得杂种苗木。其中部分苗木于 1999 年在内蒙古鄂尔多斯水利部沙棘中心九成宫基地定植并建成子代测定园。2006 年完成子代测定。2009 年起进行区域试验。

该品种原株和原种材料均保存在内蒙古鄂尔多斯九成宫。由黄铨、金争平、卢顺光、温秀凤等选育而成。

果实橘黄色，顶端有红晕，近球体形，8 月中旬至 9 月上旬成熟，百果重 29.1 g（东胜）～29.5 g（太谷），果纵径 7.9～8.5 mm，横径 6.8～8.0 mm，果柄长 3.1～3.2 mm；盛果期亩产 800 kg。果实总糖含量 11.40 g/100 mg，总酸含量 2.00 g/100 g，维生素 C 含量 277.5 mg/100 g，β-胡萝卜素含量 3.00 mg/100 g，维生素 E 含量 6.2 mg/100 g。

树形为灌丛型，树冠开张，成年龄株高超过 2 m，枝条少刺。

（5）蒙中雄

"蒙中雄"（*Hippophae rhamnoides* ssp. *monglica-sinensis* 'Mengzhongxiong'）（图 2-24）的母本为"乌兰沙林"沙棘，父本为"丰宁雄"沙棘，通过人工控制授粉杂交而来。原区试编号"杂雄优 1 号"。

图 2-24　蒙中杂交沙棘良种——蒙中雄（内蒙古鄂尔多斯）

1997 年在内蒙古磴口沙棘育种基地，通过控制授粉获得杂交种子。1998 年育苗，获得杂种苗木。其中部分苗木于 1999 年在内蒙古鄂尔多斯水利部沙棘中心九成宫基地定植并建成子代测定园。2006 年完成子代测定。2009 年起进行区域试验。

该品种原株和原种材料均保存在内蒙古鄂尔多斯九成宫。由黄铨、金争平、卢顺光、温秀凤等选育而成。

树形为灌丛型，树冠较开张，成年龄株高超过 2.5 m，新梢数量超过 5 000 枝，枝条极少刺，单株鲜叶产量 10 kg，亩叶产量 1 000 kg。叶总黄酮含量 1.583 mg/100 g。

2. 蒙古沙棘（俄罗斯）×中国沙棘

系内蒙古水科院与内蒙古林学院等单位用俄罗斯引进大果沙棘（蒙古沙棘）如"丘伊斯克"、"太阳"等作母本，"蛮汗雄"（中国沙棘）作父本，进行杂交所得优良品种。

（1）俄中黄

"俄中黄"（*Hippophae rhamnoides* ssp. *monglica-sinensis* 'Ezhonghuang'）（图 2-25）的母本为"丘伊斯克"沙棘，父本为"蛮汗雄"沙棘，通过人工控制授粉杂交而来。原区试编号"杂雌优 2 号"。

图 2-25　蒙中杂交沙棘良种——俄中黄（内蒙古鄂尔多斯）

2000 年在内蒙古呼和浩特市坝口子基地通过套袋授粉，获得沙棘杂交种子。2001 年育苗获得杂种苗木。其中部分苗木于 2002 年在水利部沙棘开发管理中心九成宫基地建立杂交子代测定林，2008 年完成子代测定。2009 年起进行区域试验。

该品种原株和原种材料均保存在内蒙古鄂尔多斯九成宫。由金争平、蓝登明、温秀凤、胡建忠等选育而成。

果实橘黄色，近球体形，8 月中旬至 9 月上旬成熟，百果重 35.1 g（东胜）～35.8 g（太谷），果纵径 7.3～7.9 mm，横径 7.2～7.8 mm，果柄长 2.9～3.1 mm；盛果期亩产 500 kg。果实总糖含量 9.6 g/100 mg，总酸含量 3.58 g/100 g，维生素 C 含量 573 mg/100 g，总黄酮含量 56.08 mg/100 g。

树形为灌丛型，树冠较开张，成年树株高超过 2.5 m，枝条少刺。

（2）俄中丰

"俄中丰"（*Hippophae rhamnoides* ssp. *monglica-sinensis* 'Ezhongfeng'）（图 2-26）的母本为"太阳"沙棘，父本为"蛮汗雄"沙棘，通过人工控制授粉杂交而来。原区试编号"杂雌优 54 号"。

图 2-26　蒙中杂交沙棘良种——俄中丰（内蒙古鄂尔多斯）

2000 年在内蒙古呼和浩特市坝口子基地通过套袋授粉，获得沙棘杂交种子。2001 年育苗获得杂种苗木。其中部分苗木于 2002 年在水利部沙棘开发管理中心九成宫基地建立杂交子代测定林，2008 年完成子代测定。2009 年起进行区域试验。

该品种原株和原种材料均保存在内蒙古鄂尔多斯九成宫。由金争平、蓝登明、温秀凤、胡建忠等选育而成。

果实橘黄色，果实顶端有红晕，近球体形，8 月中旬至 9 月上旬成熟，百果重 23.8 g（东胜）～29.5 g（太谷），果纵径 7.3～7.9 mm，横径 7.2～7.8 mm，果柄长 2.9～3.1 mm；盛果期亩产 600 kg。果实总糖含量 12.0 g/100 mg，总酸含量 2.32 g/100 g，维生素 C 含量 227 mg/100 g，总黄酮含量 47.67 mg/100 g。

树形为灌丛型，树冠较开张，成年树株高超过 2.5 m，枝条少刺。

二、不同区域适配沙棘良种

三北地区 3 个沙棘种植带 7 个沙棘种植区中，适配沙棘良种涵盖了引进品种、选育品种、杂交品种和乡土资源的不同类型。其中引进品种、选育品种多为大果沙棘，杂交沙棘许多性状介于大果沙棘与中国沙棘之间，乡土资源既有中国沙棘亚种，也有蒙古沙棘、中亚沙棘亚种。

（一）东北"自然型"沙棘种植区

该区气候较为湿润，土壤十分肥沃，是三北地区自然条件最为适宜栽植沙棘的地区。大部分引进俄罗斯、蒙古大果沙棘品种，从引进品种实生后代中选育出的品种，以及杂交品种，均可在本区进行栽植。

1. 引进品种

1987 年，林业部组团赴苏联考察沙棘，首次引进苏联大果沙棘品种的种子。1989 年，中国林科院赴蒙古沙棘考察组，又引入乌兰格木等 3 个大果沙棘栽培品种的种子。从 1990 年开始，东北农业大学连续 4 年从俄罗斯引进"丰产"、"巨人"等 7 个大果沙棘品种的扦插苗。1991 年，黑龙江省农科院浆果研究所开展了 7 个大果沙棘品种扦插苗的栽培试验。1993 年，齐齐哈尔市园艺研究所从俄罗斯布里亚特共和国乌兰乌德浆果研究所，分两批引进大果沙棘品种 10 个（含 1 个雄性品系），共计 23 000 株，这是当时我国从俄罗斯引进大果沙棘种苗最多的一次。这些品种有利萨文科园艺所选育的"丘伊斯克"、"橙色"、"太阳"、"浑金"、"优胜"和布里亚特浆果所选育的"阿楚拉"（*Hippophae rhamnoides* ssp. *Monglica* 'Azurnaya'）、"阿雅根卡"（*Hippophae rhamnoides* ssp. *Monglica* 'Ayaganka'）、"萨彦那"（*Hippophae rhamnoides* ssp. *Monglica* 'Cayada'）、"巴音郭尔"（*Hippophae rhamnoides* ssp. *Monglica* 'Bayangol'）等[8]。

俄罗斯大果沙棘品种在本区引种试验表现，远比中国沙棘生长旺盛，根系发达，萌蘖力强，对当地生态条件有很强的适应性。造林后 2 年开始结果，第 4 年形成产量，能保持俄罗斯大果沙棘品种的大果、丰产、无刺或少刺、果柄长、易采摘的特性。试种结果证明，俄罗斯大果沙棘品种在黑龙江等省区推广有着广阔的前景[9,10]。

该区最为适宜推广应用的引进品种基本上全为俄罗斯、蒙古引进的大果沙棘良种，共计有：浑金、丘伊斯克、橙色、太阳、巨人、契切克（*Hippophae rhamnoides* ssp. *Monglica* 'Chechek'）、首都（*Hippophae rhamnoides* ssp. *Monglica* 'Stolycha'）、芬兰（*Hippophae rhamnoides* ssp. *Monglica* 'Thynlyandy'）、乌兰格木、克拉维迪亚（*Hippophae rhamnoides* ssp. *Monglica* 'Klavdija'）、伊丽莎白（*Hippophae rhamnoides* ssp. *Monglica* 'Elizaveta'）、阿尔泰斯卡亚（*Hippophae rhamnoides* ssp. *Monglica* 'Altaiskaya'）、伊尼亚（*Hippophae rhamnoides* ssp. *Monglica* 'Inya'）、埃特纳（*Hippophae rhamnoides* ssp. *Monglica* 'Etna'）、杰塞尔（*Hippophae rhamnoides* ssp. *Monglica* 'Jessel'）、苏达鲁斯卡（*Hippophae rhamnoides* ssp. *Monglica* 'Sudarushka'）、热姆丘任娜（*Hippophae rhamnoides* ssp. *Monglica* 'Zhemchuzhnica'）、格诺姆（*Hippophae rhamnoides* ssp. *Monglica* 'Gnom' 雄株）、阿列伊（*Hippophae rhamnoides* ssp. *Monglica* 'Aley'雄株）等（图 2-27～图 2-29）。

图 2-27　大果沙棘引进良种——契切克（黑龙江绥棱）

图 2-28   大果沙棘引进良种——首都（黑龙江绥棱）

图 2-29   大果沙棘引进良种——芬兰（黑龙江绥棱）

2. 选育品种

单金友等对来自蒙古乌兰格木沙棘品种的自然授粉种子，于 1990 年在黑龙江绥棱开展播种育苗，1991 年定植，1993 年大部分雌株开始结果。通过对其系统观测比较，初选出 24 个优良株系。1995 年通过连续 3 年果实性状的综合比较分析，用集团选择法，最后选育出绥棱系列优良品系[11]。并于 1996 年起，分别在黑龙江省大庆、宾县、绥棱，辽宁朝阳，吉林长春等地进行区域适应性，同步在内蒙古、山西、宁夏、新疆等省区进行试栽。通过对各试点生长发育情况，特别是果实主要经济性状、抗逆性等观测与评价，从中选择品种进行申报，分别于 1998—2003 年通过黑龙江省果树品种审定委员会审定，命名为绥棱系列——绥棱 1 号（*Hippophae rhamnoides* ssp. *monglica-sinensis* 'suiji 1'）、绥棱 2 号（*Hippophae rhamnoides* ssp. *monglica-sinensis* 'suiji 2'）、绥棱 3 号（*Hippophae rhamnoides* ssp. *monglica-sinensis* 'suiji 3'）[12]、绥棱 4 号（*Hippophae rhamnoides* ssp. *monglica-sinensis* 'suiji 4'）[13]等（图 2-30～图 2-33）。

图 2-30　大果沙棘选育良种——绥棘 1 号（黑龙江绥棱）

图 2-31　大果沙棘选育良种——绥棘 2 号（黑龙江绥棱）

图 2-32　大果沙棘选育良种——绥棘 3 号（黑龙江绥棱）

图 2-33   大果沙棘选育良种——绥棘 4 号（黑龙江绥棱）

该区适宜推广应用的选育品种除大众化的深秋红、无刺丰外，主要为本地特有绥棘系列、龙江系列等：深秋红、无刺丰、绥棘 1 号、绥棘 2 号、绥棘 3 号[14]、绥棘 4 号等。

3. 杂交品种

2000 年，黑龙江省齐齐哈尔市园艺研究所开展了俄罗斯×中国、中国×俄罗斯的 10 个杂交组合试验获得杂交种子，2001 年在百花农业基地定植杂交苗 1 600 株。2005 年观察，发现杂交沙棘普遍具有较大的杂种优势，表现在杂种普遍生长快，植株高大；果实普遍大于中国沙棘，成熟期较大果沙棘晚，刺少，分蘖能力和更新能力均较强，还抗干缩病。2007 年秋杂交沙棘全面结果，选定单株雌性品系 6 个，雄性品系 5 个[15]。

单金友[16]以黑龙江省农业科学院浆果研究所选配的 8 个大果沙棘杂交组合为研究对象，对杂交后代主要遗传变异性状进行了初步研究。总体看杂交后代果实密度、棘刺密度、果实重量、果柄长度等遗传变异呈低亲倾向，株高呈高亲倾向，但果柄长度、棘刺密度都有部分超亲的组合，分别占组合的 25%和 38%；从变异范围看，果柄长度、果实密度、棘刺密度又有不同比例的高亲个体，株高也有部分低亲的个体，为综合性状优良的单株选择提供了机会。

从 2013 年起，在参与水利部"948"项目"俄罗斯第三代大果沙棘引进"实施过程中，黑龙江省农科院浆果研究所选用从内蒙古鄂尔多斯选育的蒙中黄、10 号、12 号、54 号等杂交种，既作为对照，也作为杂种的区试，结果表明这些杂交种表现良好。

该区适宜推广应用的杂交品种有：蒙中黄、蒙中红、达拉特、俄中黄、俄中丰、蒙中雄等。

（二）华北北部"集流型"沙棘种植区

该区自然条件较为干旱，土壤也较为贫瘠，已经基本上不适宜栽种引进大果沙棘良种。

在辽宁阜蒙、建平等地，虽然有小片大果沙棘试验地，但表现一般。因此，生产实践中应重点利用沙棘选育良种，积极推广沙棘杂交良种，并重视挖掘当地乡土沙棘资源，作为建设工业原料林的主要材料。

1. 乡土资源

20世纪八九十年代，中国林科院曾在该区开展过种源、小群体试验等工作，确定了该区是中国沙棘自然分布的东界，在河北丰宁、涿鹿、蔚县，内蒙古凉城、敖汉，辽宁建平等地（图2-34），都有许多优良的中国沙棘乡土资源，可以直接推广应用。

辽宁建平

内蒙古敖汉

图 2-34　华北北部中国沙棘乡土资源

该区适宜推广应用的乡土资源，应在前述河北丰宁、涿鹿、蔚县，内蒙古凉城、敖汉，辽宁建平等地，选择优株采条建立采穗圃，并开展扩繁。辽宁省干旱造林研究所在辽宁省建平县选育出的"中红果""中黄果"等优良品种，也可供生产实践推广。

2．选育品种

1985 年起，中国林科院利用采自河北涿鹿的野生中国沙棘种子进行种源试验，从中选育出了红霞、橘大、橘丰、森淼等优良品种，并从河北丰宁选育出一雄株优良品种——丰宁雄[17]。

20 世纪 90 年代初，由辽宁省水利厅出资，辽宁省阜新市水利局与中国林科院林研所合作，在辽宁省阜新市福兴地乡，以实生选种法，从引进品种丘依斯克的初生后代中选育出沙棘优良品种——"辽阜 1 号""辽阜 2 号"，科研成果鉴定时间为 1994 年 7 月 20 日，由辽宁省科委委托辽宁省水利厅组织鉴定。在成果鉴定后的当年秋季，研究人员即采集嫩枝插穗，以全光自动喷雾装置进行扩繁，当年移于温棚内越冬。1995 年继续进行嫩枝扦插工作，1996 年获得较多的苗木逐步推广到三北许多地方。

因此，适宜该区栽培的从大果沙棘引进品种中选育的良种，主要来自辽宁阜新等地。该区适宜推广应用的选育品种，主要有：辽阜 1 号、深秋红、壮圆黄、无刺丰等。

3．杂交品种

从 2013 年起，在参与水利部"948"项目"俄罗斯第三代大果沙棘引进"实施过程中，辽宁省水土保持研究所选用从内蒙古鄂尔多斯选育的蒙中黄、10 号、12 号、54 号等杂交种，既作为对照，又作为杂种的区试，试验结果表明这些杂交种表现良好。

该区适宜推广应用的杂交品种主要有：蒙中黄、蒙中红、达拉特、俄中黄、俄中丰、蒙中雄。

从国外引进大果沙棘品种目前正在试验阶段，暂时尚无确切结论。

（三）黄土高原中部"集流型"沙棘种植区

1993—1995 年，中国科学院水土保持研究所引进 6 种俄罗斯、蒙古大果沙棘种子，在陕西省安塞县开展播种，出苗率仅为 30%～35%，幼苗生长慢、长势差，当年株高仅 6～10 cm，越冬后多数幼苗遭冻害而枯死[18]；当年成苗率 60%，第 2、第 3 年分别降至 40% 和 20%～30%[19]。

1997—2006 年，中国科学院水土保持研究所承担水利部"948"沙棘引进项目，引进俄罗斯大果无刺沙棘优良品种、类型 40 余种，分别在"三北"地区 7 个主要试验基地进行引种试验[20]。从吴起、安塞两地 3～5 年定植株的情况来看，引进品种高、径、冠幅均明显小于当地中国沙棘野生品种，但果实初期产量（株产 0.6～1.1 kg）却是当地中国沙棘产量（株产 0.13 kg）的 4.6～8.5 倍。但产果一两年后迅速衰败，引种并不成功。

陕西省水土保持勘测规划研究所于 1999 年引进俄罗斯 13 个优良沙棘品种，在陕西省永寿县进行试验研究，2002 年发现，大部分试材虽能在此生长，但性状表现不佳，保存率及株高、冠径均不及中国沙棘，在这种条件下栽培价值不大；个别品种表现尚可，但需进一步试验观察[21]。

1992 年以来，甘肃省水利厅先后向甘肃省定西地区下达了"无刺大果沙棘引种选育试验研究""沙棘良种引种选育与繁殖推广项目"科研课题，开始栽植齐棘 1 号、橙色、辽阜系列、阿列依、丘伊斯克、太阳、浑金等无刺大果沙棘品种[22]。观测结果依然表明了引进品种直接栽培，在这一地区还是不行的。

同时，在甘肃省定西市安定区安家沟流域，定西市水土保持科学研究所于 1996—2000 年，对从蒙古引进的乌兰格木实生种子进行育苗试验，发现存活株数逐年减少，5 年后仅保存 11.6%；生长量也不大，5 年生树高仅为 116.1 cm，冠幅 81.7 cm。同时发现植株长势差，枝条细弱，有些植株经过一个冬季后枝条枯死，第 2 年春季又从基部发出新枝[23]。

上述分析表明，黄土高原中部地区开展了大量的大果沙棘引种试验工作，但结果毫无例外地表明，直接将大果沙棘良种引种到该地区，其效果很差，引种基本以失败而告终。因此，在该区不建议直接种植大果沙棘，而以从其实生苗后代中进行二次选择，筛选出的良种进行栽植；或选用俄罗斯、蒙古大果沙棘与中国沙棘之间的杂交品种进行栽植；但最适合品种仍应该是从当地或毗邻地区选择出的乡土资源。

1. 乡土资源

中国科学院水土保持研究所于 1985—1998 年在陕西省安塞县，通过定植我国北部地区 8 省区包括陕西黄龙、富县，甘肃渭源，青海大通、贵德，宁夏固原、泾源，新疆和田，内蒙古赤峰，山西右玉、左云，河北涿鹿等地的沙棘优良类型（图 2-35），从中筛选出 5 种较好的生态经济型沙棘类型，其种源为：甘肃渭源、陕西富县、河北涿鹿、辽宁建平、陕西黄龙，这些种源沙棘的营养性状和经济性状均明显比当地野生中国品种好。

山西右玉　　　　　　　　　　　　　　　　　　　山西岢岚

甘肃华池

青海大通

图 2-35　黄土高原中北部中国沙棘乡土资源

　　中国科学院水土保持研究所的实测结果表明，当选 5 个良种 6 龄沙棘株高为 3～4 m，冠幅 1.7～2.3 m，地径 4～7 cm，生长迅速，郁闭快，根蘖力强，根系发达，水土保持效益好。从经济性状看，果实较野生中国沙棘大，果径为 0.8～0.9 cm，百果重 20～31 g，单株产果量 2～3.5 kg，果实含油率 6%～8%。反观吴旗、安塞等野生沙棘虽适应性强，但果小、产量低，果径为 0.4～0.6 cm，百果重仅 6～7 g，单株产果量为 0.15～0.2 kg。5 种优良沙棘类型比当地野生沙棘经济性状明显为优，可进行繁育和推广。

　　实测结果同时发现，西部种源的甘肃渭源、陕西黄龙、富县沙棘的营养性状，一般较东部种源如辽宁建平、河北涿鹿的沙棘为好，其株型较高（3～3.8 m），根蘖力强（3 年后每年母株串根苗为 5～10 株以上），根系发达（3～5 年生根长为 3～4 m）。但东部种源沙棘果实较大，果径为 0.7～0.9 cm，单株产果量为 2～35 kg。维生素 C 含量以西部甘肃渭源种源为高，最高达到 1 693 mg/100 g。

　　该区适宜推广应用的乡土资源，可从甘肃渭源、陕西富县、陕西黄龙等地择优采种或采条，进行扩繁，以保证沙棘工业用料林建设材料之需。

2. 选育品种

如上所述，由于自然条件基本上不适合大果沙棘引进后直接栽培，本区开展的大果沙棘选育工作都不成功；而本区是中国沙棘乡土资源的适宜生长区，如前所述，中国林科院在内蒙古磴口选择出的一些良种，如红霞、橘大、橘丰、森淼等，在陕西、甘肃、宁夏等地栽植后表现较好。

但有些在东北、新疆表现较好的选育品种，如无刺丰，在黄土高原地区的山西太谷试验结果并不理想。山西农业大学林学院于 2004 年春季引进无刺丰苗木，经过两个生长季试验，保存率达 90%以上，平均树高 1.09 m，平均地径 1.92 cm，株高生长速度比中国沙棘稍慢，但径生长与中国沙棘没有明显差异，营养生长基本正常。2006 年新梢生长量平均为 7.44 cm，变动范围 0.3～27.4 cm。春季生长初期和开花期，对 0℃以下低温冻害的抵抗力、耐干旱能力均比中国沙棘弱，遭遇大雪降温和大风后，嫩芽幼叶很快干枯，出现明显的枝条干缩现象。

因此，适宜本区栽培的选育品种，基本上来自周边地区，主要有：红霞、橘大、橘丰、棕丘、白丘、乌兰沙林、深秋红、壮圆黄等。

3. 杂交品种

从 2013 年起，在参与水利部"948"项目"俄罗斯第三代大果沙棘引进"实施过程中，水利部黄委西峰水保站在甘肃省庆阳市西峰区南小河沟流域，选用从内蒙古鄂尔多斯选育的蒙中黄、10 号、12 号、54 号等杂交种，既作为对照，又作为杂种的区试，试验结果表明这些杂交种表现良好。由于该试验区处于黄土高原南部，故这些结果仅供中部地区参考使用。

建议本区推广应用的杂交品种有：蒙中黄、蒙中红、达拉特、俄中黄、俄中丰、蒙中雄。

从国外引进大果沙棘品种目前正在试验阶段，暂时尚无确切结论。

（四）河套"灌溉型"沙棘种植区

本区干旱少雨，只能通过引用黄河水灌溉补给，方能满足沙棘种植所需水分条件。

1996 年以来，在宁夏银川引种的俄罗斯和蒙古大果沙棘良种，生长表现差异较大，大多数品种对宁夏的干旱、蒸发量大、高温、风沙大的自然条件极不适应，抗性差，部分品种出现较严重的干缩病，许多品种不能成活，还有一些品种生长不良或不能结实或死亡，表明大果沙棘不适宜在该区引种栽培[24]。

实践表明，本区直接栽种大果沙棘并不成功，通过二次选育、杂交等手段所得材料方能解决生产实践所需。

1．选育品种

本区内设立有中国林科院沙漠林业实验中心，国内许多沙棘优良品种多出于此地。本区适宜推广应用的选育品种，主要有：红霞、橘大、橘丰、棕丘、白丘、乌兰沙林、深秋红等。

2．杂交品种

在中国林科院沙漠林业实验中心基地（内蒙古磴口），段爱国等以引进的蒙古大果沙棘乌兰格木为母本，中国沙棘为父本，于 1995 年在内蒙古磴口开展了杂交选育研究，共选育出 45 个优良单株[25]。入选的优良杂种单株大部分的树高、地径、冠幅均显著高于母本乌兰格木，但低于父本中国沙棘。杂种 2 年生枝棘刺数为 0～6 个，介于父母本之间。优良杂种单株果实百果重为 20.10～63.17 g，其中 8 个单株出现超亲现象，其余均明显小于母本，但较中国沙棘提高 0～206.75%。

张建国等还以中国沙棘为父本，俄罗斯大果沙棘丘依斯克和蒙古大果沙棘乌兰格木两个栽培种为母本，在内蒙古磴口共选育出 5 个优良单株。杂种单株树高、地径、冠幅均显著高于母本乌兰格木和丘依斯克，但与父本中国沙棘接近。杂种 2 年生枝棘刺数为 2～3 个，介于父母本之间，但比中国沙棘棘刺数减少 85%以上。杂种百果重为 21.98～29.98 g，明显小于母本，但比中国沙棘提高 9.6%～48.4%。从研究结果来看，尽管两个亚种（中国沙棘、蒙古沙棘）之间的杂交非常容易进行，但杂种在许多特性方面表现出的是中间类型。如选出的 5 个优良单株百果质量为 20～30 g，这种变异可以说仍在自然变异的范围内。这就说明，如果要创造大的变异类型，除充分收集选择育种资源外，还需要采用其他的育种技术路线，如多倍体育种、辐射诱变育种、原生质融合、转基因技术等[26]。

以下是其中表现较好的两个品种，杂优 S2 号（*Hippophae rhamnoides* ssp. *monglica-sinensis* 'S2'）、杂优 S10 号（*Hippophae rhamnoides* ssp. *monglica-sinensis* 'S10'）（图 2-36）：

杂优 S2 号　　　　　　　　杂优 S10 号

图 2-36　蒙中杂交沙棘良种（内蒙古磴口）

磴口基地在承担水利部沙棘开发管理中心委托的沙棘杂交种区试验中，发现蒙中黄、蒙中红、达拉特、俄中黄、俄中丰、蒙中雄等初步表现尚可。

本区适宜推广应用的杂交品种有：华林 1 号、杂优 S2 号、杂优 S10 号、蒙中黄、蒙中红、达拉特、俄中黄、俄中丰、蒙中雄等。

（五）河西走廊"灌溉型"沙棘种植区

甘肃省张掖市除有天然分布和人工种植的中国沙棘外，还有部分天然分布的肋果沙棘和西藏沙棘，主要分布在祁连山、大黄山沿山区和北部风沙区[27]。通过实施退耕还林还草工程，民乐、山丹两县目前分别建有沙棘人工林 35 万亩、70 万亩，多为纯林，发挥着突出的生态作用。这里早期种植的沙棘林分业已郁闭，基本很难采果。沙棘工业原料林尚无开展建设。

与河套"灌溉型"种植区基本相同，要通过引用发自祁连山的黑河、石羊河等几条河流灌溉补给，方能开展沙棘工业原料林建设，从而彻底解决沙棘生长所需要的水分条件。沙棘良种亦要通过选育、杂交等手段逐步解决。

1. 选育品种

本区开展沙棘种植时间不长，生产实践中所用选育品种，可参照毗邻的河套"灌溉型"沙棘种植区。

本区适宜推广应用的选育品种，初步推荐如下：橘大、橘丰、棕丘、白丘、乌兰沙林、深秋红、壮圆黄等。

2. 杂交品种

2002 年甘肃省临泽县林业局在实施退耕还林工程中，从内蒙古准格尔旗引进蒙中黄进行试验种植，发现在干旱荒漠地区沙棘造林的立地条件类型，可以是经初步改良的盐碱地、地下水位较高的平坦沙地及有灌溉条件的荒滩地，而不适应于干旱沙地[28]。在该区，沙棘种植完全依赖于充足的水分灌溉。

本区适宜推广应用的杂交品种，可以参照河套"灌溉型"沙棘种植区的一些杂交品种，主要有：华林 1 号、蒙中黄、蒙中红、达拉特、俄中黄、俄中丰、蒙中雄等。

（六）北疆/南疆"灌溉型"沙棘种植区

包括北疆和南疆两个类型区，在此一并叙述。北疆虽然处于干旱荒漠区内，但纬度偏北，受北冰洋气候影响，加之海拔较低等条件，特别是在当地几条河流灌溉或打井补给水分的前提下，从俄罗斯、蒙古等国引进的大果沙棘品种，均可以正常生长。当地甚至分布着一些野生蒙古沙棘资源，具有大果、少刺、果柄长等突出特征，可以直接应用，或通过选育应用。杂交品种在本区也可正常生长。南疆沿塔里木河流域，由于水分条件较好，也分布着大量的中亚沙棘亚种。

1. 乡土资源

作为三北地区最适于沙棘种植的地区之一，新疆阿勒泰许多地区都分布有蒙古沙棘。哈巴河是蒙古沙棘天然资源最为丰富的地区（图 2-37），中国林科院等科研机构在此多次采优选植株，开展扦插试验。

新疆哈巴河

新疆博乐

图 2-37　蒙古沙棘天然资源

青河县具有丰富的野生蒙古沙棘资源千亩左右，在塔克什肯镇、萨尔托海乡等乡镇，都有连片面积百亩以上的野生沙棘林分布，而且长势旺盛，根蘖能力强，具有早实丰产的特点，在产量、品质、加工等方面某些特性甚至超过了某些大果沙棘品种。

在南疆阿克苏、克州、喀什、和田等地区，沿塔里木河流域分布有大量的中亚沙棘亚种，以条带状小片林或浑圆状天然灌丛方式生长于河滩地或者道路两侧（图 2-38），而且雌株数量所占比例较高。

图 2-38　中亚沙棘天然资源（新疆温宿）

本区适宜推广应用的乡土资源，北疆主要应从北疆阿尔泰、博尔塔拉等地区天然蒙古沙棘林或灌丛中，继续择优采条定植，建立采穗圃开展扩繁，或为开展与中国沙棘亚种间的杂交提供基础材料。南疆主要应从阿克苏、克州、喀什、和田等地区天然中亚沙棘资源中，开始选育工作。

2. 引进品种

新疆青河县林业局于 2004—2005 年，对从黑龙江齐齐哈尔、辽宁阜新等地引进的丘伊斯克、阿尔泰新闻、浑金、橙色、优胜、辽阜 1 号、阿列伊（雄株）、太阳等十几个大果沙棘优良品种，进行了进一步的调查和品种选育及推广工作。所有引进沙棘品种都表现出了极强的适应性，而且各性状表现普遍不差于原引种区，其中丘伊斯克、阿尔泰新闻、太阳沙棘生长旺盛，植株生长量远大于原栽培区；太阳、橙色沙棘都表现出了早实、丰产的特性；个别品种如浑金果实的某些品质（口感）表现也优于原栽培区[29]。

新疆克拉玛依市种植沙棘的初步实践表明，在建园时选用优良品种，掌握先进的栽培管理技术，可减少病虫危害，提高产量和效益，保证加工企业有大量优质稳定持续的原料供应，促进沙棘产业健康可持续发展[30]。

从 2013 年起，在参与水利部"948"项目"俄罗斯第三代大果沙棘引进"实施过程中，在新疆农垦科学院林园研究所的技术支持下，新疆生产建设兵团第九师 170 团承担了引进品种试验，目前发现引进品种结实早，高产稳产，品质好，口感佳（远好于黑龙江、辽宁、甘肃、青海等同步试验区），多数可作为早熟型水果直接食用（图 2-39）。

克拉维迪亚   伊丽莎白

阿尔泰斯卡亚   伊尼亚

埃特纳   杰塞尔

苏达鲁斯卡　　　　　　　　　　　　　　热姆丘任娜

图 2-39　引进俄罗斯第三代部分大果沙棘良种（新疆额敏）

本区开展引进大果沙棘栽培的历史，仅晚于东北地区，已经过长时间的实践，确认适宜推广应用的引进品种有：丘伊斯克、太阳、浑金、橙色、优胜、克拉维迪亚、伊丽莎白、阿尔泰斯卡亚、伊尼亚、埃特纳、杰塞尔、苏达鲁斯卡、热姆丘任娜、格诺姆（雄）、阿列伊（雄）等。

3. 选育品种

国内选育品种在本区，包括地方和兵团，也通过了多年实践，表明在本区适宜推广应用的选育品种主要有：实优 1 号（*Hippophae rhamnoides* ssp. *monglica* 'shiyou 1'）、新棘 1 号（*Hippophae rhamnoides* ssp. *monglica* 'xinji 1'）、新棘 2 号（*Hippophae rhamnoides* ssp. *monglica* 'xinji 2'）、新棘 3 号（*Hippophae rhamnoides* ssp. *monglica* 'xinji 3'）、新棘 4 号（*Hippophae rhamnoides* ssp. *monglica* 'xinji 4'）、新棘 5 号（*Hippophae rhamnoides* ssp. *monglica* 'xinji 5'）、乌兰沙林、深秋红、壮圆黄、无刺丰等。

4. 杂交品种

新疆农垦科学院林园研究所的科技工作者经过近 10 年的攻关，于 2010 年自主培育出了优良沙棘新品种"新垦沙棘 1 号"（*Hippophae rhamnoides* ssp. *monglica-sinensis* 'xinken 1'）。该品种具有极强的抗盐碱、耐干旱、耐贫瘠，以及果实大、病虫害少等生物学特性[31]。

从 2013 年起，在参与水利部"948"项目"俄罗斯第三代大果沙棘引进"实施过程中，新疆生产建设兵团林园研究所选用从内蒙古鄂尔多斯选育的蒙中黄、10 号、12 号、54 号等杂交种，在 170 团所在地既作为对照，又作为杂种的区试，试验结果表明这些杂交种表现良好。

本区适宜推广应用的杂交品种，主要有：新垦沙棘 1 号、蒙中黄、蒙中红、达拉特、俄中黄、俄中丰、蒙中雄等。

第二节　沙棘工业原料林区域良种繁育

从目前来看，在三北地区 8 个沙棘种植二级类型区，适用于沙棘工业原料林良种繁育的手段，主要为扦插育苗。扦插育苗属于营养繁殖也叫无性繁殖，扦插苗完全保持母树的优良性状，因而用于大量繁育优良品种。扦插育苗根据枝条木质化程度又分为硬枝扦插和嫩枝扦插两种方法。目前，微繁等新技术业已试验出来，可供生产实践中选择使用。

一、沙棘硬枝扦插

硬枝扦插育苗是用 1~2 年生休眠的木质化枝条进行扦插育苗。与嫩枝扦插育苗比较，一是多在冬季或开春进行扦插，能够充分利用农闲季节；二是扦插后苗木生长周期时间长，苗木充实，苗木质量好。

硬枝扦插是三北地区应用较早的一种沙棘繁殖手段，各地区在生产实践中，创造出了一系列适合当地条件的沙棘硬枝扦插技术。

（一）半湿润气候"自然型"沙棘种植带

硬枝扦插是本区一直应用的一种沙棘无性繁殖手段，生产实践中积累了许多经验可供运用。本区多属黑土区，冲积平原的土壤水分条件，十分适宜沙棘硬枝扦插。

1. 黑龙江绥棱

位于黑龙江省绥棱县的黑龙江省农科院浆果研究所，是我国开展大果沙棘引种、繁育等工作较早，且工作开展较好的省级科研所，成绩斐然。以下是该所总结的大果沙棘硬枝扦插技术。

（1）扦插前准备

扦插前准备，包括扦插基质与苗圃地的选择、整地作垄或装营养钵（袋）以及灌水设施的准备等工作。

1）扦插基质与苗圃地的选择：扦插基质或苗圃地的选择是否适当，是硬枝扦插成败的关键之一。核心问题是基质或土壤的通透性和保水性问题。只有解决了这一问题，才能使插穗有良好的生根条件和苗木生长条件。

若人工配制基质，可用河沙与草炭按 1：1 比例混配；砂、草炭、沙棘林下土按 5：3：1 混配；腐殖土与轻质矿物质（蛭石等）按 3：1 混配（图 2-40）；枯枝落叶粉碎物、草炭、轻质矿物质按 3：5：1 混配等均可。选配基质应因地制宜，就地取材。

基质配制　　　　　　　　　　　　　　　　基质装营养盘

图 2-40　基质配制及装营养盘（黑龙江绥棱）

在苗圃地直接扦插，应选择通透性较好，地势平坦、向阳、肥沃的沙壤土，四周最好设置防风屏障，并有良好的灌溉条件。土壤肥力不足或土质不好，应多施腐熟的有机肥，改良土壤。

2）整地作垄或装营养钵（袋）：露地硬枝扦插育苗，为了提高地温，便于排水、灌水以及覆膜增温，扦插多采用垄作。具体是将苗圃地整平耙细，并结合施肥，施入腐熟的农家肥 7 500 kg/hm²。如施化肥，每公顷约施入磷酸二氢钾、过磷酸钙等 300 kg。如有地下害虫，还应以 50%的辛硫磷乳油做成毒土或用钾拌磷处理土壤，每公顷施入量 45～75 kg。

作垄要求垄面宽 40～50 cm，高 15～20 cm，垄距 30 cm，垄长每段 10 m。要求垄直、面平，宽度和高度一致，防止上实下虚。垄做好后，沿垄沟灌水，使整个垄浸透为止。一般在寒冷地区或早春提早开始扦插育苗，也可进行地膜覆盖。待垄面稍干不黏时进行育苗。

可以利用营养钵或营养纸袋进行硬枝扦插，将人工配制的基质，进行装钵、装袋（图2-40），温度适宜时扦插，生根快，有利于移栽补植和夏季造林。

3）灌水设施的准备：如果在苗圃地直接扦插，可以视墒情，间歇式灌水。如果有节水灌溉设施，如喷灌、微喷、双悬臂全自动喷雾装置，效果更佳。配合灌溉，需要配备晒水池、水箱及机井、水泵等。

（2）插条采集与处理

插条的采集：扦插所用的木质化枝条，应在正常开花结实的 4～7 龄树上，选择生长健壮、无病虫害的 1～2 年生的枝条，要求枝条发育充实，腋芽饱满，无扭曲，茎粗 0.5 cm以上，皮色新鲜，水分充裕。因沙棘雌雄异株，所以采条时应按比例、雌雄分头采集，以防混杂。采条的具体时间因地而异，一般在沙棘休眠期进行，原则上随采随插为好。如需贮藏，可在阴凉的地下窖或室外用湿沙埋藏（0℃左右）。插条如需长途运输，应在插条上洒适量水，然后用塑料薄膜包装好再运。北方寒冷地区，为了防止冬季枝条抽干或冻害，宜在秋季上冻前采集插条，用细沙埋藏，灌透水，室外冬季贮藏。翌年春季扦插前取出剪切插穗。

插穗的剪切及处理：将剪好的插条在避风、遮荫的条件下，去掉纤细的分枝，剪掉枝刺，更新原来的剪口，剪截成插穗。插穗长度为 12～15 cm，最短不能少于10 cm，最长不能超过 20 cm。将剪切的插穗，捆成 50 条或 100 条的小捆，插穗上下顺序不可颠倒。把捆好的插穗浸入冷水或流水中，浸泡 18～24 h，使插穗充分吸水（图 2-41）后取出。然后用生根促进剂处理，浓度一般为 50～100 mg/kg。插穗基部一般在生根促进剂溶液中浸泡 2～18 h。如溶液浓度为 200 mg/kg，则浸泡 2～3 h 即可。如果扦插时速蘸，则浓度应为500 mg/kg。插穗基部的浸泡深度一般为 3～4 cm。其中效果比较理想的生根促进剂为 ABT生根粉和吲哚丁酸（IBA）。

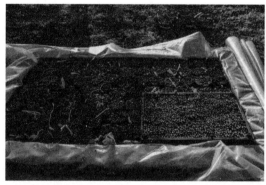

图 2-41　插穗剪切后的浸泡处理

（3）扦插

在东北的多数地区，4 月中下旬为扦插的适宜季节，个别寒地甚至推迟至 5 月初。总的原则是当土壤温度达 5～10℃时，为扦插的最适宜时期。扦插的株行距一般为 7～8 cm，以直插为好，每垄插 3～4 行。扦插时先用打孔器打孔，然后放入插穗，上端露出 1～2 cm，一般扦插深度为插穗的 2/3~3/4，防止倒插和撕裂穗条下端树皮，扦插后插穗周围的土壤要踏实，并及时灌透水一次。图 2-42 为利用营养盘开展硬枝扦插的过程。

图 2-42   沙棘硬枝扦插示意图

也可在垄上覆盖地膜后再进行扦插，扦插方法与垄上直插相同，但不同的是扦插后，要用细土弥实地膜插孔，以利增温。利用营养钵或营养纸袋扦插，首先将装袋的基质浇透水，然后扦插，可直插，也可打孔扦插。插后摆放到预定位置，灌一次透水即可。其给水设备最好采用喷灌、微喷或双悬臂全自动喷雾装置。此外，沙棘露地硬枝扦插，也可将生根激素处理的插穗，进行催根处理后再扦插。

（4）插后管理

沙棘露地硬枝扦插育苗的抚育管理，可以分为生根期、成活期和幼苗生长期 3 个时期，不同时期抚育管理的关键有所不同。

1）插穗的生根期：扦插后 15～30 天，为插穗的生根期，一般为 5 月份。在此期间抚育管理的关键是水分管理，一般每周灌透水 1 次，保证土壤湿度为田间最大持水量的 80%。但灌水次数不宜过多，否则影响地温。扦插 7～10 天，叶芽开始萌动现绿，幼根开始出现，15 天后新梢开始伸长并展叶，幼根也开始伸长。此时 70% 以上插穗生出幼根，应适当减少灌水次数，视气温情况，可适当用喷壶补充水分。如用节水灌溉设施（微喷头或微喷带），此期水分控制更容易些。要求每天喷水 1～2 次，以保证扦插基质的湿润。

2）插穗成活期：插穗成活期一般是指插穗发芽后抽出新梢至一定长度的时期，一般为 5 月下旬至 6 月中旬。这个时期除应做好水分管理外，重点是抹除多余的芽子。每穗留一直立、健壮的新梢。如果土壤肥力好也可留 2～3 个芽，长成新梢或不抹芽，以便 7—8 月进行嫩枝扦插时，采条使用。抹芽应分两次进行，第一次留两个芽，最后一次留一个芽，防止尚未成活的插穗摘得过早。

3）幼苗生长期：为插穗成活后至当年停止生长的时期，一般为 7—10 月。其管理的关键是施肥灌水，防止病虫草害。7—8 月正值高温雨季，幼苗生长加快，应结合防治卷叶蛾，用 0.3%～0.5% 尿素进行追肥；也可进行撒施，当苗高达到 20 cm 左右时，进行第一次追肥，以速效氮肥为主，每公顷施尿素 75 kg，8 月上中旬进行第二次追肥，以氮、磷或磷钾复合肥为主，每公顷施磷酸二铵或磷酸二氢钾 150 kg 左右。

（5）苗木出圃与假植

苗木落叶后（10 月中下旬），此时硬枝扦插苗木一般都有 3～5 条主根不等，而且有70%的苗木有二级侧根，并着生有根瘤，地茎粗在 0.5～0.8 cm，苗木高 50～90 cm。沙棘硬枝扦插苗木，当年扦插，即可当年出圃，出圃率达 80%～90%。如苗木需要外运，北方地区应于秋季起苗假植，以便翌年早春北苗南调，否则可在圃内露地越冬，翌年春季现起现调（栽），以利成活。

沙棘苗木假植的具体方法是：将苗木先摆放于东西走向的假植沟内，其深度为 30～40 cm，苗木摆放密度以根系不互相重叠为好，根部朝南，梢部朝北，倾斜角度为 45°，也可将苗木每 20 株为一捆，捆好后进行摆放，这样更加方便一些。然后在挖第二行假植沟时，用细土埋好第一行摆放苗木的根部及苗木中下部，必须使土接触根部并踏实。然后依次挖第三行、第四行……最后在封冻前，灌一次透水，撒防鼠药，以防其啃食苗木根部。这样苗木就可以安全越冬了（图 2-43）。

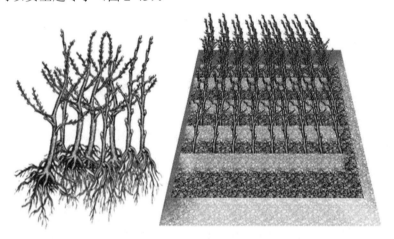

图 2-43　硬枝扦插苗木假植示意图

2. 黑龙江牡丹江

黑龙江省牡丹江林业科学研究所也探讨了沙棘硬枝扦插技术，其成果[32]简介如下：

（1）插床准备

硬枝扦插一般在大棚或温室条件下进行，扦插基质选择细河沙与草炭土按 1∶1 混配。插床 1 m 宽，长度 10 m，深 50 cm，底部铺上 10 cm 的鹅卵石，再铺上扦插基质。扦插前，搂平插床，去掉杂质，用 2%多菌灵溶液消毒床面 2～3 次。

（2）插穗采集与剪取

插穗采用木质化枝条。选取树龄在中龄以下、生长健壮、无病虫害的优良品种植株，采集直径约 0.7 cm 的 1~2 年生木质化枝条。采穗时间一般在前一年 10 月后至当年 4 月初，最晚也得在树液流动前一周采集。

采集的枝条及时在避风遮荫条件下剪成插穗。去掉纤细分枝，剪掉枝刺，插穗长度约 15 cm，含有 1~2 个饱满芽。插穗切口要平滑，上切口在距芽 1~2 cm 处剪成平面，下切口剪成斜口。将插穗捆成 50 株的小捆，装于容器中，用消过毒的湿润河沙埋藏，埋藏深度约为插穗的 4/5，再将容器放在温度为 1~3℃的冷藏窖中。

（3）扦插

在扦插前 2 天，从冷藏窖中取出插穗，泡入 20℃左右的水中，每天早晚各换水 1 次。扦插前，用 200~300 mg/L 的 IBA 溶液浸泡 1~2 h，再进行扦插。

扦插时间一般为 4 月中下旬，株行距为 10 cm×20 cm，扦插深度为插条的 3/4，露出地面 2~3 个饱满芽，插后轻轻压紧扦穗与地表接触处，使插穗与基质密接，然后浇透水。

（4）插后管理

扦插后，要保持基质湿润，每天适度灌水。每隔 10 天用多菌灵进行喷洒消毒。一般插后 25 天左右，插穗萌芽展叶，根系开始伸展，此后可适当减少灌水量，每 2~3 天灌水 1 次，也需要遮荫，以免嫩叶过分受热，减少水分蒸发。育苗期间，应及时除草和松土，为促进根系生长，还可叶面喷施 0.2%的磷酸二氢钾，每 5 天喷施 1 次，连喷 2~3 次。秋季落叶后即可起苗，硬枝扦插苗通常可 1 年出圃，根系比较发达，栽植成活率高。

（二）半干旱气候"集流型"沙棘种植带

华北地区北部，包括辽西、冀北及内蒙古赤峰市，以及黄土高原中部地区，气候较为干旱，育苗地应选择有灌溉条件的川地、坝地或塬地，开展硬枝扦插。

1. 辽宁阜新

辽西阜新是我国优良沙棘品种苗木的第一大繁育基地，许多地区的优质沙棘苗木多来源于此区。辽宁阜新硬枝扦插技术[33]总结如下。

（1）建圃作床

选择水源条件好、土质疏松的沙壤土或沙土地，建沙棘幼苗繁殖圃，并考虑背风向阳、排水良好、交通便利、易于管理等因素。

在沙棘硬枝扦插苗圃地中，矩形苗床可按床面 1 m 的宽度，圆形苗床可按半径 2.2 m 修成高床，床高 20~40 cm。

（2）穗材采集和处理

秋末至春初，最晚要赶在春季树液流动前采集穗条。从生长迅速、干形通直、抗性强的健壮沙棘幼龄母树上，采集根部或主干下部发育程度好、完全木质化枝条，注意：选择母树以及采集穗条的雌雄比例，均为 10：1。

穗条采集后，随时制成插穗。插穗剪截时以尽可能多带饱满芽为原则，一般长度为18～20 cm。插穗切口要平滑，上切口平切，下切口斜切。

插穗制成后进行窖内沙藏处理，以利催根。具体措施为：插穗小头向上，成捆（50～100 枚/捆，并标签记号）竖直地排放于 6～10 cm 厚轻度湿润的大沙粒表面，在用沙粒之前对其冲洗消毒（0.1%高锰酸钾溶液）；插穗捆表面无覆盖。贮藏期间，窖内温度控制在 0℃上下，并定期检查，以防霉烂或干燥。

扦插前 4～5 天，对插穗进行浸水处理。将插穗 2/3 浸于清水中，此时插穗基部在下、小头向上，按每天 3～4 次换水；如条件允许，将其放入 8～20℃的流水中效果更佳。

（3）扦插

辽西地区春插宜早不宜迟，最好选在芽萌动前、地温回升时（一般为 4 月下旬至 5 月初）进行。插前细致整地，施足底肥。扦插时在苗床上开深 10～12 cm，宽 1 cm 的沟，将插穗直插或斜插于沟内，地面上留 2～3 个芽。扦插密度因苗圃土壤状况而定，一般为每平方米 350～400 株，扦插方式宜随机进行，使插穗在床内均匀分布。插后踏实，使插穗与土壤密接，严防下端蹬空，随即灌足水，以保证苗木水分的及时补给。

（4）苗期管理

扦插后大量均匀灌水，确保幼苗体内水分平衡。沙棘生根期间（插后 3～4 周）土壤湿度保持在田间最大持水量的 80%～90%，以后保持在 75%～85%。灌溉可采用漫灌或喷灌，灌水量为 100～200 m³/hm²。在 6—8 月幼苗根生长旺盛时段，施用 3 次无机肥料，每次间隔 3～4 周，每公顷总施肥量氮、磷、钾均为 120 kg。设置苗木保护罩，以减少水分蒸发，并及时松土、除草。

2．辽宁朝阳

辽宁朝阳采用穴盘育苗、人工配制基质、水培生根的方法，苗木扦插后，在水池中培育生根。这项技术无论是沙棘硬枝还是嫩枝，均可适用。

（1）水池和穴盘的准备

在插穗和基质准备好的前提下，选择修建水池地块，要求地势平坦，水源便利。首先平整土地并打碎土块，拣出秸秆、草根、石砾等杂物，进行抄平，或选择平坦的硬化地面，然后用砖或木方围建水池，其高度为 5～10 cm，长宽以作业方便而定，本操作以棚室南北跨度为基础定为 6 m，因实际情况，为了水池内水面高度均匀一致，面积尽量小些。将大棚膜铺于水池，以便盛水。选择育秧盘的规格为 50 穴，长、宽、高分别为 545 mm×280 mm×50 mm，准备数量根据插穗数量而定。此项工作均在每年的 4 月完成，见图 2-44。

图2-44　（4月6日）水池铺膜及育秧盘固定（辽宁朝阳）

（2）装盘与扦插

将配制好的基质进行装盘，做到每穴内要装满基质并压实，然后将其摆放于水池中，待基质被水分渗透后，进行扦插。采取垂直扦插方式，扦插深度以插到穴盘底部为宜（图2-45）。

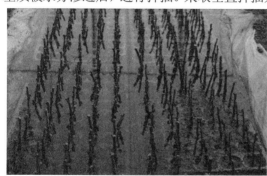

图2-45　（4月11日）育秧盘基质被水充满后进行扦插（辽宁朝阳）

（3）管理

扦插完成后，进行水池补水，水面高度不超出育秧盘即可。待水分自然蒸发基质表面见干时，给水池注水到起初状态。如此往复直至苗木移栽。插条新梢生长过程变化情况参见图2-46。

4月25日	5月25日

5月30日　　　　　　　　　　　6月8日

图 2-46　沙棘硬枝扦插后新梢生长情况（辽宁朝阳）

在苗木移栽前的 3～5 天，将水池中的水放掉，使穴盘内的基质含水量降至成块而不散，苗木和基质易于整体取出，便于移栽不缓苗。

这种沙棘育苗技术，管理简单，生根率、移栽成活率高，能达到"即时采穗、即时扦插、即时移栽"的"三即时"育苗效果。其关键技术环节还有：

扦插基质为田土（无除草剂残留）+草炭，比例为 1:1。

硬枝扦插采穗时间为休眠期（秋季采穗冬藏或春季萌发前采穗）；枝龄为 1～2 年枝条，粗度 0.5 cm 以上，剪切长度 10～12 cm，生根粉或吲哚丁酸处理。

扦插时间以适宜气温早插为宜，一般 5 月前结束。

扦插环境可以是人工的小水池（浸水条件下），或较平整的地面（使用喷灌带），前者可根据气候、水分蒸发情况，5 天左右注水一次；后者要求每天傍晚喷水一次，原则保证基质湿润。

待插穗生根，新梢长度 2 cm 以上，即可开始炼苗，准备移植，移植时间最好选择雨前进行。

缓苗后（一周以后）进行抹芽处理，只留一芽生长即可，而后即为正常的田间管理，秋季即可出圃。

3. 内蒙古鄂尔多斯

鄂尔多斯是本沙棘种植带仅次于辽宁阜新的沙棘育苗地区。在黄土或沙土母质上发育的砂性土壤，为开展沙棘硬枝扦插提供了很好的条件。以下是在内蒙古鄂尔多斯市东胜区和准格尔旗等地开展的沙棘硬枝扦插技术的总结。

（1）扦插设施准备

硬枝扦插育苗，应尽可能选择通透性好的壤土地做育苗圃，既可在露地，也可在大棚扦插育苗。如果育苗地的土壤肥力差，应在育苗前施足底肥，最好是施腐熟的农家肥（厩肥）。在露地扦插育苗，为了高效集蓄土壤水分，多将苗床做成低床（图 2-47）；在大棚育苗，可做高床，也可做成普通畦床（图 2-48）。为了节水和提高灌溉效果和效率，最好采用微喷设施喷灌。无条件时，也可采用明渠漫灌。

图 2-47　露地低床沙棘硬枝扦插（内蒙古准格尔）

图 2-48　大棚畦床沙棘硬枝扦插（内蒙古鄂尔多斯）

（2）插条采集与处理

在采穗圃采条，首先需要辨认雌雄株，然后根据需要采取穗条，并及时进行处理，加以储存。

1）采条母树雌、雄株的辨认：沙棘雌雄异株，用扦插苗营造沙棘经济林，需要合理搭配雌、雄株比例。因此，既要采集雌株插条，也要采集雄株插条育苗。但在以实生苗营造的中国沙棘林中，进入生殖生长期前，很难辨别雌、雄株。因为通常在冬末初春采条，即使是进入生殖生长期的植株，也会因为干旱无果或果实落尽（或被鸟啄食光）而不易分辨雌、雄。辨别雌、雄株有以下几种方法：

观察有无果实辨别雌株。在结果枝有残存干果的是雌株；中国沙棘用剪枝法采果，因此，有结果枝被剪枝痕迹的是雌株。观察花芽辨别雌、雄株。雄株的花芽较大，比雌株大1～2倍，尖塔形，长6～10 mm，外被10多片近圆形的鳞片，呈覆瓦状排列。雌株花芽比雄株小，长3～6 mm，呈倒卵状四棱形，有6片长圆形鳞片，呈十字形排列，花芽稀疏。比花芽更瘦小狭长的是叶芽。观察花序轴辨别雌、雄株。雄株开花后花脱落，但残留一个明显的花序轴，形状为圆柱形，长6～8 mm。而雌株的花序轴则很不明显。

2）采条的质量要求：硬枝插条的质量直接影响扦插后的生根、成苗率以及苗木质量。根据沙棘硬枝扦插育苗的试验和生产经验，采条母树和插条质量应满足以下标准：

采条母树进入生殖生长期，树龄4～8年，生长健壮、无病虫害、枝条健壮、顺直、光滑、水分饱满。采集插条的枝龄1年、2年或3年均可；插条长度＞15 cm，茎粗＞0.5 cm；插条性别的准确率＞95%。

试验表明，长度＞15 cm、茎粗＞0.8 cm的插条，生根率最高（56.7%）；长度＞15 cm、茎粗0.5～0.8 cm的插条，生根率较低（36.7%）。因此，应尽量从2年枝和3年枝中粗壮的枝条上采集插条。

3）采条时间：由于春季干旱多风，枝条发生不同程度的失水，硬枝扦插育苗的生根和成苗率会降低。因此，应尽可能在立冬后采条贮藏，以利于保持枝条水分。

4）插条的修剪、捆扎和贮存：从采条母株上剪下不短于15 cm的硬枝，及时剪掉侧枝和大刺，用塑料膜包好，当天运回育苗地放到阴凉背风处喷水存放。在剪枝和拉运过程中尽量不损伤枝条的表皮。为减少失水，要尽快修剪插条并打捆贮藏。插条修剪的方法，是用锋利枝剪把小侧枝和刺全部剪净，把长枝条剪截成长度15～20 cm的插条；将每50根或每100根插条全部芽朝上捆成1捆。

用硬枝插条扦插育苗，生根、成活和成苗率的高低与插条是否失水关系密切。因此，贮存插条是一个关键环节。在有条件时，要把成捆插条整齐码放在地窖中，用湿沙掩埋。在没有地窖的地方，要在防风背阴处开挖地沟，将成捆插条整齐地码放在沟中，用湿沙埋藏。要经常查看插条是否出现失水或因过湿、发热而霉烂的现象，及时处理，保证插条完好贮存。

5）插条切口的再剪切：成捆插条经过搬动和沙藏，原有切口已不新鲜，在用水和药物浸泡处理前，最好将旧切口处的枝段剪掉几毫米，形成新鲜切口，重新把剪切好的插条打成捆备用。

6）清水浸泡和药物处理：把成捆的插条用清水浸泡 24 h，用流水浸泡更好（图 2-49），使插条充分吸水，有利于插条生根。试验表明，将浸泡后的插条用萘乙酸（NAA）、生根粉（ABT）等外源激素处理，能有效提高生根率。如用 1 号生根粉，以 100 mg/kg 浓度配制药液，在水箱或盆中浸泡插条切口段 2 h 以上（图 2-50）。

图 2-49　铺膜水池浸泡沙棘插条（内蒙古鄂尔多斯）

图 2-50　水箱中生根粉液浸泡沙棘插条（内蒙古鄂尔多斯）

（3）扦插

沙棘硬枝扦插时间因地域气候和育苗设施不同而异。当春季的土壤温度升到 5～10℃，即可扦插。

扦插时间和准备工作：位于鄂尔多斯市东胜区的水利部沙棘开发管理中心九成宫基地，在半露天的大棚中，于4月末至5月初扦插硬枝。同时，为使插床土壤有一定紧实度以便于扦插，应给插床浇适量的水。

扦插方法：往插床中直接扦插插条，很容易损伤切口周边的表皮，因此要使用打孔器（打孔器齿长10 cm，齿间距10 cm）（图2-51）打孔。扦插时在插床上依次打孔，将插条插入孔中，插深为插条长度的2/3左右，插条上端露出少许，随即用土将插条和孔洞间隙填满压实，以利保温保水。这样扦插的插条株距为10 cm，密度为每平方米100株（图2-52）。待一块育苗地或一个大棚插完插条后，应当立即用喷灌或漫灌方法浇透水。

图2-51　硬枝扦插简易打孔器（内蒙古鄂尔多斯）

图2-52　（5月初）大棚沙棘硬枝扦插（内蒙古鄂尔多斯）

（4）插后管理

苗期管理：沙棘硬枝插条在适宜的温、湿条件下，扦插后 15 天前后，插条叶芽开始萌动，陆续出现幼根。扦插 30 天后，多半插条长出新梢、生出新根。需要注意的是，有一些细弱插条虽然吐芽长叶，但还未生根，或是新根少而弱，出现"假活"现象，此时如果干旱缺水，则会导致根和叶很快枯死，不能成苗。有一些粗壮插条因为体内贮藏养分多，长出许多新芽。这时新生根吸收水分和养分的能力尚弱，而插条内养分逐渐耗尽，此时如果干旱缺水，新芽新梢也会因水分和养分供应不足而衰败，根系会因失去光合同化物的供给而停止生长以至死亡，不能成苗。

硬枝插穗普遍生根以后的两个月，是扦插苗旺盛生长期（图 2-53），新梢和根系快速生长，是抚育管理的关键时期。要根据土壤墒情适时浇水，但要避免过量浇水降低土壤温度而影响生根。对新芽多的插条，要抹除多余的新芽；对于已长出多条新梢的插条，只保留 1～2 条健壮新梢，剪掉多余新梢。这些措施有利于新梢和根系养分供应平衡，生长旺盛，长成健壮的硬枝苗。此外，由于硬枝苗密度大，新梢生长旺，消耗养分多，所以应在 7 月和 8 月适量追施氮、磷肥。

图 2-53　（8 月末）沙棘硬枝扦插苗（内蒙古鄂尔多斯）

起苗出圃：对于秋季起苗出圃，如果在冬季贮存不好，一是容易失水抽梢，二是容易因霉变烂根。因此，对于春季种植苗木，最好在翌年春季土壤开化后起苗（图 2-54）。此外硬枝扦插苗一般根系少，多为 2～3 条甚至仅有一条、根系较长而且很容易从基部脱落，因此起苗时要注意保护根系，在起苗时或栽植前应对根系进行适当修剪。

此外，内蒙古赤峰市林西县的试验结果[34]表明，沙棘硬枝插穗长度以 12～20 cm 为最佳，沙棘 2～3 年生的萌生枝条生根成活较好，冬贮插穗比现采插穗生根率高，催出根的插穗和未催出根的插穗成活率近似相等；基质和插深对沙棘扦插生根成活影响都不大。这些经验为该区沙棘硬枝扦插提供了有益借鉴。

图 2-54   次年春季硬枝扦插起苗（内蒙古鄂尔多斯）

（三）干旱气候"灌溉型"沙棘种植带

作为硬枝扦插苗圃地，与前述两带一样，降水量稀少的河套、河西走廊和新疆等干旱区，必须选择具备灌溉条件的川滩地，配备大棚或温室，开展沙棘硬枝扦插。

1.甘肃山丹

甘肃省山丹县机械林场于 2011—2012 年开展试验，初步总结出沙棘雌株硬枝扦插，以两年生硬枝扦插好于一年生硬枝扦插，直插好于斜插[35]。现将主要技术叙述如下。

（1）插条选择及处理

当年春季育苗前一个月，选择优质健壮的沙棘雌株 1～2 年生枝条，剪成 20 cm 左右长的穗条，上端平剪，下端剪为马蹄形。插条采回后先用清水洗净，每 100 个扎一捆，顶端用接蜡封口，再放在多菌灵溶液中浸泡 3～6 h 灭菌，洗净稍晾后进行沙藏。沙藏方法是在背阴处挖深 70 cm、宽 45 cm 的坑，坑底先铺一层净沙，然后将插穗与湿沙隔层铺放；至地表面 10～15 cm 时，用沙子填平，沙子在使用之前用高锰酸钾进行消毒。

（2）硬枝扦插与管理

将扦插地耙磨平整，施基肥磷二氨 10 kg/hm^2，地块要平整不积水。耙磨平整后覆膜，黑色膜或白色膜皆可。4 月上旬进行扦插，扦插方式可选用直插方式，株行距为 10 cm×25 cm，扦插深度为 5～10 cm，插后立即灌水。插后管理的重点，是为生根创造一个良好的环境。在干旱风沙区，需要设塑料棚和遮荫网，用来调控温湿度。扦插适宜温度为 17～25℃，地上部的芽先开始生长，地下部分扦插 15 天后开始生根，25～30 天后大量生根。

（3）水肥管理

出苗后 1 个月内是沙棘苗期管理的关键时期，必须引起高度重视。山丹县少雨干燥，蒸发量大，灌水尤为重要。要视土壤墒情及时灌水，播种以后的 1 个半月内，要保持土壤湿润。根据土壤墒情以及气候特点，特别在幼苗期，灌水应本着"少浇、勤浇"的原则，不能有积水，如有积水需及时放水。根据苗木生长周期，尤其在速生期，结合灌水，在 7 月每亩撒施尿素 10 kg，8—9 月每亩撒施尿素 15 kg，施后立即灌水。

（4）病虫害防治

在沙棘出苗后 4～8 叶期，尤其是 6 月气温升高时，易出现卷叶、立枯等症状，主要表现为叶片发黄，先从初展叶片开始，然后延至整个植株。应立即采用乙蒜素、根腐灵、立清等杀菌剂，进行全面喷施。以后在 7—9 月速生期，每隔 15 天防治 1 次。经 2～4 次防治后，病株开始有所好转。如果能结合喷施液肥，效果会更佳。

2. 新疆塔城

在新疆额敏新疆生产建设兵团第九师 170 团，新疆农垦科学院林园研究所的试验结果[36]表明，早春（2—3 月）采集插穗效果最好，扦插时间以 4—6 月为宜；插穗长度选择 18 cm 为宜；扦插前用 100 mg/L ABT 生根剂溶液处理，可显著提高成活率，促进毛根萌发和枝条生长；在选用 8 cm 插穗时，扦插深度控制在 8 cm 左右，实际生产中，露地扦插以扦插深度为插穗长度的 1/3 稍微深一些，拱棚扦插稍微浅一些。为了当年出圃优质壮苗，需要在育苗上延长生长时间，育苗时间还可提前至 1—2 月，在温室开展硬枝扦插育苗。

（1）温室建设与控制

建成坐北朝南偏西 3～5° 的温室大棚，每个大棚建筑占地宽 8～10 m、长 70～80 m；用黏土混合当地沙土，采用干打垒形式夯起，后墙宽 1 m，东西墙宽 70～80 cm，加热设备、走道占 90～110 cm 宽，并留有耳室。

在建好的温室大棚上蒙上棚膜，棚膜上铺薄棉被，夜间蒙盖、白天卷起，开启加热设备。

扣棚至 3 月底一直是棚膜蒙盖，棚膜上的薄棉被是白天卷起晚上盖，并根据室内温度调整卷被和放被时间，1 月天气最冷，上午晚卷下午早放，随着最低温度的升高，上午卷被时间提前，下午放被时间迟后，使温室内温度较高且较平稳，不能过高或过低，也不能忽高忽低，4 月中下旬，去掉加热设备（如火炉），棚膜中午打开天窗，开始放风；6 月初，撤去薄棉被和棚膜。

（2）扦插基质准备

对温室内的戈壁地深翻 50 cm 深，捡去大石块，再用筛子筛去直径 0.2 cm 以上的小石块，每个大棚用 30 m³ 经腐熟过的羊粪和筛去过石块的细沙土一起堆放。接着使用 1 kg 杀虫剂——敌百虫 50%可湿性粉剂，0.5 kg 杀菌剂——百菌清 75%可湿性粉剂，先 10 倍混土，然后较均匀地撒施在沙土及羊粪堆上，较均匀地搅拌再摊平。最上边铺上 8～12 cm 厚的细沙，做好床面，再次喷施敌百虫 90%晶体 200 g 的 500 倍液，百菌清 75%可湿性粉剂 200 g 的 500 倍液，进行均匀喷雾消毒。

在整好的床面上铺设两排滴管带，间距 3.5 m，滴管带距地边 1.75 m，沿带每隔 3.0 m 插上装有喷距半径 2 m 喷头的插干，喷湿插床，拟备扦插。然后在大棚密闭的状态下，点燃熏蒸杀虫剂磷化铝进行烟熏蒸，持续 5～7 天，杀死缝隙和隐蔽处的有害生物。

（3）插穗处理

在沙棘采穗圃或大田里，选用无病虫害的 1～2 年生、直径大于 5 mm 的粗壮枝条，冬季采回后剪截插穗，使每截插穗长 6～7 cm，上边有 7～8 个芽眼，每 30～50 个捆成一捆，根部整齐捆好，冬季剪条后就扦插，比起萌芽前剪条储存待春暖时扦插，枝条水分没有蒸发；比起夏季剪嫩条扦插，营养储存丰富，基础条件好，同等条件下成活率高。先用 0.01%～0.03%高锰酸钾水溶液浸泡 20～30 min，捞出用清水冲洗后，将插条下端 3～5 cm 浸泡在生根壮苗剂 0.5～1.5 h，或速蘸不兑水的生根剂"根宝"，能保证扦插成活率。

（4）扦插

时间宜选在 1—2 月，在插穗处理后紧接着就进行硬枝扦插，扦插时先打孔，再插入插穗，不伤皮。株行距按 10 cm×10 cm，每孔插 1 株。插穗扦插土里 2/3，露出地面 1/3。露出地面部分要有 2～3 个芽眼，仅一个芽离剪口近，易失水干燥嫩芽生长不良。每当扦插 10～15 min，就喷洒一次水，保持棚内湿度在 70%～80%（图 2-55）。

图 2-55　大棚内刚扦插完毕的沙棘硬枝苗床（新疆额敏）

（5）插后管理

湿度的控制，扦插后立即进行喷雾，间隔时间以叶面上露珠只剩少许为止，持续 1 个月到插条发芽并生根为止。

温度的控制，白天保持温度 20～28℃，夜间保持 14～18℃。

除草施肥管理，一个月后开始拔草，施肥以氮肥为主，前期少施，随苗长大逐渐增加，全年施肥 30～40 kg，其中，氮、磷、钾的比例为 8.5∶2∶0.5，以促进插穗生根和旺盛生长（图 2-56）。

4月　　　　　　　　　　　　　　　　　　　　9月

图 2-56　沙棘硬枝扦插苗木（新疆额敏）

二、沙棘嫩枝扦插

沙棘硬枝扦插育苗虽然设施和技术相对简单，当年一般可以获得优质壮苗，但从成年沙棘植株上可采集到的符合扦插要求的硬枝插条不多，育苗繁殖系数不高。反观沙棘嫩枝扦插育苗，具有插穗多、繁殖系数高、生根快、根系数量多、成苗率高、单位面积苗木生产率高等诸多优点，加之配套技术能保证当年出圃，因此在三北地区，沙棘嫩枝扦插技术虽然晚于硬枝扦插技术出现，但在生产实践中得到了更多的利用。当然，不得不说的是，虽然嫩枝扦插技术效率很高，但仍有不足之处，那就是在一些地区当年可能难以取得优质壮苗，不得不留圃继续培育半年或 1 年。

（一）半湿润气候"自然型"沙棘种植带

东北地区无霜期短，生长季节也较短，因此，应用嫩枝扦插时一定宜早不宜迟，并采用覆膜、温棚等措施增温，方能达到当年出圃的目的。

1. 黑龙江孙吴

孙吴县沙棘设施育苗技术经过 10 余年的发展，在苗木繁殖方法上，先后经历了播种育苗、硬枝扦插、分株繁育、嫩枝扦插 4 个阶段，实现了优良品种的规模化无性繁殖；在育苗设施方面，也已从温室大棚育苗技术突破性地发展成全光喷雾露地育苗技术[37]。目前全光喷雾露地嫩枝扦插育苗技术已成为孙吴县大果沙棘的主要育苗方法，良种壮苗繁育基地达 64 hm^2，年繁育能力 350 万～400 万株。

沙棘全光喷雾露地嫩枝扦插技术就是在全光照条件下，利用沙棘半木质化嫩枝插穗和排水通气良好的露地插床，结合现代化的喷雾技术，进行的高效率、规模化嫩枝扦插育苗技术。整个育苗体系具有成本低、生根迅速、成活率高等优点，解决了沙棘实生苗木苗期雌雄难辨、温室育苗高成本、易交叉感染等问题。下面从 5 个方面对这一育苗技术进行具体介绍。

（1）苗床准备

沙棘全光喷雾露地嫩枝扦插苗床采用的是高筑床，苗床制作高度需达 25 cm，床宽 1 m，周围设置排水沟。以细沙作表层，施以稀高锰酸钾溶液消毒，厚 5 cm 左右，以腐殖土（或团粒土壤掺入有机肥或化肥）作基质层，表层细沙主要功能是为插条前期提供通气、容热条件，基质层为插条成活提供养分。

（2）扦插

先进的扦插技术是育苗成功的关键环节。

1）穗条的选择：穗条应采自品质好、树龄小、生长势较好的采穗母株，穗条半木质化，长度不低于 20 cm，茎粗 0.40 cm 以上。

2）采条及制穗：在孙吴县的最佳采条季节为 7 月上中旬，采条时间应选在阴天或早上。穗条要保持叶面不失水，选在阴凉处制穗，去掉下部叶片，保留顶部 4～5 叶片，去除已木质化的侧梢，按 50～100 根 1 捆、下端整齐捆好，采用 ABT1 号生根粉进行浸泡 8～12 h 或速蘸，浸泡深度 3 cm，亦可用生根粉和多菌灵混合液浸泡。

3）扦插：在孙吴县的最佳扦插时间为 7 月上中旬，过早插条过嫩，木质化程度不够，过晚插条生长后期温度偏低，根系不能充分木质化，致使不能越冬。扦插深度 3～5 cm，密度为株行距 5 cm×5 cm、4 cm×4 cm、5 cm×10 cm，这种扦插密度既能发挥群体优势，又不会影响个体生长发育。

（3）喷灌

喷灌是扦插育苗的关键技术。经过多年实践证明，水分是沙棘扦插成功最为重要的因素。利用双设定时间电子继电器和新型微喷设备，通过调节浇水频率和水量，可以很好地控制插床的温湿度和光照强度，保持插穗的叶面上有一层水膜，形成插穗生长发育的最佳温湿度。

（4）插后管理

科学的管理是扦插育苗成功的保障。

1）生根前期：前期即扦插至生根结束时期。在孙吴县时间为每年 7 月份。此时的主要工作可概括为提高地温、保持湿度。要根据沙棘插床的温度和苗间湿度情况，随时调整浇水频率和水量。最佳条件为地温 26～30℃、苗间湿度 80%、插床表层湿度不高于 70%，可定期喷施促进生根的生长调节剂。在这种条件下，7～8 天即可有根原基形成，10～12 天即可有 60% 以上的生根现象，15～20 天生根率可达 80% 以上。

2）生根后期：生根结束到移植前。生根后要将插床温度控制在 20～25℃，插床湿度降至 30%～40%，减少浇水次数，降低每次浇水量，并根据苗木的生长需要，及时喷施氮、磷、钾，保证苗木的正常需求；定期喷撒农药，防止病虫害的发生。

3）越冬管理：无须防寒，秋末春初，要及时浇灌，防止苗木发生生理干旱。

（5）移植

对于达不到出圃要求的苗木，可以在第二年春季进行移植，培育符合要求的大苗。

1）作床：根据苗圃的综合条件进行换床培育，移植苗床高度应不低于 15 cm，整地或作床时，每亩要施入一定量农家肥或磷钾化肥为基肥。

2）移植：将 1 年生苗木进行起床、移植，孙吴县最佳移植时间为 4 月 25 日至 5 月 5 日，移植密度可为 5 cm×10 cm，移植深度不低于前 1 年扦插深度。移植后，要及时浇透定根水，并在萌芽前施用除草剂，每亩剂量为 24% 乙氧除草醚 40 mL+10.8% 盖草能 50 mL。

3）田间管理：根据苗木的生长需要和病虫情况，及时进行叶面施肥和药剂的喷施。

4）起床、苗木分级：利用人工或机械起苗，保证苗木损伤率不高于 5%，造林用苗木规格为苗高 ≥40 cm，地径 ≥0.4 cm，根系总长度大于 15 cm，于当年夏季或秋季造林。

2. 黑龙江泰来

黑龙江省齐齐哈尔市园艺研究所在黑龙江省齐齐哈尔市泰来县好新乡，试验总结了沙棘露地嫩枝扦插育苗技术[38]。采用露地扦插育苗法，虽然成活率比大棚育苗稍差，但根系要比大棚苗粗壮，地上部生长更加健壮，没有大棚苗的徒长现象。

（1）苗床整理

按全光照自动间歇喷雾育苗装置要求，苗床设计为圆形，直径 14 m，铺 10 cm 河沙与黑土 1∶1 混合物，上层再铺 5 cm 细河沙。插床基质铺设好后，用清水喷洗。扦插前用 0.2% 的高锰酸钾液，进行基质消毒 24 h 后冲洗。

（2）插穗处理

插穗采用引进的俄罗斯大果沙棘当年生半木质化嫩枝作插穗。在阴天或早晚从母株上剪取 10～12 cm 半木质化插条，切口削成光滑斜面，在背阴处或室内进行处理。插条留 4～5 片叶，其他叶片摘去。每 100 株为 1 捆，浸泡在 200 mg/kg 的吲哚丁酸中 10～12 h。早晚时间扦插，扦插深度约为 3 cm。

（3）喷雾控制

在晴朗的天气下，白天的喷雾间隔为 3 min，夜间的喷雾间隔为 30～60 min。大风和阴雨天视具体情况确定喷雾间隔时间。试验区干旱、多风，因此在露地条件下要适当地缩短喷雾的时间间隔，否则插条经一夜风吹将失水过多，严重影响成活率。

插后管理及移植等技术环节与前基本相同，在此不再赘述。

（二）半干旱气候"集流型"沙棘种植带

与硬枝扦插一样，本带也是沙棘嫩枝扦插的主战场，每年通过嫩枝扦插，提供了中国 70%以上的生产用苗。

1. 辽宁阜新

阜新市林业科学研究所于 2000 年开展了"大果无刺沙棘良种扩繁技术研究"课题，以辽阜 1 号、辽阜 2 号等优良品种为试材，进行优质苗木培育技术与优良品种选育试验。在总结既有育苗技术的基础上，深入探索优质苗木培育技术，开展了工厂化育苗配套技术研究。截至 2003 年，优质苗木培育基地，每年生产苗木 300 万株[39]。在嫩枝扦插育苗方面，通过改用方塘水进行灌溉、改善施肥方式、改善基质土配比、控制微喷时间、选择激素处理扦穗、选用适宜药剂进行基质土消毒和水源灭菌等综合配套技术措施，嫩枝扦插育苗成活率达 95%，比既往提高 15%；苗木高度达 24～46 cm，比既往提高 16%；苗木地径达 0.22～0.44 cm，比既往提高 12%；移植苗成活率达 80%，比既往提高 8%。

（1）方塘水灌溉

方塘水的水温比深井水的水温在 6 月平均高 6℃，在 7—8 月平均高 11.2℃。方塘水在贮放过程中，还滋生了微生物和水生植物。有机质和其他养分含量也有一定的提高。因此，方塘水比深井水的总氮量增加 3.69 倍，总磷量增加 1.29 倍，总钾量也略有增加。试验结果，当年苗木高生长增加 11 cm，粗生长增加 0.09 cm。另外，方塘水在喷灌之前先放到小贮水池中，用漂白粉精片进行消毒，防止幼苗发生病害，也是一项重要的技术措施。

（2）改善施肥方式

首次施肥应从扦插后 20 天开始，且以混合施肥效果最好。具体施肥方法是将配制好的肥料，按照肥料和水 1∶5 000 混合，每隔 5 天喷施 1 次，经过 3 次 15 天以后，改为 3 天一次，一直到 9 月生长停止时为止。通过增加追肥量，可使苗高生长提高 5 cm，地径增加 0.05 cm。

（3）改善基质土配比

设两种处理：处理 1 为细砂+牛粪+煤灰渣+碎石，处理 2 为细砂+草炭+煤灰渣+碎石。结合表明处理 1 效果较好。基质是扦穗生根的场地，需要含有充足的水和养分，一般苗床四周用砖砌，高为 40 cm，底层留有排水孔，床内最下层铺小石子，中层煤灰渣，上层铺纯净的河沙，这种苗床结构可保证充足的水和空气。但是，河沙和灰渣易热易冷，温差大，透水性强，贮水性弱，保水性差。为了克服这些不足因素，增加了草炭和牛粪基质，发现效果较好。

（4）扦插

扦插时间以 6 月 5 日到 7 月 5 日成活率比较高，平均达 95%；7 月 15—25 日成活率开始降低，平均为 90%。扦插越早，苗木的高度和地径的生长量越大。扦插密度为行距 5 cm、株距为 4 cm，虽然苗木数量偏低，但成活率与生长量却最高。

位于辽宁建平的辽宁省干旱地区造林研究所，以常规的单株均匀式扦插模式为对照，采用适度聚集式扦插模式，对沙棘嫩枝扦插育苗进行了探索[40]。聚集式扦插是指随抽取处理完好的与常规扦插相同的插穗，每丛 2～3 株的标准成丛随机地扦插。试验结果表明，在不降低苗木产量、不增加育苗成本的前提下，适度聚集式扦插能显著提高苗木鲜重和苗高生长量。这种方法可在沙棘育苗、造林等农林业生产实践中试验应用。

2. 辽宁朝阳

苗圃地应选择地势平坦、光照充足、灌水便利、便于管理的地块，用于沙棘嫩枝扦插。

（1）整地作床

根据试验地块的大小作床，基质中施入腐熟的农家肥，作床采用细河沙（过筛）或大田土掺细河沙（过筛）。苗床根据地块长度做成宽 80 cm、高 10 cm，步道宽 20cm。安装滴灌管道，便于灌溉，覆膜防止杂草生长。

（2）插穗选择与处理

选择半木质化嫩枝，先剪掉顶端过嫩部分，从生长点开始往下剪（图 2-57），插穗剪成 10 cm 长的段，摘掉基部 3 cm 的叶片，留 2～3 个叶片，上剪口剪成平口，修剪后放于阴凉地，喷水，防止水分流失。插穗用 100 mg/kg ABT1 号生根粉或 100 mg/kg 吲哚乙酸速蘸，即可进行扦插。

图 2-57　采集沙棘嫩枝穗条（辽宁朝阳）

（3）扦插

扦插前 24 h，苗床要喷施杀菌剂消毒 1 次，随后喷雾淋洗 2 h。扦插时间为 6 月下旬的 10 时以前、14 时以后。插穗随采随剪，边浸泡边扦插。扦插株、行距为 5 cm×8 cm，密度为每平方米 250 株。扦插时先用打孔器在苗床上插 3 cm 深小孔后，再进行扦插，或直接扦插（有研究认为插穗创破韧皮，可促进生根），然后用手压实即可。见图 2-58。

图 2-58　沙棘嫩枝扦插后苗床（辽宁朝阳）

（4）后期管理

扦插后的管理工作主要是遮阳和水分管理，这两项工作可结合在一起管理。扦插后在预先做好的金属支架上搭遮阳网，以防嫩枝被日光灼伤；扦插后保持土壤湿润，扦插后前 15 天，水分管理是关键，苗期的喷雾量要根据白天温度、风力大小、喷雾仪器的雾化指标等调整喷雾频率。一般情况下应掌握的原则是白天喷雾频率大一些，阴天小一些，夜间根据情况确定频率，有风天或光线强时大一些，反之宜小，使插穗叶面始终保持一层水膜，以不萎蔫为标准，确保插床湿度和空气湿度维持在 80%～90%。

其次是防治病害。由于嫩枝扦插处在高温季节，频繁喷水易导致苗床湿度较大，插穗易受病菌的侵入，致使插穗腐烂，影响扦插成活及生长。每床插完后，立即用多菌灵 500～800 倍液进行喷洒灭菌，以后 5～6 天打药一次，直至苗木全部生根后（根系近木质化，25～30 天）为止。

追肥也是很重要的管理环节。碳水化合物、氮和磷是沙棘生根的主要能源，插穗离开母体后至生根前依赖自身储藏养分维持生命，因此适时追肥可使苗木生长旺盛。追肥可分为根外追肥和根部追肥两种方法。在扦插后 3～5 天可用 0.3%的尿素和 0.2%磷酸二氢钾混合溶液（药液量 0.25 kg/m²）进行叶面喷施追肥，以满足生根的需求。时间最好选择早晚进行，喷施后营养液在插穗叶片停留 30 min 后再进行喷雾管理。生根前 4～5 天喷一次，生根后每周喷施一次。在插穗全部生根后，根系接近木质化时（扦插后 30 天左右）进行追肥，肥料可选用二铵，施肥量约 50 g/m², 将二铵均匀洒在床面上，随后立即喷水，切记不要使用尿素，以避免烧苗根。

3. 内蒙古敖汉

在内蒙古敖汉，受气温条件影响，须采用温室微喷育苗方式育苗。所以必须建立简易的框架式温室，同时在其内部距地面 0.8～1.0 m 的高度布设微喷装置，以确保该设备能在温室内进行全覆盖喷雾作业[41]。

（1）建苗床

苗床建在框架式温室内。温室高 2.5 m、宽 8.5 m、长 50 m，两侧设有可移动通风孔；苗床长 4 m、宽 1.5 m，分布在温室两侧，中间留有一条宽 0.5 m 的作业路，每个苗床之间留有宽 0.3 m 的排水槽。对每个苗床的床面进行水平整理，将土块粉碎，在其上层均匀铺 300 kg 农家肥，然后在农家肥上铺水洗河沙（混合施用吲哚丁酸、50%多菌灵），厚度为 15～20 cm。苗床床面应高于作业路和排水槽 25 cm，待苗床建成后，对温室进行密闭喷雾消毒 3～5 天。

（2）制穗

在 7 月上旬，选择阴天或上午露水未干的条件下，采集穗条，选择近几年结实率大、无病虫害，且生长健壮的雌株作为母树，采集其当年生半木质化嫩枝作插穗。采集后立即装入塑料袋内，并喷水。在室内及时进行插穗处理工作，穗条和制穗用具用 0.2%～0.5% 高锰酸钾溶液消毒 30 min，插穗长 10～12 cm，茎粗 0.4～0.5 cm，上部留 3～5 片叶，尽量保留顶梢，下端平剪，每 100 枝捆成 1 捆；将采集的穗条立即放到盛满清水的桶内浸泡片刻，然后再用 25%多菌灵 800 倍液浸泡 30～60 min。

（3）扦插

用 0.2%多菌灵对扦插基质进行消毒，24 h 后喷水清洗。将处理好的插穗及时扦插到已经准备好的基质上，株距 0.25 cm，行距 5 cm。用打孔器打孔后再扦插，扦插深度 5～8 cm。扦插后立即喷雾，使插穗与土壤紧密接触，当晚停止喷雾，用 25%多菌灵或 70%复方甲基托布津 1 000 倍液喷雾消毒，以后每隔 5 天喷雾消毒 1 次。

（4）插后管理

扦插后前 2 周用遮阳网遮阳，采用自动喷雾调节温湿度。成活期的关键措施是做好水分管理、喷药施肥管理和炼苗等。

1）水分管理：在插穗生根前，每天上午每隔 15 min 喷水 1 次，中午每隔 5 min 喷水 1 次，下午每隔 10 min 喷水 1 次，以使叶面保持一层水膜为宜。棚内温度严格控制在 20～28℃，最佳温度在 22℃，空气湿度控制在 80%～85%，使叶面经常有一层水膜，7～10 天形成愈伤组织并生根。气温过高时，要增加喷洒次数，并盖遮阳网。插穗生根后，应逐渐减少喷水次数。

2）喷药施肥：扦插当天用 800 倍多菌灵或百菌清喷 1 次床面，以后每隔 5 天喷 1 次，两者交替使用；插穗生根后，每周喷 1 次，以防插条感染发霉。插后 7～10 天，开始进行叶面追肥，每周 1 次，前 3 周喷 2～5 g/L 的尿素，后期混喷 2～5 g/L 的尿素和磷酸二氢钾，均在傍晚进行，以促进幼苗木质化。

3）炼苗：在扦插 40 天后，逐渐加强通风，每天上午 8 时开棚，晚上 20 时盖棚。到扦插 60 天后，采用移棚不移苗的方式进行露天式炼苗。该炼苗技术不破坏幼苗根系，可有效降低移栽炼苗损失，促进扦插苗木成活后快速生长。

（5）起苗

在秋季落叶后至结冻前，或春季解冻后至树液流动前进行。起苗时应保证苗木具有完整的根系，要起全侧根，力求不撕裂、不损伤根皮，随起苗随分级，并且及时进行假植或包装。远距离运输时，根部应蘸泥浆，中途注意补水。

4．内蒙古鄂尔多斯

位于鄂尔多斯的东胜区九成宫和准格尔旗暖水两地，是水利部沙棘开发管理中心的主要苗木繁育基地，多年来在沙棘嫩枝扦插技术方面做了成功的探讨，并且为区内实施的国家沙棘生态项目提供了大量优质苗木资源。

（1）沙床和喷雾设备准备

同为采用沙棘枝条扦插，嫩枝扦插与硬枝扦插育苗有很大区别。硬枝插条处于休眠期，而嫩枝正在生长中，嫩枝插条一旦脱离树体，如果不采取保水措施，新梢叶片就会很快脱水失去膨压而死亡。因此，嫩枝扦插育苗的设施和技术要比硬枝扦插育苗复杂。

1）育苗沙床：嫩枝扦插育苗可在育苗沙盘（图 2-59）或育苗大棚（图 2-60）进行。下面重点介绍使用旋转式喷雾设备的育苗沙盘（以下简称沙盘）。针对高原气候温凉的实际，鄂尔多斯市东胜区九成宫沙棘基地在育苗沙盘上制作了蒙古包形的棚架，以便于给圆形围栏围塑膜，给棚顶覆盖遮阳网，用于调控温度和湿度。

图 2-59　沙棘嫩枝扦插沙盘（内蒙古鄂尔多斯）

图 2-60　沙棘嫩枝扦插大棚（内蒙古准格尔）

育苗沙盘的内径 13 m，盘内面积 132.6 m^2（0.2 亩）。沙床基质由 3 个结构层组成，下层是用粗沙制作的排水层，厚度 20 cm；中间层是由壤土加腐熟农家肥混合的营养层，厚度 20～30 cm，上层是由纯净的河沙或纯沙混合草炭等材料铺成的扦插层，厚度约 8 cm。

扦插层的基质不同，嫩枝扦插苗的生长和成苗状况有明显差异。2008 年，分别用纯净河沙和纯沙+草炭（按 2∶1 混合）制作扦插层进行嫩枝扦插育苗对比试验，于 2009 年春季起苗对苗木生根情况进行调查，结果见表 2-1。

表 2-1　不同基质嫩枝扦插苗的生长对比

品种	沙盘机质	苗高/cm	地径/mm	最长根长/cm	根茎粗≥1 mm 根数/条	成苗率/%
丰宁雄	纯沙+草炭	15.6	4.5	21.5	4.1	95.3
	纯沙	14.4	4.9	19.8	4.0	87.5
蒙中雄	纯沙+草炭	16.2	5.0	17.3	4.5	97.9
	纯沙	15.7	5.0	19	3.9	90.4
蒙中黄	纯沙+草炭	14.4	4.4	20.1	3.7	94.3
	纯沙	13.6	4.1	14.4	2.2	70.0

表 2-1 中 3 个品种沙棘嫩枝苗在纯沙混合草炭扦插层的生长状况和成苗率，总体明显优于纯沙扦插层嫩枝苗的生长和成苗状况。苗高分别高 8.3%、3.2% 和 5.9%；地径分别低 8.2%、相同和 7.3%；最长根长分别高 17.3%、低 8.9% 和高 39.6%；粗根数量分别高 2.5%、15.4%、68.2%；成苗率分别高 7.8%、7.5% 和 24.3%。

2）喷雾设备：从扦插嫩枝插穗到插穗普遍生根的 20 天时间里，要使叶片处在湿润环境以维持细胞膨胀压力，维持其生活力。所以，要采用喷雾设备不断进行喷雾，以保持沙床机质和空气的湿度。

育苗沙盘使用由中国林科院研制生产的全光照旋转式喷雾装置（图 2-61）。喷雾系统由蓄水池、水泵（220V 电压单相水泵，流量＞4 m^3/h，扬程＞6 m，功率 300～500W）、输水管道、喷雾管道、喷头以及自动定时控制器等组成。为防备停电影响抽水喷雾，专门配备了柴油或汽油发电机临时发电。育苗大棚则使用微喷设施喷雾（图 2-62）。

经验表明，给扦插嫩枝喷雾的水温在 20～25℃为宜，这样有利于提高插床温度，达到快速生根的目的。因此，要使用水温较高的水塘水（图 2-63），同时，最好把井水抽到露天水池中自然升温（图 2-64），再用于嫩枝扦插喷雾。

图 2-61　沙盘旋转式喷雾杆自动喷雾（内蒙古准格尔）　图 2-62　大棚固定式微喷头自动喷雾（内蒙古准格尔）

图 2-63　水温较高的水塘（内蒙古鄂尔多斯）　　　图 2-64　晒水池（内蒙古准格尔）

嫩枝扦插插穗密度大，嫩枝苗对扦插层基质的养分消耗很大，因此，一是要在建育苗沙盘或育苗大棚的第一年，在营养层多施有机肥；二是每两年更新一次营养层土肥，以保持充足的肥力。

（2）插穗采集和处理

在准格尔暖水基地，先建立大棚，在大棚中再建立采穗圃（图2-65），这样采集嫩枝插穗数量效率大为提高，每亩可采嫩枝插穗 5 万枝。

由于采穗圃专门用于采集嫩枝插穗，在生长季节大量采集插穗势必影响营养生长势而造成植株早衰，因此采穗圃的管理尤为重要。首先要加强水肥管理，施肥应以有机肥为主，生长季节还要配合喷施叶面肥；其次做好采穗圃母株的整形修剪可以延长母株的采条年限（寿命），保持连年的插穗产量，同时有利于采条等生产操作；此外采穗圃病虫害的防治也必须引起足够的重视，要防止母株病虫害随着插穗被带到扦插苗床。

图 2-65　大棚沙棘采穗圃（内蒙古准格尔）

　　1）采条时间：当新梢生长到半木质化时，采集嫩枝插穗扦插的生根效果最好。不同品种的采条时间不尽相同。在东胜区九成宫基地，6 月末到 7 月初，半数以上的新梢达到半木质化程度。

　　2）采集和制作插穗：应选择树龄年轻、生长健壮、无病害的母株，从半木质化嫩枝上采集插穗（图 2-66）。嫩枝扦插育苗的经验表明，一是从新梢上段采集的带顶叶的插穗，会继续生长新叶，有利于进行光合作用，生根效果好。二是长度大于 15 cm，茎粗大于 3 mm 的粗壮插穗，生根效果好。因此，应尽量多采集这两种嫩枝，修剪制作插穗。为防止失水，要随时把采集的嫩枝放入水桶，运回修剪制作插穗的工作间。在制作插穗时，要始终把采集的嫩枝泡在水中以防失水。

图 2-66　采集沙棘嫩枝条（内蒙古鄂尔多斯）

图 2-67　剪沙棘插穗（内蒙古鄂尔多斯）

在修剪制作嫩枝插穗时，要保留较多叶片，以保证充足的光合作用，多合成光合产物，有利于促进生根和根系生长。为减少嫩枝插穗生根前的养分消耗，可以去掉插穗下段的部分叶片（图 2-67）。修剪制作插穗的枝剪要锋利、干净，这样剪切的插穗下端切口齐平、整洁。把做好的插穗每 50 根或 100 根捆成一捆，挂上品种标签，泡到清水中准备用生根剂浸泡处理。

3）插穗的药物处理：使用吲哚乙酸等植物外源激素处理嫩枝插穗，可以促进快速生根。九成宫基地处理插穗的方法是，把捆好的插穗放到盆里，用浓度为 100～200 ppm 的 ABT 生根粉溶液浸泡插穗基部 3 cm 左右 1～2 h，即可扦插。暖水基地因为育苗数量多，采用嫩枝插穗切口速沾高浓度生根激素药液（500 ppm）的方法处理插穗。

（3）扦插

用于扦插的沙盘消毒是扦插成功很重要的环节，不可忽视。

1）沙盘消毒：为了防止沙盘中的病菌感染插穗，要在扦插前对沙盘基质进行消毒。可用多菌灵、地菌净、高锰酸钾等药物，按照各自产品说明的浓度配比进行沙床消毒。

2）扦插方法：嫩枝插穗稚嫩，若直接插进沙床，容易损伤切口表皮，影响生根，因此，要用打孔器打出扦插孔再进行扦插（图 2-68）。打孔器铁钉的粗度为 6 mm 左右，长度约为 8 cm，间距约为 5 cm×8 cm，这样扦插的密度为每平方米 250 株。去除 10% 的道路占地面积，一个沙盘的扦插面积约 120 m²，可嫩枝扦插育苗 30 000 株。以成苗率 80% 计算，一个沙盘可育成根系较好的嫩枝苗 24 000 株。插穗的扦插深度以 3 cm 为宜。插穗插入沙床后，一定要用手指或木板压实周边沙，使插穗与沙紧密结合，这样有利于生根。为便于扦插后的锄草管理，每插满 15 行插穗（宽 150 cm），要留出 20 cm 宽的走道，用于拔草等劳动行走。

修剪好的嫩枝插穗离水后极易失水萎蔫，因此，最好在阴天或晴天早、晚凉爽时间进行扦插。为防止插穗失水，每插完几百个插穗，就应随时喷雾（图 2-69）。

图 2-68　打孔扦插（内蒙古鄂尔多斯）

图 2-69　扦插后适时喷雾保湿（内蒙古鄂尔多斯）

（4）插后管理

插后管理主要是对温度、湿度的调控，同时做好病虫害防治也十分重要。

1）温度、湿度管理：嫩枝插穗生根的关键，是创造接近饱和的空气湿度，提供适宜的气温和地温，使叶片不失水而保持叶细胞的膨胀压力，维持嫩枝插穗的蒸腾、呼吸、光合、代谢等生理活动的正常进行，促进根原始体的生成直至生根。严格控制适宜的湿度和温度是嫩枝扦插育苗管理的关键。

嫩枝插穗插入沙盘后，要立即进行间歇式喷雾，使插穗周边的空气湿度持续保持在80%以上，以防止插穗叶片因失水而萎蔫以致死亡。

从插穗扦插后到普遍生根的3周内，要特别注意保持空气湿度。旋转式喷雾器在电源端配有自动控时仪器控制喷雾时间和间隔。在晴朗或多风天气，特别是上午9时到下午5时水分蒸发强烈的高温时段，一般每隔3 min左右就需要喷雾1 min左右，使插穗叶片始终保持湿润。傍晚、夜间和早晨，气温低，蒸发少，湿度大，此时，以保持插穗叶片湿润为前提，可灵活掌握喷雾间隔和时间，减少喷雾次数。

研究表明，从嫩枝插穗下端切口形成愈伤组织，到生成根原始体，逐渐生出不定根，适宜温度为20～25℃，适宜空气湿度为80%以上。气温、地温和湿度过高或过低，都会影响生根。地处鄂尔多斯高原的九成宫基地，海拔1 400 m，夜间气温和地温都较低，而白天日照强、蒸发量大，空气湿度低（最低不足40%）、地温高。为了调控沙盘内的温度和湿度，在扦插后的抚育管理期间，采取给沙盘围塑膜和覆盖遮阳网的措施，取得较好的效果。围塑膜沙盘内、外比较，14—20时的气温降低了1.5～3.1℃；12—20时的地温降低了5.7～10.5℃；空气湿度提高了8.7%～31.7%，创造了有利于快速生根的温、湿条件（图2-70）。

在比较理想的温度和湿度条件下，在扦插后的1～2周内，插穗就会形成愈伤组织，逐渐生根。3～4周后，嫩枝插穗已普遍生根，根系逐步深入营养土层吸收养分，新叶萌发。这时，应该去掉围膜，不再覆盖遮阳网，并要适当减少喷水次数和喷水量，并多次喷施氮肥。这样，有利于提高气温和地温，增强生根插穗新生叶的光合作用，促进生根苗旺盛生长（图2-71、图2-72）。

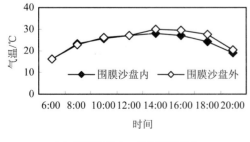

（a）围膜沙盘内、外气温日变化

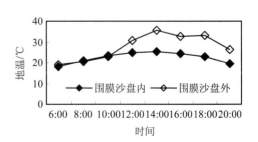

（b）围膜沙盘内、外地温日变化

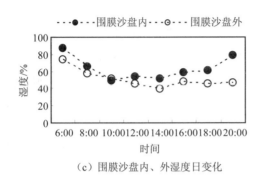

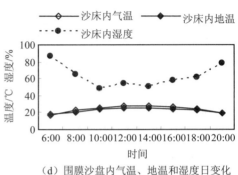

（c）围膜沙盘内、外湿度日变化　　　　（d）围膜沙盘内气温、地温和湿度日变化

图 2-70　围塑膜沙盘内、外温湿度变化对比

图 2-71　嫩枝扦插 50 天后苗木生长状况　　　图 2-72　嫩枝扦插 60 天后苗木新生根系已开始
（内蒙古鄂尔多斯）　　　　　　　　木质化（内蒙古鄂尔多斯）

　　2）病虫害防治：要做好采穗母株的病虫害防治工作，防止母株上的病虫害随插穗被带到扦插苗床。扦插后到生根前要做好床面杀菌处理，一般每周喷施一次杀菌药剂，如多菌灵或百菌清等。另外在生长期可能出现红蜘蛛、卷叶蛾等虫害，应注意观察并及早施治。

　　3）嫩枝扦插苗的贮存和越冬：从扦插到当年秋季落叶，嫩枝苗完成了一个生长周期。接下来的生产环节就是嫩枝苗的贮存和越冬。第一种方法，是在嫩枝苗落叶停止生长后，从沙床起出苗木，放到地窖里沙藏根系贮存。这种方法的缺点是，一旦贮存方法不得当，就会使苗木失水、烂根，影响苗木在来年栽植的成活率。第二种方法，是让嫩枝苗在沙床越冬。采用这种方法，只要在封冻前给沙床浇足封冻水，就能避免苗木失水和烂根。来年春季在苗木芽萌动前起苗（图 2-73、图 2-74），栽植的成活率较高。

图 2-73　越冬后的沙棘嫩枝扦插苗　　　　图 2-74　在沙床越冬后的扦插苗根系新鲜
（内蒙古鄂尔多斯）　　　　　　　　　（内蒙古鄂尔多斯）

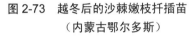

沙棘嫩枝扦插苗多数是优良品种无性系苗木，用于营建沙棘工业原料林，将会获得很高的收益。

俄罗斯（包括苏联）在沙棘优良品种培育和建立工业化良种沙棘园方面成就显著，他们对于沙棘嫩枝扦插苗有严格的标准，要把当年的嫩枝扦插苗在来年再抚育一年，长成 2 年生大苗才能进入大田建园栽植。俄罗斯沙棘扦插苗的标准如下：

Ⅰ级苗：苗高 50 cm，直径 8 mm，5 根主根长于 20 cm；Ⅱ级苗：苗高 35 cm，直径 6 mm，3 根主根长于 20 cm。

我国在苗木市场流通的多数为当年生嫩枝苗木。由此，在《沙棘苗木》（SL 284—2003）标准中，分别制定了当年生和 2 年生沙棘嫩枝扦插苗木的标准（表 2-2）。

表 2-2　沙棘嫩枝扦插苗木质量等级

苗龄/a	Ⅰ级苗				Ⅱ级苗			
	地径/cm	苗高/cm	根系		地径/cm	苗高/cm	根系	
			长度/cm	>5 cm 1 级根数			长度/cm	>5 cm 1 级根数
0.5	>0.5	>30	>20	>3	>0.3～0.5	>20～30	15～20	>2～3
1.5	>0.7	>40	>30	>3	>0.5～0.8	>30～40	25～30	>2～3

从育苗生产经验看，用根系壮的 1 年生嫩枝苗在大田栽植成活率较高，生长好；而用根系较差的 1 年生苗木在大田栽植，成活率不高且生长差。因此，建议把那些根系差的 1 年生嫩枝苗进行移植，再在田间培育半年，用于秋季建园造林。

5．甘肃庆阳

甘肃庆阳位于黄土高塬沟壑区，该区大果沙棘嫩枝扦插技术总结叙述如下。

（1）围绕全光喷雾装置建设育苗池

选择背风太阳，无建筑物或大树遮光，光照充足，地势高，排水良好，近水源、电源的地方，按照全光照喷雾扦插育苗设备规格，划定育苗池并整平。育苗池为圆形，直径14.4 m，面积约 163 m²，四周为两砖宽、50 cm 高的围墙。

全光照喷雾扦插育苗设备由叶面水分模拟传感器、双悬臂自动反冲旋转喷雾机和控制仪 3 部分组成。辅助设施主要有 7.0 kW 的电磁阀、水源及供水管道、夜间照明灯等。喷雾设备的双旋臂离床面的高度为 50 cm。苗床底层铺 20 cm 厚的炉灰渣，上层铺 20 cm 厚的青沙，床面铺成中间高、外缘略低的斜坡状，以利于排水。

扦插前 2 天用 800 倍多菌灵可湿性粉剂，对扦插基质进行消毒，24 h 后喷水清洗。

（2）采条制穗

该区的沙棘嫩枝在 7 月上旬（1—10 日）可供采集。采条在早晨 6—8 时完成，尽量减少枝条失水（图 2-75）。剪取时，在无病虫害且生长健壮的母树，剪取当年生长的半木质化枝条，粗度 0.2～0.4 cm，带到室内准备制穗，切忌日晒枝条。

图 2-75　剪取当年生沙棘嫩枝（甘肃庆阳）

制穗要在室内进行（图 2-76）。穗径 0.25～0.35 cm，穗长约 15 cm，下端平剪，剪口平滑，防止劈裂，尽量保留顶梢，保留 5～7 个上部叶片，剪去插穗下部的叶片和棘刺，每 50 根或每 100 根绑成一捆，先泡在清水盆中，再将插穗立放在平底水盆中用消毒液消毒（图 2-77）。

图 2-76　制穗（甘肃庆阳）

图 2-77　穗条浸泡（甘肃庆阳）

扦插前，要对插条进行激素浸泡处理。按生根剂浸泡时间的不同，可分别选用 ABT1 生根粉、高效生根诱导素和生根盘根壮苗剂 3 种药剂处理，生根率一般在 90% 以上。

（3）扦插

扦插（图 2-78）在 18:00 以后集中进行。扦插前将插床喷透水，先用扦插器具按 5 cm×5 cm 的密度在床面上成排扎孔，再将处理好的插穗轻插入插孔中，扦插深度 3～5 cm，且在插的过程中要一边放入一边轻轻地用手将插穗基部压实并使插穗竖立，同时每隔一段时间暂停扦插，用喷雾装置喷一次水，以确保插穗与沙子充分接触及插穗叶面湿润。全部插完后再喷一次透水（图 2-79）。

图 2-78　沙棘嫩枝扦插（甘肃庆阳）

图 2-79　沙棘嫩枝扦插后开启喷雾设施（甘肃庆阳）

（4）插后管理

沙棘嫩枝扦插后，主要应进行水肥、喷药等精细管理措施。

1）水分管理：水分管理由自动控制仪控制。扦插后水分管理是育苗成败的关键，喷雾量要根据白天日光温度、风力大小、仪器的雾化指标、不同时期等调整喷雾频率。一般情况下应掌握白天频率大一些，阴天和晚间小一些；有风或日光强大一些，反之小一些。具体见表2-3。

表2-3 沙棘扦插后水分管理表

生理阶段	扦插后时间/d	温度/℃	喷水间隔时间/min			
			白天 （9:00—19:00）	喷水旋转 圈数/圈	晚间 （19:00 至次日 9:00）	喷水旋转 圈数/圈
插穗后	1～7	30	3	5	10	5
愈伤组织形成	8～14	26	15	4	30	4
长出幼根	15～21	23	20	4	60	4
根系大量形成	22～40	20	30	4	60	4
生根后	40～60	20	60	4	120	4
生根后	60～120	15～20	120～240	4	—	—

水分管理一般根据插穗后、愈伤组织形成后、长出幼根和生根后等生理阶段，分4个阶段设定喷雾间隔时间。60天以后，温度降低到15～20℃，白天间隔2～4 h喷一次，晚上停止喷水，直到11月初，苗木停止生长，叶子全部落完。

2）喷药施肥。嫩枝扦插处在高温季节，频繁喷水苗床湿度较大，插穗易受细菌的侵入，影响扦插成活。因此扦插完毕后，每隔5天应喷1次500～800倍液多菌灵，插穗生根后可适当减少喷药次数。

3）假植。11月初扦插苗落叶后从沙盘挖出假植，将植株100～200株绑成一捆，挖一个80 cm深，能放全部苗的长方形坑，将地面整平，按行距30 cm开沟，沟深20 cm，将捆好的苗竖立整齐摆放在沟内，埋土踏实（图2-80），全部苗木埋好后浇透水。地封冻前覆一层玉米秸秆，浇透水，随时观察坑内苗木越冬状况。春季大地解冻前浇水一次，防止苗木失水。

图 2-80 沙棘嫩枝扦插苗木假植（甘肃庆阳）　　图 2-81 沙棘嫩枝扦插苗木根系（甘肃庆阳）

在黄土高原沟壑区，大果沙棘于 7 月上旬开始嫩枝扦插，11 月上旬从沙盘移出幼苗（图 2-81）假植，来年直接定植大田，成活率很高，而且省略了苗圃移栽育苗这一环节，既节省苗圃地，又省时省工。而且实践表明，在该区沙棘嫩枝扦插影响生根率的主要因素是所剪枝条的质量和扦插技术。顶梢剪下的枝条扦插成活率高，中段粗度适中的枝条成活率不及顶梢枝条，太粗或太细的枝条生根率均很低，扦插时未压实或未接触到基质的枝条均未成根。

（三）干旱气候"灌溉型"沙棘种植带

这一地带包括内蒙古中西部、宁夏平原、甘肃河西走廊和新疆地区，是目前我国建立沙棘工业原料林步伐最大的地区。目前，新疆的种植步伐仍很大，甘肃、内蒙古等地也奋起直追，对沙棘嫩枝苗木提出了更多、更高的要求。

1. 甘肃酒泉

甘肃省酒泉市气候十分干燥，传统的全光照喷雾嫩枝扦插技术在成活率和苗木整齐度上都比较差。为此，将拱棚与全光照喷雾扦插技术结合，开展丘伊斯克、橙色、齐棘 1 号等沙棘品种嫩枝扦插育苗试验，取得了较好的成绩，结合拱棚技术较纯全光照喷雾技术的 55%出苗率，提高了 10～20 个百分点。下面就其试验繁育进行归纳总结[42]。

建设宽 8 m、高 2.5 m、长 30 m 的钢结构大型拱形温棚 2 座，总面积 480 m^2。棚内按 1.5 m×2 m 架设自动雾化喷头设备。每棚内铺 1.6 m 宽的插床 4 条，基质采用鲜河沙，厚度 20～25 cm。棚顶架干湿温度计进行室内温湿度检测，插床上插地温表检测地温。

（1）插条准备

一般于 6 月 15 日至 7 月 1 日开始采条扦插。在阴天或早晚剪条，避免萎蔫。插条长 10～15 cm，粗 0.2～0.3 cm，当年生半木质化枝条，上留顶芽和 5～6 片叶子，下部平剪。及时将修剪后的插条切口部位浸放在盛水容器中。

扦插前用浓度为 0.02%硅酚环溶液将插条下端（2～3 cm）浸泡 24 h；或用 0.02%的 ABT3 号生根粉将插条下端（2～3 cm）浸泡 6 h；也可用清水将插条下端（2～3 cm）浸泡处理 10 h。实验发现以硅酚环处理效果最好。

（2）扦插

扦插株行距用固定的双排打孔器进行，深度 4 cm，每平方米扦插 400 条。扦插深度以 4～5 cm 为宜，插后挤紧插孔抚平床面。

（3）温棚温度湿度控制

插后棚膜外加占棚面 1/3 的遮阳网用于降低棚内温度，同时布置全光喷雾装置，设定继电器控制喷水时间。一般扦插后的前 20 天，21:00—次日 9:00 不喷水，9:00—21:00 每隔 1 h 喷水 5 min，使叶片始终保持覆盖一层水膜，湿度要保证在 50%～80%，气温控制在 25～

35℃，地温控制在 18～28℃。每 7 天喷 0.2%多菌灵或百菌清 1 次。一般 15～22 天后陆续长出不定根。20～30 天内，21:00—次日 9:00 不喷水，9:00—21:00 每隔 2 h 喷水 5 min。此时湿度保持在 40%～60%，温度保持在 20～35℃。

1 个月后，温室白天逐步揭开温室棚膜，让幼苗适应外界的气温和湿度。2 个月后，可以去掉棚膜，让幼苗在露天环境下锻炼。在这一过程中，适当减少喷灌的次数和水量，有利于幼苗根系生长健壮。

（4）病虫害防治

病虫害防治应以预防为主，在扦插前对育苗床用百菌清和根必治进行消毒，苗木生育期，应针对病虫害种类及生长密度，及时喷撒相应的杀虫、杀菌剂，保证苗木正常生长。

2．新疆青河

石河子大学农学院等在新疆青河以当地主栽沙棘品种"太阳"为试材，通过试验研究，提出了一套嫩枝扦插育苗技术[43]。

（1）苗床制作

嫩枝扦插育苗床分为 3 层。最下一层为排水层，用直径 3～5 cm 的卵石铺设，厚度 15 cm 左右；中间层为营养基质层，为腐殖土和细河沙的混合物，厚度 10～12 cm；最上一层为扦插基质层，厚度 12～15 cm，用细河沙和炉渣混合。插床基质铺设好后，用清水喷洗，扦插前用 0.2%的高锰酸钾液进行基质消毒，24 h 后冲洗。

扦插的不同基质对扦插的生根率及成活率有显著影响。插穗对基质的通透性和保水性都有较高的要求。试验中的基质，园土保水性强但通透性极弱，因此不适宜作扦插基质。而腐殖质土及沙土，不但有较强的保水性，通透性也较强，因此可以作为扦插的理想基质。但腐殖质土的获得较难，且成本高，因此生产中建议使用沙土作为备用。

（2）插穗采集和制备

在沙棘的嫩枝扦插过程中，插穗的木质化程度对沙棘扦插的生根率、成活率等有很大影响。在新疆青河，6 月 15 日至 7 月 10 日，苗木的木质化程度低，处于半木质化时期，其生根率和成活率都较高；而到 7 月 20 日，插穗基本木质化，其生根率及成活率等都降低；尤其在插穗生根后期，气温降低极不利于插穗生根。因此，适宜这一地区沙棘嫩枝扦插的时间为 6 月 15 日至 7 月 10 日。

在 7:00—13:00，采集无病虫害、健壮的当年生的带顶梢的枝条作为插穗（分雌、雄株），枝条长度为 15 cm 左右。插穗斜切，呈马蹄形，保持剪口平滑，摘去下部多余叶片及侧芽，顶部留 10～12 片叶。插穗采集后，每 100 株捆成一捆，并立即遮荫运回，放入浅水池中（或大盆中）让穗条吸足水。穗条带回室中进行修剪处理。

（3）扦插

将修剪后的插穗在傍晚太阳落山之前进行集中扦插。试验中，选择根宝 3 号为生根物质,插穗速蘸根宝 3 号原药 1 s 即可扦插。扦插株行距为 4 cm×4 cm、4 cm×5 cm、5 cm×5 cm,扦插深度为 3～4 cm。扦插 0.5 h 后,应停止扦插,喷水 15～20 min 后再扦插,以保持插穗的叶面湿润。不同扦插密度对扦插效果的影响见表 2-4。

表 2-4 不同扦插密度对扦插效果的影响

不同株行距/ cm×cm	株数/ （株/m²）	生根 率/%	成活 率/%	平均 根数/条	平均 根长/cm	平均 株高/cm	平均 地径/cm
3×4	800	97.2	83.4	4.6	4.8	19.60	0.40
4×4	600	94.3	93.2	6.8	7.3	24.30	0.51
5×5	400	95.2	93.9	6.4	7.1	24.03	0.48
6×6	270	85.9	78.6	7.0	6.9	20.70	0.50

（4）插后管理

在扦插初期,插穗刚离开母体,插穗基部切口位置由于伤口吸收水分的能力很弱,而蒸腾强度又很大,需通过相对频繁的间歇喷雾使叶片上保持一层水膜。喷水时间在 70 s 左右,间歇时间 5～7 min。在扦插 20～30 天后,插穗基部普遍形成侧根,应逐渐减少喷水量。9 月下旬,即可开始进行控水炼苗。

插条在生根前后对温度、湿度的要求不一样。插条在生根前,即 15 天左右,湿度保持在 90% 以上,温度保持在 25～30℃。15 天后,插条基本形成不定根,生根后,插条对温度、湿度的要求逐渐变小。期间湿度保持在 70%～80%,温度在 20～25℃。

扦插结束后,用 500 倍液多菌灵或甲基托布津进行喷洒,以防止病菌污染。扦插后每隔 5～7 天,在下午停水前喷施 1 次,连续喷洒 3 次。

扦插后的 3～5 天开始进行叶面喷肥。选择 0.3% 的尿素和 0.2% 的磷酸二氢钾的混合溶液进行喷洒,在生根前 4～5 天喷施 1 次,生根后每周进行 1 次喷施。在插穗全部生根（约 40 天）后,加施二铵 1 次。加施时将二铵肥料均匀地洒在苗床上,立即用喷头喷透水。

3. 新疆塔城

在新疆塔城 170 团场,新疆农垦科学院林园所经过多年合作实践,水源使用井水,通过加设水箱、晒水池、延长喷雾管通道等措施来提高深井水水温,水温控制在 20～25℃,并探讨在扦插苗床上铺设薄膜增加温度,减少杂草,逐渐总结了一套很好的沙棘嫩枝扦插育苗技术。

（1）苗床准备

嫩枝扦插育苗可在塑料大棚内进行,也可在塑料拱棚内进行,采用全自动喷雾装置或微喷装置,苗床底层铺设 10 cm 厚鹅卵石,上面铺 10 cm 粗沙,最上面再铺 10～15 cm 河沙。扦插前要用 0.1%～0.2% 的高锰酸钾溶液或地菌净等农药消毒插床,注意通透性和保水性协调统一。

（2）插穗采制

采穗在 6 月中下旬沙棘梢处于半木质化阶段，采穗母树的适宜树龄为 5 龄以下，插穗长度通常为 15～20 cm。剪插穗时，将下部的 1～2 个叶片横向掰下，然后每 50 根或每 100 根插条捆成 1 捆。经 0.1%的高锰酸钾溶液消毒冲洗后，浸泡在促进生根的溶液里待插。

嫩枝扦插只要条件合适、方法得当，可以保证正常生根。用激素类物质处理，会有更理想的效果。试验证明，使用 ABT1 号 100 ppm 浸泡 0.5～1 h，在很大程度上提高了扦插生根率。

（3）扦插

苗床平整细碎，扦插前要喷透水，并做好苗床消毒工作。扦插宜在凌晨或傍晚进行，随采穗、剪穗连贯进行。制穗和扦插时每隔数分钟即要在插穗上喷雾（图 2-82），保持其湿润、新鲜状态。如遇风大需要设防风帐，以减少蒸发。

图 2-82　沙棘嫩枝扦插苗床（新疆额敏）

（4）插后管理

待整个苗床扦插完毕后，按全光喷雾技术要求喷雾，使叶面始终保持有一层水膜。注意气候、温度条件，控制喷雾间隔。随着半个月后插穗逐渐生根，喷水次数也应逐渐减少。由于苗床缺少肥料，适当喷施氮肥和复合肥。每 7～10 天进行杀菌，喷 500 倍液的多菌灵，以防病害侵染接穗，影响成活率。同时，也要及时开展苗床除草。

（5）移栽

通常扦插 15～20 天就可生根，1 个半月到 2 个月后，根系发育完备，能独立从苗床上吸取水分和养分，即可移栽。起苗后立即将苗根置于稀泥浆内。移栽时应该将根舒展地植于移栽穴或移栽沟内，切忌窝根。同时，注意用细碎土壤将树穴填满轻压，然后及时灌水，使土壤和根系紧密接触。注意防高温和保湿，避免风干。

（6）苗木出圃

嫩枝扦插时间要尽可能早进行，这样苗木当年即可达到种植要求。否则因新疆冬季干旱、寒冷，若嫩枝扦插时间晚，苗木小，当年不能移出露地栽培，可在大棚上蒙上塑料布保温，翌年春天移到苗圃地继续培育半年，使苗木达到规定的合格标准，即可出圃造林。

三、沙棘微繁等新技术

这套技术是水利部沙棘开发管理中心与北京林业大学在内蒙古准格尔旗暖水基地共同试验提出的[44]。沙棘微繁的最大优点是极高的产苗效率，但问题与嫩枝扦插基本相似，如果不辅之以高热、高肥、高水条件，当年苗木基本上不能出圃。

（一）微繁

沙棘微繁实际上就是利用尽可能少的沙棘当年生枝段，生产尽可能多的苗木，且能当年育成壮苗，用于来年春季种植之用。由于四芽四叶已经是生产实践中常用的插穗，所以微繁的重点是选择到底是一芽一叶、二芽二叶还是三芽三叶，方能达到经济利用扦插枝断的目的。

1. 内蒙古鄂尔多斯

内蒙古鄂尔多斯地区是中国沙棘生态建设的主战场，在沟沟汊汊建设了数百万亩沙棘生态林。同时，鄂尔多斯是我国煤炭生产的重要基地，化石能源必然走向枯竭的预判，促使这一地区开始尝试发展绿色新资源或能源。沙棘工业原料林种植就是在这种情况下应运而生的，进而提出了对快速生产沙棘优质壮苗的要求。

（1）插前准备

扦插大棚为 70 m×9 m，以钢筋为骨架，大棚使用塑料膜覆盖。大棚内装有自动喷雾设备。在大棚地面的原土上均匀洒上羊粪 5～6 cm 厚以及磷酸二铵，然后耕作、平整土地。在平整后的土地上均匀撒上河沙作为扦插床，河沙为筛过的细沙，厚度为 5～8 cm。每个扦插床为 69 m×1.2 m。扦插前 2 天使用 1‰高锰酸钾喷洒扦插床，扦插前 1 天再次使用清水喷洒扦插床。扦插前 1 天喷洒完清水后，使用打孔器提前打好扦插孔。扦插当天先用清水喷洒扦插床后，再进行扦插。

（2）插条采集与制作

采集的插条均应为当年生半木质化嫩枝。插条采集时要选择生长居中的直径为 3～6 mm 的嫩枝，采集插条长度约为 20 cm。插条要在清晨时进行采集。采集下的插条要放入清水中，并置于阴凉处以防止插条失水。

将插条分别制作成三叶三芽（4～6 cm）的插穗。制作插穗时使用单面刀片切出斜切口，要注意下切口保持平滑，不要伤到韧皮部。插穗要在阴凉处制作，防止失水。制作好的插穗每 30 个一捆捆好，放入清水中。

（3）扦插

插穗可选用 GGR、HSR 等植物生长调节剂（浓度 400 mg/L）进行处理，浸泡 3 min 后，再放入清水中 30 s 后扦插，对照使用清水处理。将处理好的插穗扦插于扦插床中，每个扦插孔扦插一个插穗，插穗插于土中 1～2 cm，要注意扦插后封口。扦插完立即使用自动喷雾装置进行喷雾。

（4）插后管理

扦插后控制自动喷雾装置白天每隔 30 s 喷雾一次，每次喷雾时间持续 30 s；夜晚每 1 h 喷雾一次，每次喷雾 1 min。保持棚内湿度，防止插穗叶片失水。5 天后开始逐渐减少喷雾次数，改为每 10 min 喷雾一次，每次喷雾 30 s。夜晚每 2 h 喷雾一次，每次喷雾 1 min。扦插后第 7 天开始，白天每 20 min 喷雾一次，每次喷雾 1 min，夜晚每 4 h 喷雾一次，每次喷雾 1 min。扦插后第 10 天开始，白天每 1 h 喷雾一次，每次喷雾 1 min，11:00—14:00，每 10 min 喷雾一次，每次喷雾 1 min，晚上每 4 h 喷雾一次，每次喷雾 1 min。扦插后第 20 天开始，白天每 2 h 喷雾一次，每次喷雾 1 min，11:00—14:00，每 20 min 喷雾一次，每次喷雾 1 min，晚上每 5 h 喷雾一次，每次喷雾 1 min。

扦插后，白天要打开大棚四周棚膜通风口，晚上关闭通风口。10:00—15:00 大棚顶部要盖上遮阳网。扦插后每 7 天，要喷洒 1‰高锰酸钾一次。

在内蒙古准格尔旗暖水乡，采用这套微繁技术，选取二叶二芽、三叶三芽嫩枝扦插，当年苗高可达 24.8～34.4 cm，地径达 0.6～0.8 cm，根长达到 20.6～21.3 cm，已达到出圃要求。

2. 山西太原

山西大学在山西太原将沙棘枝条从顶端依次向下剪取 5 段，每段 3 cm，选用 5 种生根素（ABT1、ABT2、GGR6、GGR7、硝普钠+ABT1），对 3 cm 的沙棘嫩枝处理，采用 3 种育苗方式（土培、水培、沙培）进行微扦插实验。

土培、水培、沙培的生根率依次为 49%、65%、80%。在土培、水培、沙培 3 种基质中，对比 5 种生根素处理的沙棘枝条生根率，生根素 GGR6 处理的枝条生根率最高，依次为 55%、83.8%、96.8%。

在土培、水培、沙培 3 种基质中，比较不同枝段的生根率，以第 3 段（即顶芽以下 15 cm 长枝断的中部）生根率最高，依次为 67.36%、73.75%、84.33%。

在土培、水培、沙培 3 种基质中，同一时期根的长度，土培、水培、沙培依次为 1.90 cm、3.60 cm、6.45 cm；根的数量依次为 2.10 条、2.75 条、4.45 条；根的直径依次为 2.35 mm、2.60 mm、3.25 mm。

试验数据表明，选用沙培的沙棘微扦插，其生根率、根长、根茎和根数都最多。该文只是对生根的初步观测，3 cm 长的微枝段，当年能否出圃未见报道。

（二）其他

沙棘优良无性系还可以采用分根、分蘖、嫁接、水培、组培等方法繁殖，其中前 3 种属于常规方法，后 2 种属于现代新方法，下面对其加以简单介绍。

1. 水培法

目前，国内外工厂化育苗在很多作物和花卉苗木生产中得到广泛应用，大大提高了生产效率。特别是蔬菜水培工厂化生产，在人工环境下，打破了季节束缚，从根本上解决了蔬菜病虫草害，杜绝了农药使用，大大提高了安全性，降低了劳动强度，提高了生产效率。

水培育苗适合哪种植物，关键要看该种植物器官组织结构，即植株的根是否具有或能否发育形成良好的通气组织。一方面，沙棘根的薄壁组织细胞大而且间隙明显，呈辐射排列而不是同心排列，不仅与栓内层细胞微微连在一起，而且与木质部成分之间也没有界限，有明显的水生植物皮层结构特点。另一方面，大的管胞（星散纹孔木质部）和带有大量中柱的薄壁组织的管胞，却仅仅被稀疏地限制在次生木质部内，呈现旱生木本植物特征。通过显微镜可以观察到的这些特征，说明沙棘根具有形成良好通气组织的能力，即具有水生能力。自然现象中，也可观察到沙棘特别耐水渍。沙棘的这些特征，为开展嫩枝水培试验提供了可能，为解决沙棘工厂化育苗另辟了一条蹊径。

王德林于 1998—2000 年分别在室内、大田开展试验研究（图 2-83～图 2-85），得到 5 条结论：一是水培沙棘育苗简单可行，试验各品种成苗率均大于 70%，"阜欧"最高，达 91.4%，"太阳"最低，也达 72.2%；二是沙棘水培育苗插穗 2 周后开始生根，生根数不少于 3 条，均是由插穗根原体生出；三是新生根一个月后开始木质化，到秋后叶发黄脱落时，根大部木质化，尖端有少量白嫩根梢；四是水培育苗换水越勤越好，最好能流水循环；五是水培苗可直接出池假植越冬。

水培苗及苗盘

水培苗初生根

水培苗根系

图 2-83   室内沙棘水培苗培育状况（内蒙古达拉特）

图 2-84   室内沙棘水培苗炼苗（内蒙古达拉特）

图 2-85   沙棘水培苗在挪至大田后的生长状况（内蒙古达拉特）

根据试验初步认为，水培育苗与苗床育苗比较，具有以下几个方面的优势：一是同样在人工环境下，单位面积育苗密度可大大提高，环境利用率高；二是水肥循环利用，水肥利用率高；三是无须除草和翻床起苗，劳动强度低；四是不存在重茬换床土问题，换水即可；五是苗木根系发达，起苗出圃根系完整。

该项试验为实现沙棘无性繁殖水培育苗工厂化生产，奠定了技术基础。开展沙棘水培繁育，可大大降低育苗成本，加快优质沙棘良种苗繁育，服务于三北地区沙棘工业原料林建设。

2. 组培法

张端伟[45]对引进的两个俄罗斯沙棘优良品种"泽良"和"太阳"，进行了离体叶片培养、增殖培养、生根培养和驯化移栽技术的优化，取得了以下主要结果：

一是筛选确立了叶片培养的外植体取材适宜节位和部位。适宜"泽良"茎尖叶片诱导愈伤组织产生的外植体，为茎尖上部与中部叶片的叶片基部和叶片中部；而适宜诱导不定芽的材料为下部叶片与中部叶片。同一叶片不同部位对不定芽再生率无显著性差异，但仍以叶片中部为首选材料。"太阳"上部叶片适宜愈伤组织的诱导，中部叶片为适宜的不定芽分化材料。同一叶片不同部位再生能力也有所差异，以叶片中部为适合的愈伤组织诱导材料和不定芽诱导材料。

二是优化确立了叶片培养的培养基。适宜"泽良"叶片不定芽诱导的培养基为 1/4 MS+6-BA 0.5 mg/L+NAA0.04 mg/L，平均分化不定芽 2.9 个，不定芽再生率达 66.67%。"太阳"叶片在 1/2 WPM + 6-BA 0.6 mg/L + NAA 0.04 mg/L 上不定芽平均诱导 3.25 个，但不定芽诱导率低，仅为 25%；1/3 WPM + 6-BA 0.4 mg/L + NAA 0.02 mg/L 上不定芽平均诱导 2.23 个，但不定芽再生率最高，为 56.67%。

三是开展了茎段增殖培养技术的优化。"泽良"茎段增殖适宜的培养基为 MS + 6-BA 3.0 mg/L +IAA 0.05 mg/L，平均每个外植体最多增殖 0.78 个，诱导率为 37.5%。"太阳"茎段增殖培养基选择 1/2 WPM + 6-BA 4.0 mg/L +NAA 0.02 mg/L，平均增殖腋芽 0.83 个。增殖所用茎段剪留部分叶片时，腋芽诱导率比带完整叶片的茎段处理高 10%。

四是优化建立了不同品种适宜的生根培养基。"泽良"生根培养基为 1/2 B5+6-BA 0.15～0.18 mg/L+IBA 0.2 mg/L，生根率达 90%；"太阳"生根培养基为 1/2 B5+KT 0.5 mg/L+NAA 0.03～0.05 mg/L，生根率可达 86.67%。

五是初步试验驯化移栽技术。珍珠岩和草炭按 2∶3 混合后，pH 调整为 7.0 时，最有利于移栽苗的成活。移栽后注意保持空气湿度及基质中水分，成活率可达 66.67%，且生长情况良好。

霍川等[46]在新疆阿勒泰"深秋红"林地，于 7 月中旬至 8 月下旬采集大田茎尖为外植体，开展了组织培养。结果表明，适宜初代培养基为 1/2MS +6-BA 0.5 mg/L，适宜愈伤组织诱导培养基为 1/2MS +6-BA 0.5 mg/L + IBA 0.5 mg/L，适宜继代培养基为 1/2MS +6-BA 0.5 mg/L + IBA 0.2 mg/L，适宜腋芽诱导培养基为 1/2MS +6-BA 0.5 mg/L。他们发现，在初代培养时，单一使用细胞分裂素效果优于细胞分裂素和细胞生长素配合使用，其原因可能是此阶段的内源生长素含量较高。在诱导腋芽时，通常一个叶腋着生一个腋芽，但繁殖系数偏低，原因可能是尚未筛选出最适宜的培养基配方。

沙棘组培过程中出现的褐变现象，也是影响沙棘组培工作的主要原因。在木本植物的培养过程中，褐变是普遍存在的一种现象[47]，它受到培养温度、外植体、激素浓度、培养基种类等因素的影响。外植体的褐变是一种酶促褐变。不同生长时期、不同年龄的外植体在培养中发生褐化的程度不同，成年植株比幼年植株褐化严重，夏季取材，也褐化严重。吴瑕等[48]研究发现，春季取材的休眠芽褐化率低；在培养基中加入一定量较低浓度的活性炭，可减轻醌类物质的毒害；降低母液的浓度对降低褐化效果明显。他们提出了用 l/2MS+BA3.0 mg/L+IAA0.5 mg/L+活性炭 1.5 g/L 的培养基培养，可以降低褐化率的想法。

总体来看，虽然国内一些大专院校、科研院所开展了一定的组培试验，论文也发表了不少，但用于田间生产的不多。今后，这方面还需要加大投入，开展深入系统的研究工作。

（本章主要编写人员：胡建忠，单金友，金争平，王东健，张东为，闫晓玲，温秀凤，李蓉，赵越等）

参考文献

[1] 国家外国专家局培训中心. 大果沙棘引种与栽培（第二版）. 北京：世界图书出版公司，2000：48-94.

[2] 黄铨. 沙棘育种与栽培. 北京：科学出版社，2007：136-144.

[3] 张建国，段爱国，罗红梅，等. 大果沙棘不同品种的生长性状及其与产量的相关分析. 林业科学研究，2007，20（6）：794-800.

[4] 张建国，罗红梅，黄铨，等. 大果沙棘不同品种果实特性比较研究. 林业科学研究，2005，18（6）：643-650.

[5] 黄铨，于倬德. 沙棘研究. 北京：科学出版社，2006：362-385.

[6] 黄铃，赵勇. "无刺丰"与"深秋红"沙棘品种的选育及其特征. 沙棘，2004，17（4）：7-9.

[7] 黄铨. 沙棘遗传改良的研究//中国林学会林木遗传育种年会. 面向 21 世纪的中国林木遗传育种——中国林学会林木遗传育种第四届年会文集，1997：12-13.

[8] 晋沙. 首批俄罗斯新品种在齐齐哈尔安家落户. 沙棘, 1993（3）：21.

[9] 赵汉章. 俄罗斯沙棘育种概况与我国沙棘育种现状和展望. 林业科学研究, 1997（2）：65-71.

[10] 王春艳. 良种沙棘种植园高效栽培试验研究. 国际沙棘研究与开发, 2004, 2（1）：27-32.

[11] 单金友. 沙棘新品种——绥棘2号的主要性状与栽培技术. 沙棘, 2004, 17（1）：14-15.

[12] 乔新. 大果沙棘新品种——绥棘. 中国农技推广, 2004（6）：22.

[13] 丁健, 单金友, 杨光, 等. 沙棘种质资源综合评价及利用. 国际沙棘研究与开发, 2014, 12（4）：22-26.

[14] 董丽娟, 姜延青. 沙棘引种选育及杂种优势利用研究报告. 现代园艺, 2008（5）：50-51.

[15] 单金友. 大果沙棘杂交后代主要遗传变异性状研究. 国际沙棘研究与开发, 2008, 6（4）：14-17.

[16] 李海滨. 乌兰沙林、丰宁雄株及其F1干旱适应的研究. 现代农业, 2015（8）：8-10.

[17] 李代琼, 黄瑾, 白岗栓, 等. 半干旱黄土丘陵区沙棘优良品种引种选育试验研究. 西北植物学报, 1999, 19（5）：17-25.

[18] 李代琼, 黄瑾, 姜峻, 等. 半干旱黄土丘陵区沙棘优良品种引种栽培试验研究. 国际沙棘研究与开发, 2003, 1（2）：23-27.

[19] 李代琼, 吴钦孝, 张军, 等. 俄罗斯沙棘优良品种引种试验研究. 国际沙棘研究与开发, 2009, 7（1）：10-20.

[20] 吴永麟. 沙棘引进品种试验研究报告. 中国水土保持, 2002（3）：16-17.

[21] 景亚安, 张富. 定西地区沙棘资源开发现状及发展对策. 中国水土保持, 2003（9）：18-19.

[22] 张金昌, 赵金华. "乌兰格木"沙棘引种试验简报. 水资源开发与管理, 2005, 3（2）：48.

[23] 李鸿军, 吕文, 赫晓辉. 干旱半干旱地区沙棘良种引种造林的初步研究. 沙棘, 2002, 15（2）：4-6.

[24] 段爱国, 张建国, 罗红梅, 等. 乌兰格木与中国沙棘杂交新品种选育与评价. 植物遗传资源学报, 2012, 13（6）：1093-1100.

[25] 张建国, 黄铨, 罗红梅. 沙棘优良杂种选育研究. 林业科学研究, 2005, 18（4）：381-386.

[26] 田斌. 浅析甘肃省张掖市发展沙棘产业的优势与存在的问题. 林业科技情报, 2016, 48（4）：34-37.

[27] 窦长保, 张永东, 朱耀恒, 等. 河西走廊荒漠区沙棘引种试验. 林业科技开发, 2006, 20（3）：77-78.

[28] 阿宾, 崔东. 青河县沙棘资源调查. 新疆林业, 2009（1）：38-39.

[29] 蒙敏, 李铭, 李疆, 等. 克拉玛依干旱荒漠区沙棘高产高效栽培技术. 国际沙棘研究与开发, 2008, 3（6）：17-20.

[30] 赵志永, 王东健, 陈奇凌, 等. "新垦沙棘1号"与俄罗斯大果沙棘的品质比较研究. 农产品加工, 2015（4）：56-57.

[31] 赵禹宁. 寒地沙棘扦插繁育技术. 中国林副特产, 2015（4）：55-56.

[32] 刘明忠, 刘青柏, 李忠义. 辽西半干旱地区沙棘扦插繁殖技术. 辽宁林业科技, 2014（1）：57-58.

[33] 任淑霞, 刘万军. 沙棘硬枝扦插技术试验. 内蒙古林业科技, 2012, 28（4）：62-64.

[34] 刘春梅, 张富. 干旱区沙棘育苗技术研究. 北京农业, 2013（8月下旬刊）：47-48.

[35] 张献辉，陈奇凌，王东健. 北疆高寒地区沙棘硬枝扦插试验. 中国果树，2013（5）：81.

[36] 王雪萍，段爱国，刘清武，等. 东北高纬度地区大果沙棘全光雾露地嫩枝扦插育苗技术. 林业实用技术，2011（5）：35-36.

[37] 郭春华，孙晓春，安胜，等. 俄罗斯沙棘露地嫩枝扦插育苗技术研究. 沙棘，2006，19（1）：12-13.

[38] 傅广芝，王立平，周闯，等. 阜新市沙棘良种嫩枝扦插技术初探. 沙棘，2006，19（2）：12-13.

[39] 张连翔，张育红. 沙棘适度聚集式扦插育苗试验研究. 沙棘，2000，13（4）：6-8.

[40] 高学志，常伟东，赵柏祥，等. 敖汉旗沙棘嫩枝扦插育苗技术. 内蒙古林业，2014（10）：32-33.

[41] 刘志虎，冯建森. 温棚内大果沙棘嫩枝扦插育苗试验. 林业实用技术，2014（3）：38-40.

[42] 张西珍，赵英，牛建新，等. 沙棘嫩枝扦插关键技术. 北方园艺，2016（18）：26-28.

[43] 姚景瀚. 沙棘微枝扦插技术研究. 北京：北京林业大学，2013.

[44] 雷玲钰，张吉科，林美珍，等. 沙棘微扦插的生根研究. 国际沙棘研究与开发，2014，12（1）：25-30.

[45] 张端伟. 沙棘优良无性系组培技术优化研究. 杨凌：西北农林科技大学，2008.

[46] 霍川，赵英，张西珍，等. 沙棘品种深秋红茎尖组织培养. 安徽农业科学，2016，44（18）：127-129.

[47] 姚洪军，罗晓芳，田砚亭. 植物组织培养外植体褐变的研究进展. 北京林业大学学报，1999，21（3）：78-83.

[48] 吴瑕，娄继龙，刘芳，等. 降低沙棘组培过程中外植体褐化的研究. 黑龙江八一农垦大学学报，2009，21（5）：10-13.

第三章　沙棘工业原料林区域种植模式构建与维护

本书第二章介绍了沙棘工业原料林资源建设的"适地适树""良种壮苗"问题，本章则是在此基础上研究种植模式构建与维护工作，具体包括"细致整地""精细种植""抚育管护"等技术环节。

第一节　沙棘种植模式构建

在 7 大沙棘种植区，拥有基本相同的单一沙棘种植模式；但因生态条件、农作习惯等不一致，故而拥有不同的多植物立体复合模式。

一、东北"自然型"沙棘种植区

本区是大果沙棘最先引入我国开展集约化栽培的地区，水肥条件适宜，地貌多为漫川漫岗区，整地方式普遍为穴状、水平阶，沙棘行间距离可大可小，小时为单一沙棘种植模式，大时可与其他植物一起构建立体复合模式。

（一）单一沙棘种植模式

本模式以采果为主要目的。在本区黑龙江境内，沙棘种植园比比皆是（图 3-1）。

黑龙江孙吴

黑龙江绥棱

图 3-1　东北单一沙棘种植模式

苗木要求：适用品种为引进品种、选育品种和杂交品种（见第二章相关内容）。采用 1 年或 2 年生无性系扦插苗，要求苗木地径达到 0.4 cm 以上，苗高达到 20 cm 以上，根系长度达到 15 cm 以上且有多条侧根。种植前用生根粉（ABT）或植物生长调节剂（GGR）进行苗木根系浸醮或浸泡处理。雌雄配比按 8∶1 准备定植苗木。

细致整地：对于坡地，提前一年秋季整好水平阶，阶间水平距离 3 m，阶面宽 1 m，呈 5°～10°反坡，阶面每隔 5 m 做一土挡，以防止径流横向流动。平地可省去此程序，直接进入下一步骤。

精细种植：于 4 月下旬—5 月上旬顶浆边挖穴边种植。按照株距 2 m 定位，上下行种植穴呈"品"字形确定种植穴位置。穴径、穴深按 30 cm 开挖。栽植时按"三埋两踩一提苗"操作，苗木覆土后根径处以低于地表平面 10 cm 为宜。

典型设计图式详见图 3-2。

（二）多植物立体复合模式

沙棘幼龄期，在沙棘行间套种大豆，在东北地区是一项普遍采用的措施。除此以外，还有沙棘与牧草、药材等的一些立体复合模式。立体复合模式可以充分利用土地，减少风险，增加产出，生态经济效益均能得到保证。

1. 沙棘+作物

在东北地区，不管是平地还是坡地，均适宜沙棘与大豆（*Glycine max*）间作方式（图 3-3）。由于大豆种植中要喷施农药，故这种模式只适用于沙棘幼龄期，等沙棘进入结果期后，应停止种植大豆。这种模式配置中，沙棘株行距为 2 m×3 m～2 m×4 m。其余整地、栽植要求，均同单一沙棘种植模式。除大豆外，豆角（*Vigna unguiculata*）、土豆（*Solanum tuberosum*）等也可以与沙棘间作。

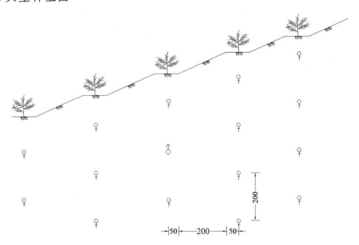

1. 典型种植图

2. 种植技术指标

品种	密度		苗木		需种苗量	
	株距/m	行距/m	苗龄/a	苗型	株/穴	株/hm²
沙棘	2	3	1或2	扦插	1	1 667
备注	1.沙棘雌雄比例8∶1；配置时，每2雌株1行，隔1混合行，混合行内，每2雌株间1雄株，以保证每1雄株周围有8雌株。 2.沙棘品种除引进优良大果沙棘，还有中外优良杂交品种和选育品种。					

3. 整地技术指标

整地方式	整地规格	说明
水平阶 ⬚⬚⬚	阶宽1m，反坡5°～10°，阶面上每隔5m做一横挡	坡地
穴状 ◯	穴径:30 cm，穴深:30 cm	栽植穴

图例

🌿沙棘　♀雌株　♂雄株

注：图中尺寸单位均为cm。

图3-2　东北地区单一沙棘种植模式典型设计图

图 3-3　东北地区沙棘+豆类复合模式（黑龙江孙吴）

典型设计图式详见图 3-4。

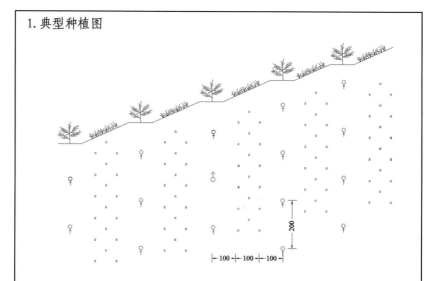

1. 典型种植图

2. 种植技术指标

品种	密度		苗木		需种苗量	
	株距/m	行距/m	苗龄/a	苗型	株/穴	株/hm²
沙棘	2	3	1或2	扦插	1	1 667
备注	1.沙棘雌雄比例8∶1；配置时，每2雌株行，隔1混合行，混合行内，每2雌株间1雄株，以保证每1雄株周围有8雌株。 2.沙棘品种除引进优良大果沙棘，还有中外优良杂交品种和选育品种。					

3. 整地技术指标

整地方式	整地规格	说明
水平阶	阶宽1m，反坡5°～10° 阶面上每隔5m做一横挡	坡地
穴状	穴径：30 cm，穴深：30 cm	栽植穴

图例

🌿 沙棘　♀ 雌株　♂ 雄株

作物、牧草或药材

注：图中尺寸单位均为cm。

图 3-4　东北地区沙棘立体复合模式典型设计图

2．沙棘+牧草

黑龙江省泰来县克利镇克利村选择具有代表性的沙化草原 500 亩，采用沙棘+紫花苜蓿（*Medicago sativa*）间作模式[1]，其中沙棘为 2 年生齐棘 1 号苗木，紫花苜蓿选择龙牧 801。沙棘树穴深度 40 cm，直径 30 cm。紫花苜蓿的亩播种量为 1 kg，采用垄作，垄宽为 60 cm，播种深度为 2.5 cm。大果沙棘栽植期在 4 月 21—30 日，紫花苜蓿播种期在 6 月 17—25 日，每年可收割 2～3 茬苜蓿，每次收割时期为现蕾期至初花期。通过 3 年的试验，沙化草原的植被覆盖度由治理前的 3%提高到 95%以上，沙化草原亩生产力由治理前的 50 kg 提高到稳产后的 400 kg，沙棘亩产 500 kg，实现改善草原生态环境与增收双丰收。

在东北地区，不管平、坡地，均适宜沙棘与紫花苜蓿间作模式。提前准备好紫花苜蓿种子，在沙棘种植完毕后，在沙棘行间条播或撒播，紫花苜蓿播种量以每亩 1.5～2 kg 为宜。播种前要做好整地，整地质量要达到"墒、平、松、碎、净、齐"六字标准。墒：播前土壤应有充足的底墒；平：土地平整；松：表土疏松，地中层板结且上虚下实；碎：无大土粒，细、面；净：地面无残膜、残根、残秆等；齐：地头、地边、地角无漏耕漏耙。行间间作紫花苜蓿时，沙棘行间距定为 3 m。紫花苜蓿与沙棘全期相伴，即沙棘进入结果期后，紫花苜蓿也应继续进行维护及管理。其余要求，均同单一沙棘种植模式。

典型设计图式参见图 3-4。

3．沙棘+药材

在东北地区的平、坡地，适宜于沙棘间作的药材有板蓝根（*Isatis tinctoria*）、桔梗（*Platycodon grandiflorus*）、水飞蓟（*Silybum marianum*）、黄花月见草（*Oenothera glazioviana*）等（图 3-5）。行间对药材采取的挖掘、肥水管理等措施，间接会促进沙棘的生长发育活动。药材与沙棘全期相伴，即沙棘进入结果期后，药材也应继续进行维护及管理。

图 3-5　东北地区沙棘+板蓝根复合模式（黑龙江孙吴）

行间间作药材时，沙棘行间距可定为 3 m。其余要求，均同单一沙棘种植模式。
典型设计图式参见图 3-4。

二、华北北部"集流型"沙棘种植区

本区虽然与黄土高原中部区一样，同属半干旱地区，但不同点是，本区除可栽培选育沙棘、杂交沙棘及乡土沙棘资源外，还可以直接栽培引进大果沙棘。

（一）单一沙棘种植模式

辽宁阜新是我国开展沙棘选育工作最早的地区之一，"辽阜 1 号"、"深秋红"、"壮圆黄"、"无刺丰"等优良品种均选自该区。可以毫不夸张地说，国内一半以上的优质良种沙棘苗，均出自该区。但也不无尴尬地说，大果沙棘（包括选育良种）在该区建园很少，只在阜蒙、建平发现个别小园子（图 3-6）。

辽宁阜新

辽宁建平

图 3-6　辽西地区沙棘种植园

在开展水利部"948"项目"俄罗斯第三代大果沙棘引进"中，辽宁省水土保持研究所在辽宁朝阳建立了引进良种以及对照杂交沙棘区域试验园（图 3-7）。从目前情况来看，杂交沙棘表现较好，而引进大果沙棘还需要继续观测。

图 3-7　沙棘区域性试验园（辽宁朝阳）

目前，辽西、冀北以及内蒙古赤峰等生产中常用的单一沙棘种植模式，主要选用当地乡土沙棘品种，实生苗种植，成林后雄株比例往往占到一半以上，加之栽植密度大，结实时就基本郁闭，无法采果，因此这些沙棘林基本上可归为"生态型"沙棘林，距离工业原料林的差距还很大。以下为推荐的可用于本区的单一沙棘种植模式构建技术。

苗木要求：适用品种为乡土资源、选育品种和杂交品种（见第二章相关内容），其中乡土资源为确知雌株后的扦插苗。采用 1 年生无性系扦插苗，要求苗木地径达到 0.4 cm以上，苗高达到 20 cm 以上，根系长度达到 15 cm 以上且有多条侧根。种植前用生根粉（ABT）或植物生长调节剂（GGR）进行苗木根系浸醮或浸泡处理。雌雄配比按 8∶1 准备定植苗木。

细致整地：对于坡地（不能超过 15°），提前一年秋季整好水平阶，阶间水平距离 3 m，阶面宽 1 m，呈 5°～10°反坡，阶面每隔 5 m 做一土挡，以防止径流横向流动。平地可省去此程序，直接进入下一步骤。

精细种植：于 4 月中旬前后边挖穴边种植。按照株距 2 m 定位，上下行种植穴呈"品"字形确定种植穴位置。穴径、穴深按 30 cm 开挖。栽植时按"三埋两踩一提苗"操作，苗木覆土后根径处以低于地表平面 10 cm 为宜。

典型设计图式参见图 3-2。

（二）多植物立体复合模式

立体复合不仅是充分利用自然资源的需要，在华北北部地区，它更是防止产生沙棘萌蘖株的重要手段。如果行间不种植作物等，萌蘖苗会大量产生，造成树体养分的浪费不说，而且用于除蘖方面的用工次数、用工量会很大。而如果不除蘖，这类林会很快郁闭，不仅影响产果量，而且造成无法进入林地采果的被动局面。

1. 沙棘+作物

在华北北部地区的川滩地，可以构建沙棘与小麦（*Triticum aestivum*）、油菜（*Brassica campestris*）、油葵（*Helianthus annuus*）等的间作模式。这种模式适用于沙棘幼龄期的行间空闲地，等沙棘进入结果期、树体增大后，应停止行间间作作物。这种模式配置中，沙棘株行距为 2 m×3 m。其余整地、栽植要求，均同单一沙棘种植模式。

典型设计图式参见图 3-4。

2. 沙棘+牧草

在本区的缓坡地带（坡度小于 15°），按行间距 4 m 整修水平阶或反坡梯田（反坡 5°～10°），在阶或田面上按株距 2 m 定植沙棘，阶或田面之间，沙棘整体呈"品"字形配置。然后在沙棘水平阶整地的行间坡面上，简单清杂后做好整地，整地质量要达到"摘、平、松、碎、净、齐"六字标准，再等高条播紫花苜蓿或小冠花（*Coronilla varia*），构建沙棘牧草间作模式。紫花苜蓿播种量（条播）以每亩 1.5～2 kg 为宜，小冠花播种量（条播）以每亩 0.5～1 kg 为宜。牧草与沙棘全期相伴，即沙棘进入结果期后，牧草也应继续进行维护及管理。其余要求均同单一沙棘种植模式。

典型设计图式参见图 3-4。

三、黄土高原中部"集流型"沙棘种植区

该区自 20 世纪 90 年代以来，曾多次直接引种栽植俄罗斯大果沙棘，在陕西渭北旱塬、甘肃定西等地栽植，但均以失败而告终。目前，甘肃庆阳正在实施水利部"948"项目，开展引进大果沙棘与国内杂交沙棘的引种试验。从阶段性成果来看，杂交沙棘表现良好，而大果沙棘还需要继续观察。因此，应在立足利用乡土资源的前提下，充分利用选育品种和杂交品种，建立沙棘工业原料林。

（一）单一沙棘种植模式

山西金科海生物科技有限公司从 2012 年起，在山西太谷利用杂交沙棘建立工业原料林，2015 年开始挂果，效果如图 3-8 所示。

黄河水利委员会西峰水土保持科学试验站在实施国家"948"项目"俄罗斯第三代大果沙棘引进"中，选用杂交沙棘作为对照种建园，效果明显好于引进品种（图 3-9）。

图 3-8　黄土高原中部单一沙棘种植模式（山西太谷）

图 3-9　黄土高原中部单一沙棘种植模式（甘肃庆阳）

以下为推荐的可用于本区的单一沙棘种植模式构建技术。

苗木要求：适用品种为乡土资源、选育品种和杂交品种（见第二章相关内容），其中乡土资源为确知雌株后的扦插苗。采用 1 年生无性系扦插苗，要求苗木地径达到 0.4 cm 以上，苗高达到 20 cm 以上，根系长度达到 15 cm 以上且有多条侧根。种植前用生根粉（ABT）或植物生长调节剂（GGR）进行苗木根系浸蘸或浸泡处理。雌雄配比按 8∶1 准备定植苗木。

细致整地：对于坡地（不能超过 15°），提前一年秋季整好水平阶或反坡梯田，阶间水平距离 3 m，阶面宽 1 m，呈 5°～10°反坡，阶面每隔 5 m 做一土挡，以防止径流横向流动。平地可省去此程序，直接进入下一步骤。

精细种植：于 4 月中旬前后边挖穴边种植。按照株距 2 m 定位，上下行种植穴呈"品"字形确定种植穴位置。穴径、穴深按 30 cm 开挖。栽植时按"三埋两踩一提苗"操作，苗木覆土后根径处以低于地表平面 10 cm 为宜。

典型设计图式参见图 3-2。

（二）多植物立体复合模式

与前述华北北部地区一样，立体复合不仅可充分利用自然资源，增加经济效益，而且更是防止产生沙棘萌蘖的重要手段，其减少的间接成本，也是一笔不小的支出。

1．沙棘+作物

在黄土高原中部地区的川滩地，可以构建沙棘与小麦、油菜、谷子（*Setaria italica*）、糜子（*Panicum miliaceum*）、油葵等的间作模式。这种模式适用于沙棘幼龄期的行间空闲地，等沙棘进入结果期、树体增大后，应停止行间间作作物。这种模式配置中，沙棘株行距为 2 m×3 m。其余整地、栽植要求，均同单一沙棘种植模式。

典型设计图式参见图 3-4。

2．沙棘+牧草

在本区的缓坡地带（坡度小于 15°），按行间距 4 m 整修水平阶或反坡梯田（反坡 5°～10°），在阶或田面上按株距 2 m 定植沙棘，阶或田面之间，沙棘整体呈"品"字形配置。然后在沙棘水平阶整地的行间坡面上，简单清杂后做好整地，整地质量要达到"墒、平、松、碎、净、齐"六字标准，再等高条播紫花苜蓿、小冠花、沙打旺（*Astragalus adsurgens*）等牧草，构建沙棘牧草间作模式。条播播种量分别为：紫花苜蓿每亩 1.5～2 kg，小冠花每亩 0.5～1 kg，沙打旺每亩 0.5 kg。牧草与沙棘全期相伴，即沙棘进入结果期后，牧草也应继续进行维护及管理。其余要求均同单一沙棘种植模式。

典型设计图式参见图 3-4。

3．沙棘+自然植被

在本区的缓坡地带（坡度小于 15°），按行间距 4 m 整修水平阶或反坡梯田（反坡 5°～10°），在阶或田面上按株距 2 m 定植沙棘，阶或田面之间，沙棘整体呈"品"字形配置。然后在沙棘水平阶整地的行间坡面上，简单清杂后保留菊科、禾本科等自然植物，或适当引入百里香（*Thymus mongolicus*）、苦参（*Sophora flavescens*）等乡土植物，以达到护坡保土目的，同时也作为集流面为下方的沙棘种植阶（田）面聚集降水资源。

四、河套"灌溉型"沙棘种植区

内蒙古磴口是我国沙棘育种的"圣地"，中国林科院沙漠林业中心所在地，这里输出了大部分沙棘优良品种，也试种了不同品种的试验示范园。宁夏吴忠也曾经开展过不同品种试验与示范工作。"天下黄河富宁夏"，位于宁夏的西套是宁夏大米产区，而位于内蒙古的前套、后套，也是主要农产区。结合种植业结构调整，建设沙棘工业原料林应是一个不错的选择。

（一）单一沙棘种植模式

该种植区光热资源充沛，加之黄河水基本能够满足灌溉需求，因此，建设高标准的沙棘工业原料林，完全可行。毗邻前套的达拉特旗，在黄河川滩地种植的大果沙棘，采用大型滴灌装置，生长不错（图3-10）。

图 3-10　河套单一沙棘种植模式（内蒙古达拉特）

以下为推荐的可用于本区的单一沙棘种植模式构建技术。

苗木要求：适用品种为选育品种和杂交品种（见第二章相关内容）。采用 1 年生无性系扦插苗，要求苗木地径达到 0.4 cm 以上，苗高达到 20 cm 以上，根系长度达到 15 cm 以上且有多条侧根。种植前用生根粉（ABT）或植物生长调节剂（GGR）进行苗木根系浸蘸或浸泡处理。雌雄配比按 8 : 1 准备定植苗木。

精细种植：由于为冲积土河滩地，故无须提前整地。于 4 月中旬前后边挖穴边种植。按照株行距 2 m×4 m 定位，穴径、穴深按 30 cm 机械开挖。栽植时按"三埋两踩一提苗"操作，苗木覆土后根径处以低于地表平面 10 cm 为宜。重要环节是结合种植，同步布设、安装大型喷灌设施（移动或固定式）。

典型设计图式详见图 3-11。

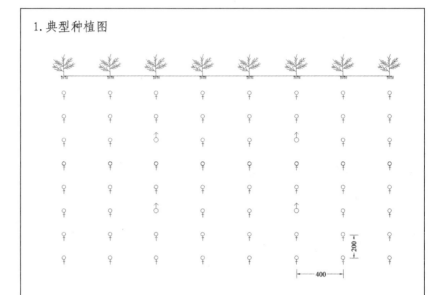

图 3-11   河套单一沙棘种植模式典型设计图

（二）多植物立体复合模式

该种植区也是我国传统养殖区，"蒙牛""伊利"等大型奶制品企业均建于该区。建立沙棘与紫花苜蓿等复合模式，可以充分利用自然资源，立体利用空间，满足果、牧等多方面腹地，同时也是防止沙棘行间产生萌蘖株的重要手段。

1. 沙棘+作物

在该区河套灌区的川滩地，可以构建沙棘与小麦、油菜、籽瓜（*Citrullus* sp.）等的间作模式（图 3-12）。这种模式适用于沙棘幼龄期的行间空闲地，等沙棘进入结果期、树体增大后，应停止行间间作作物。这种模式配置中，沙棘株行距为 2 m×4 m。其余整地、栽植要求，均同单一沙棘种植模式。

沙棘+小麦

沙棘+油葵

沙棘+籽瓜

图 3-12　河套沙棘+作物种植模式（内蒙古达拉特）

典型设计图式详见图 3-13。

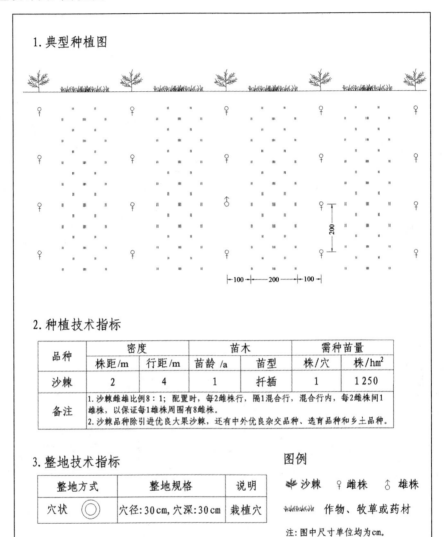

1. 典型种植图

2. 种植技术指标

品种	密度		苗木		需种苗量	
	株距/m	行距/m	苗龄/a	苗型	株/穴	株/hm²
沙棘	2	4	1	扦插	1	1 250
备注	1. 沙棘雌雄比例8∶1；配置时，每2雌株行，隔1混合行，混合行内，每2雌株间1雄株，以保证每1雄株周围有8雌株。 2. 沙棘品种除引进优良大果沙棘，还有中外优良杂交品种、选育品种和乡土品种。					

3. 整地技术指标

整地方式	整地规格	说明
穴状 ◎	穴径：30 cm，穴深：30 cm	栽植穴

图例

✷ 沙棘   ♀ 雌株   ♂ 雄株

〰〰〰 作物、牧草或药材

注：图中尺寸单位均为cm。

图 3-13   河套沙棘立体复合模式典型设计图

2. 沙棘+牧草

河套灌区川滩地，按照行间距 4～5 m、株距 2 m 定植沙棘，行间条播紫花苜蓿。具体行间间距，取决于牧草联合收割机的尺，一般为 4～5 m。紫花苜蓿条播播种量为每亩 1.5～2 kg。牧草与沙棘全期相伴，沙棘进入结果期后，牧草也应继续保留，并进行维护及管理（图 3-14）。其余要求均同单一沙棘种植模式。

图 3-14　内蒙古河套沙棘+紫花苜蓿种植模式（内蒙古达拉特）

典型设计图式参见图 3-13。

五、河西走廊"灌溉型"沙棘种植区

该区为甘肃省的"粮仓"，区内土地平坦，虽然降水稀少，但有来自祁连山融雪水补给的石羊河、黑河等自然河流自流灌溉，结合生态、经济需求以及产业结构调整，可以建设沙棘工业原料林。

（一）单一沙棘种植模式

该区内结合退耕还林、还草工程，已经开展了一些沙棘种植（图3-15），沙棘资源面积在百万亩以上。目前来看，生长结实都还不错。问题是全为生态林，郁闭后基本无法采果。

浅山区沙棘人工林（甘肃民乐）　　　　　脑山区沙棘人工林（甘肃山丹）

图 3-15　河西走廊退耕地及周边沙棘生态林

以下为推荐的可用于该区的单一沙棘种植模式及构建技术。

苗木要求：适用品种为选育品种和杂交品种（见第二章相关内容）。采用 1 年生无性系扦插苗，要求苗木地径达到 0.4 cm 以上，苗高达到 20 cm 以上，根系长度达到 15 cm 以上且有多条侧根。种植前用生根粉（ABT）或植物生长调节剂（GGR）进行苗木根系浸醮或浸泡处理。雌雄配比按 8∶1 准备定植苗木。

精细种植：由于为冲积土河滩地（甚至为戈壁滩），坡度一般较缓，故无须提前整地。株行距按 2 m×4 m，于 4 月中旬前后边机械挖穴边种植，穴径、穴深按 30 cm 开挖。栽植时按"三埋两踩一提苗"操作，苗木覆土后根径处以低于地表平面 10 cm 为宜。重要环节是结合种植，同步布设、安装大型喷灌设施（移动或固定式）。

典型设计图式参见图 3-11。

（二）多植物立体复合模式

该区立体复合种植能充分利用当地水热资源，增加产出，同时也可防止产生沙棘萌蘖株，减少抚育费用。

1. 沙棘+作物

在该区川滩地，可以构建沙棘与小麦、油菜等的间作模式。这种模式适用于沙棘幼龄期的行间空闲地，等沙棘进入结果期、树体增大后，应停止行间间作作物。在这种模式配置中，沙棘株行距为 2 m×3 m。其余整地、栽植要求，均同单一沙棘种植模式。

典型设计图式参见图 3-13。

2. 沙棘+牧草

该区川滩地，按照行间距 4～5 m、株距 2 m 定植沙棘，行间条播紫花苜蓿。具体行间间距，取决于牧草联合收割机的作业宽度，一般为 4～5 m。紫花苜蓿条播播种量为每亩 1.5～2 kg。牧草与沙棘全期相伴，沙棘进入结果期后，牧草也应继续保留，并进行维护及管理。其余要求均同单一沙棘种植模式。

典型设计图式参见图 3-13。

六、北疆/南疆"灌溉型"沙棘种植区

北疆、南疆由中间天山阻隔，沙棘种植区域被隔为两块，其中北疆气温稍低，降水较高，而南疆温度高，但降水很低。但总的来看，这两个区沙棘种植模式和技术，基本上可以合二为一，在一起叙述。新疆是我国最为神奇的地区，降水量稀少，但只要能引水灌溉，就有丰厚的回报。同样的林果品种，在新疆种植后产品质量会有极大提高。近几年在实施水利部"948"项目的过程中，发现同样的沙棘品种，在本区竟然比东北黑土区的生长发育表现还优，果实口感十分突出，品质优越。新疆未来必然是我国沙棘原料

林建设的主战场。

（一）单一沙棘种植模式

北疆的阿勒泰、塔城、伊宁、克拉玛依、石河子、乌鲁木齐、昌吉等，都已开展了不同规模的沙棘工业原料林建设，成效显著。南疆的阿克苏、克孜勒苏柯尔克孜自治州等已相继起步。

位于塔城地区额敏县莫合台的新疆生产建设兵团 170 团针对戈壁滩土质坚硬的情况（图 3-16），首先，根据沙棘定植行挖一浅沟，按照沙棘株距 2 m 安装滴灌设施，待土质湿润后进行挖坑。其次，根据戈壁地土壤瘠薄，渗水漏肥严重，配套采取了节水滴灌和平衡施肥试验，加强了田间管理，使所栽示范田及汇集圃品种园达到 1 600 亩，普遍生长良好，地径 1.5 cm，株高 61 cm，年底成活率平均达 91%[2]。

图 3-16　北疆戈壁滩土壤剖面（新疆额敏）

以下为推荐的可用于本区的单一沙棘种植模式构建技术[3]。

苗木要求：适用品种为乡土资源、引进品种、选育品种和杂交品种（见第二章相关内容）。采用 1 年生无性系扦插苗，要求苗木地径达到 0.4 cm 以上，苗高达到 20 cm 以上，根系长度达到 15 cm 以上且有多条侧根。雌雄配比按 8∶1 准备定植苗木。种植前用 3°～5°石硫合剂或 1%硫酸铜溶液对苗木进行消毒后，用 50 mg/kg 的 ABT 生根粉浸泡 2～4 h，或者用清水浸泡 4～6 h，待定植。雌雄配置比例为 8∶1，即每栽 8 行雌株就栽一行雄株。

园地整治：要求尽可能选择土层深厚、土壤 pH 7～8、通透性良好的沙壤土、沙土或砾质沙土作为园地。同时，1 m 深土层内不应有障碍层，如黏土层、片状结构、沙僵层等。对于干旱坚硬的戈壁地，整地是沙棘栽培中的重要环节，由于土石坚硬，针对不易人工事先挖好植树坑的情况，必须于 3 月中下旬前后（北疆南部）至 4 月上中旬前后（北疆北部），在种植地用机械开一浅沟，深度约 20 cm，行间距为 4 m，在沟里安装滴水装置滴水，待土质疏松后再人工挖坑种植。

安装灌溉系统：在开沟后挖种植穴前，应充分布置好总管、支管、毛管、滴头，使能够随时滴水灌溉（图 3-17）。在滴灌带上按 2 m 的距离安装出水滴头。接着进行沟底滴水，滴水深度及周围湿润范围达到 40 cm 左右时，开始挖植苗坑（图 3-18），株距按 2 m 定点，植苗坑的规格为 30 cm×30 cm。

滴灌前　　　　　　　　　　　　　　　　　滴灌后

图 3-17　沙棘种植园开沟后安装滴灌管道（新疆额敏）

图 3-18　沙棘种植园开沟滴灌后人工开挖种植穴（新疆额敏）

精细种植：种植前要给穴底施足底肥（厩肥等）。栽植时间在春季发芽前或秋天结冻前 20～40 天内进行。将苗木抚直，并使根系向四周均匀舒展，随时把苗木向上微提，使根系舒展，接着先填壤土和细沙并分层踏实，做到"三埋二踩一提苗"，苗木覆土后根茎处以低于地表平面 10 cm 为宜。栽后立即进行滴灌，灌透水，10 天 1 次，连续 3 次，确保沙棘栽植成活。要注意，栽植时先将滴灌管线整体向旁边稍挪，等苗木栽植完成后再挪至苗木根部附近。

单一沙棘种植典型设计图详见图3-19。

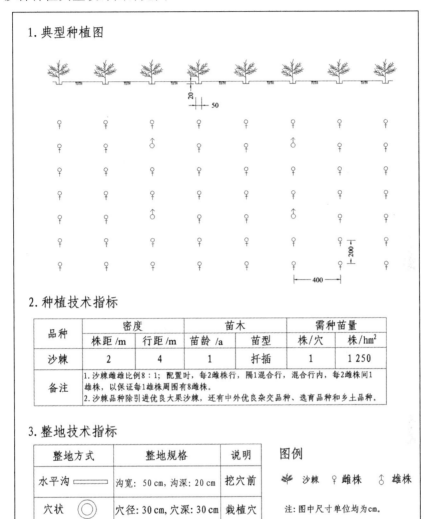

图 3-19　新疆单一沙棘种植模式典型设计图

新疆沙棘种植必须要有水分供给。从节约用水角度考虑，新疆沙棘种植要布设滴灌设备。

滴灌区的设计，按总面积 5 万亩计，即东西长 4 200 m、南北宽 8 000 m 的长方形设计，滴灌区共分成 10 个大区，每个大区 5 000 亩。每个大区作为一个灌溉系统，一根总干管控制一个大区。每个大区再分 5 个中区，每个中区 1 000 亩，南北对称两根分干管控制一个中区。中区再分为 4 个田块，每个田块由两根支管控制，每个田块 250 亩，田块东西长 420 m，南北长 400 m，田块之间由道路隔开。

　　沙棘种植（5万亩）滴灌总体布局见图3-20，大区（5 000亩）滴灌典型设计见图3-21。滴灌典型工程材料明细见表3-1。

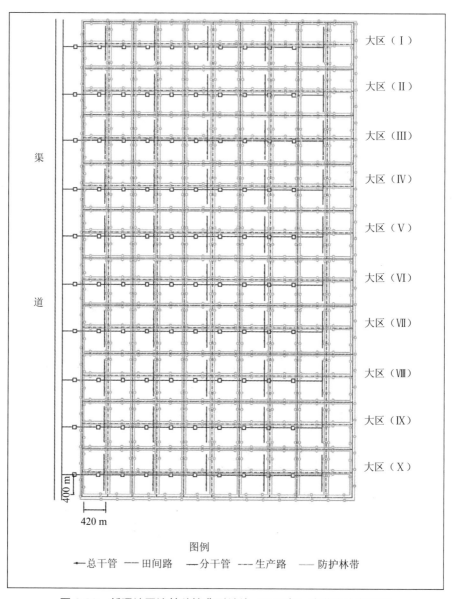

图3-20　新疆地区沙棘种植典型地块（5万亩）滴灌总体布局图

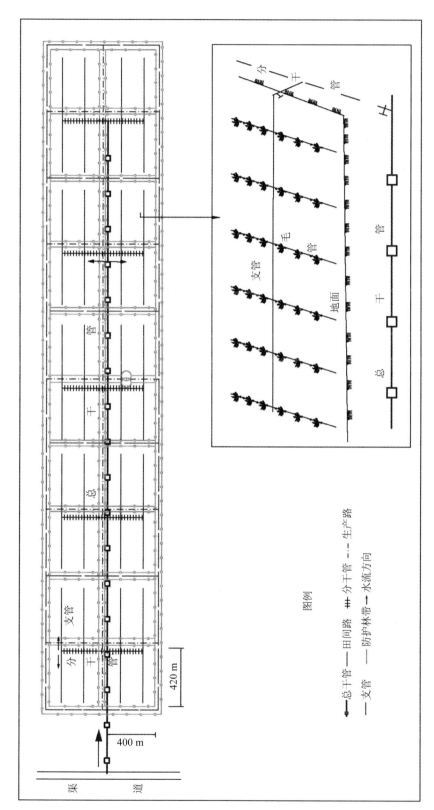

图 3-21 新疆地区沙棘种植大区（5 000 亩）滴灌典型设计及局部放大图

表 3-1 单个大区（5 000 亩）滴灌典型工程材料明细表

内容	规格	单位	数量
材料费			
PVC 干管	0.6MPϕ160	m	4 000
PVC 分干管	0.6MPϕ110	m	4 000
PE 支管	0.4MPϕ90	m	16 000
内镶式滴灌带	ϕ16	m	1 336 000
滴灌管旁通	ϕ16	套	13 360
PE 堵头	ϕ90	个	40
PVC 三通	ϕ160×110×110	个	1
PVC 四通	ϕ160×110	个	4
PVC 四通	ϕ110×90	个	20
泄水阀	3″	个	10
黏结剂	PVC 专用	筒	100
打孔器及配套设备		个	10
水泵及其配套设备	SLS150-315（I）B	套	1
配电柜		套	1
闸阀	DN160	个	2
控制阀	DN110	个	10
进排气阀	DN20	个	1
压力表	1MPa	个	3
90 度钢弯头	DN160	个	2
逆止阀	DN160	个	1
离心过滤器	4″	个	1
筛网式过滤器	4″	个	2
施肥罐及其附件		个	1

当地传统种植技术包括"挖坑、栽树、浇水"三部曲，成活率只有 60%～70%。采取"开沟、滴水、挖坑、栽树、浇水"5 个步骤，有以下 5 大好处：①先机械开沟定线，省力、行直；②干硬戈壁滴水湿润后，人工挖坑省力；③在湿土坑里栽树，可显著提高植苗成活率；④即使以后水管滴头堵塞，跑水仍在沟里，水不浪费。按照上述技术，可以争取当年建园，定植后成活率达 95% 以上；第 2 年基本成园；第 3 年部分挂果；第 4 年亩产量可达 300 kg，第 5～10 年亩产量可达 500 kg 左右。见图 3-22。

沙棘种植当年　　　　　　　　　　　　　　　沙棘种植第 4 年

图 3-22　沙棘种植当年及第 4 年的林相（新疆额敏）

位于南疆的阿克苏地区温宿县已经有了四五年沙棘种植的实践，他们的经验主要是把好四道关。第一道关是土地平整关。位于河道两侧的乱石滩，土地坑坑洼洼，沙棘种植前要雇用大型铲车，将土地推平。第二道关是机械整地关。平整后的土地，基本按照 2 m×3 m 的株行距，采用挖掘机挖 0.5 m×0.5 m×0.6 m 的种植穴，然后拉来厩肥和客土填坑备用。第三道关是栽植关。于秋季 11 月前后开展植苗造林，由于水资源丰富（塔河支流流经该县），造林后大水漫灌，保证了成活率。第四道关是抚育关。这道关的核心是在雨季利用洪水漫灌，增加土地黏粒含量，逐步将河漫滩打造成具有土壤结构的良田（图 3-23）。

图 3-23　造林后通过洪水漫灌提高林地水肥条件（新疆温宿）

（二）多植物立体复合模式

该区在水分条件较为充足时，可以实施多植物立体复合模式，增加产出，发挥更好的生态防护功能。

1．沙棘+作物

阿勒泰地区戈壁滩沙棘人工林中，行间可间作小麦、瓜类等作物（图3-24），沙棘、作物各取所需，相互之间促进作用更大。

沙棘+小麦（新疆青河）　　　　　　　　　　沙棘+西瓜（新疆哈巴河）

图 3-24　新疆沙棘+作物种植模式

这种模式配置中，沙棘株行距为 2 m×4 m。行间间作的小麦、瓜类等作物可以与沙棘和睦相处。其典型设计图式详见图 3-25。

图 3-25 新疆地区沙棘立体复合模式典型设计图

2. 沙棘+牧草

该区常见沙棘与紫花苜蓿、黄花苜蓿（*Medicago falcata*）等的间作模式（图 3-26），满足了当地对沙棘作品和饲草的同步需求。

沙棘+紫花苜蓿（新疆布尔津）　　　　　　　　　沙棘+黄花苜蓿（新疆青河）

图 3-26　新疆沙棘+牧草种植模式

该区可按照行间距 4 m、株距 2 m 定植沙棘，行间条播紫花苜蓿、黄花苜蓿。紫花苜蓿、黄花苜蓿条播播种量为每亩 1.5～2 kg。牧草与沙棘全期相伴，沙棘进入结果期后，牧草也应继续保留，并进行维护及管理。其余要求均同单一沙棘种植模式。

典型设计图式参见图 3-25。

3．沙棘+药材

该区沙棘行间也可以间作两色金鸡菊（雪菊）等药材（图 3-27），也是防止种植结构单一、增加经济收入的重要举措。

图 3-27　新疆地区沙棘+雪菊种植模式（新疆布尔津）

沙棘药材间作模式典型设计图式参见图 3-25。

4．沙棘+自然植被

该区在灌溉水分有限时，即只滴灌种植沙棘时，种植初期一两年行间的戈壁滩不会发生沙棘萌蘖株（图 3-28），而在沙棘种植两三年后，由于有沙棘覆盖后形成微域小气候后，会逐渐侵入驼绒藜（*Ceratoides latens*）等藜科或其他科的一些草本或半灌木植物，慢慢覆盖地表（图 3-29），这也算是一种沙棘与自然植被的复合模式。

图 3-28　新疆沙棘种植初期行间裸露的戈壁滩（新疆额敏）

| 新疆青河 | 新疆哈巴河 |

图 3-29　新疆沙棘+自然植被模式

第二节　沙棘种植模式维护

沙棘建园后的模式维护，即"抚育管护"的主要措施除当年或次年的补植外，主要有整形修剪、松土除草、肥水管理、防病治虫和适时更新 5 大措施。

一、整形修剪

进行科学整形和修剪，是培养合理的沙棘树体形状和树冠结构，改善光照，促进植株健壮生长，提高果实产量和品质的必要措施。沙棘的枝条以合轴分枝方式生长，即主干和侧枝生长一段时间后减缓或停止生长，下面的腋芽代替顶芽发育成新枝，待形成一段新枝后，又被其下部的腋芽活动代替，如此重复生长，形成曲折的枝干。因此，多数沙棘植株为无明显主干的灌木树型。了解沙棘的枝条数量结构和功能特性，是进行科学修剪的基础。下面所述沙棘整形修剪，主要是针对雌株而言。

（一）整形

整形是指根据沙棘生长发育特性和生产需要，对沙棘树体施行一定的技术措施，以培养出所需要的结构和形态，进而能够高产、稳产的一种技术。修剪是指对沙棘枝条进行部分疏删和剪截的操作。整形修剪通常当作一个名词来理解，在实际上两者密切联系，互为依靠，却又有不同含义。整形是通过修剪技术来完成的，修剪又是在整形的基础上实行的。一般在沙棘生长幼年期（1～3 年）以整形为主，当经过一定阶段冠形骨架基本形成后，则以修剪（5 年之后）为主。整形、修剪二者是统一于获取沙棘果实这一栽培管理目的要求之下的重要技术措施，很难截然分开。

整形方式总体应做到因地制宜，因树定型。沙棘定植后必须及时进行整形，控制高度，促进下部主干隐芽发生，增加结果体积。春季栽植苗木发芽后应及时抹芽，每株留 1 健壮新梢向上延长生长，待幼株长到 20～30 cm（东北地区可定为 40～50 cm）时，确定主要侧枝。对单茎植株可实施疏剪、短截和摘心等技术措施。

在立地条件较好、但缺乏灌溉条件、采用"集流型"手段的山坡地带，可修成"两层楼"；在立地条件很好、土壤肥沃、灌溉方便的山麓地带，可修成"三层楼"。"两层楼""三层楼"实指主枝在中央干上呈有间隔的二层、三层分布的冠形，这样能有效地利用空间，通风透光，产量高，质量好。对于平原川滩地以及川台地、沟谷地，可以选用"改良中央主干型""开心型"（空膛系统）等修剪类型。

东北地区以"三层楼"为好。树高控制到 2～2.5 m，冠幅 1.5～2 m，从主干上直接分生出的主枝较多，主枝在中央干上呈有间隔的三层分布，这样能有效地利用空间，通风透光，产量高、质量好。具体修剪方法是：当幼树主干生长到 60 cm 左右时，进行剪顶定干，在剪口下 10～20 cm 范围内留 3～4 个分布均匀的侧枝，将其他侧枝于早春展叶前剪掉。当年夏季或秋季将保留的主枝，再按 10～20 cm 进行短截。第 2 年夏秋季再把主枝上新发出旺盛的侧枝于 20～30 cm 处剪顶，并适当剪掉下层弱枝，逐渐扩大，培养结果枝组，充实第一层树冠。第二层树冠是在主干上部发出的徒长枝中选一主干，在距地面约 150 cm

处剪顶，从顶部发出的侧枝中选 3～4 个作为第二层主枝。第三层树冠是在第二层树冠中心发出的徒长枝中再选留一个作主干，在距地面约 200 cm 处剪顶，从顶梢侧枝中选留 4～5 个作主枝。在选留各层主枝的同时，要按一般方法修剪新枝，充实树冠，这样 3～5 年后，即形成"三层楼"式树形[4]。

　　除"两层楼""三层楼"外，有些地区还可采用"三主枝自由扇形"整形，即每隔 40 cm 培养 1 个主枝，至定植第 3 年，通过摘心促发副梢，留基部副梢重点培养之后，继续延长生长，其后依次继续培养结果枝组，直到树体丰满为止，剪去枯死枝、病枝、断枝和枯枝，回缩徒长枝。沙棘雌株树高以 1.6～1.8 m 为宜。

　　沙棘经修剪整形后，标准的树体结构应达到以下要求：一是低干矮冠，干高 20～30 cm（东北地区 40～50 cm），冠高 2 m（东北地区 2.5 m）以下为宜。低干有助于树冠生长快，早丰产；矮冠能增加抗风力，而且采收及管理较为方便。二是层间距、同侧距（在主枝同侧，两个侧枝间的距离）、叶幕距，一般保持在 20～50 cm。三是壮树结果枝和营养枝的比例，在一般情况下为 1∶2 或 1∶3 为宜。

（二）修剪

　　沙棘修剪是为了植株通风透光好，使树势平衡，培育稳固的、圆满的、结实面大的树型。沙棘在结果前树冠一般不修剪，只是对单茎植株略加短截修剪，以使其萌发枝条、形成矮化的多秆植株。沙棘芽在早春开放，因此，提倡在冬闲时间或早春芽未开放前进行修剪（图 3-30）；如果采果是用剪枝法，则结合采果进行秋季修剪。夏剪虽然在一定程度上削弱了生长，但仍能促进结果。

图 3-30　东北地区沙棘冬剪（黑龙江林口）

　　在年内对沙棘树体宜早修剪的一个重要原因是，春季树液流动后修剪，会使树液从伤口流出，在后来的季节会滋生病害。冬季或早春修剪是为了树芽萌动时，可集中利用树木中所贮藏的养分供应新生枝叶生长。修剪越重，树木贮藏的养分相对也越集中，新梢生长就越旺盛。

1. 修剪方法

沙棘树体的主要修剪方法有疏剪、短截、摘心和回缩 4 种[5]。对于幼树和结果初期植株，适宜用疏剪、短截和摘心的方法，进入盛果期的植株应以回缩为主，酌情运用疏剪、短截等方法。同时，也可结合使用长放（甩放）、弯枝、扭梢、拿枝和环剥等方法。

疏剪：剪去过密、过弱、枯干、焦梢、病虫、徒长以及交叉的枝条，可起到促进树冠内部通风透光的作用，增强结果枝的生长势。疏剪是最为常用的沙棘修剪方法。

短截：剪去一年生枝梢的 2/3，促进抽生新枝，调节树势，抑制徒长，促使沙棘植株提早结果。

摘心：将新梢的顶梢摘除，抑制高生长，促进分枝及枝条粗生长，提高坐果率。

回缩：适用于生长弱、衰老的植株。将 3 年生秋梢和枯枝剪去，保留下部的一个轮生枝。这样既可抑制树高生长，又可促进枝条萌发，增加产果量。

雄株高度及冠幅在不影响周围雌株光照条件的前提下，可以放任促进其生长，形成高大的树体，以方便授粉。

结合修剪，及时培育结果枝组是提高沙棘树体产量、缓和结果部位外移、减轻大小年现象的重要措施。培养结果枝组的常用方法有先放后缩、先截后放再缩、改造辅养枝或临时性骨干枝、枝条环剥等。

沙棘树体修剪前后的变化，详见效果图 3-31～图 3-37。

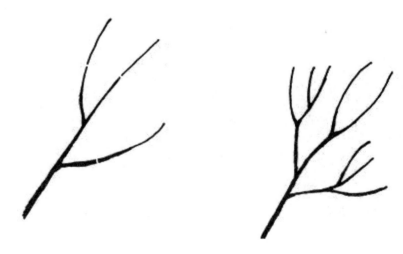

图 3-31　短截后枝条生长变化

图 3-32　疏剪后枝条生长变化

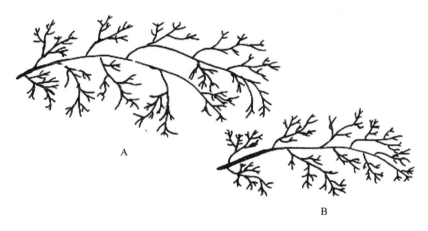

A 未修剪；B 修剪

图 3-33　疏剪下垂枝条

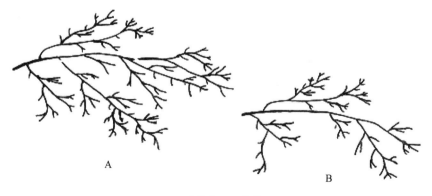

A 未修剪；B 修剪

图 3-34　疏剪细弱下垂枝

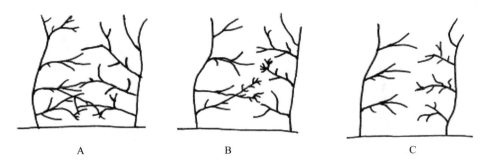

A 典型的行间拥挤现象；B 控制过多生长的短截修剪后的树体表现；

C 通过疏剪方法解决拥挤现象，并未造成不需要的营养生长

图 3-35 邻近树体间重叠枝的疏剪

图 3-36 树体下部过多生长枝的提前去除

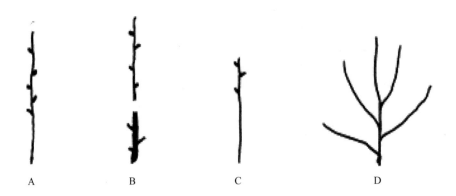

A 顶芽未去除；B A 在生长季末；C 顶芽去除；D C 在生长季末

图 3-37 抹顶芽对树体生长的影响

2．不同季节修剪方案

构成沙棘树冠骨架和树形的永久性粗大枝条，称为骨干枝，骨干枝由 3 龄以上的各龄枝条组成。当年萌生的长叶枝称为新梢，新梢于当年夏秋季孕育花芽，到来年春季称为 2 年枝开花，其中雌株结果，称为结果枝，雄株仅开花，称为花枝。正是因为沙棘树体形状各异，树冠大小不齐，枝条有多有少，因此，要因树修剪，科学修剪。

一是春剪粗枝，整形优冠。在沙棘长到 4 龄或 5 龄时，要通过修剪骨干枝，整形优化树冠结构。重点是修剪 4 年枝和 3 年枝。整形修剪的原则是，以骨干枝分枝数 3 枝为基准，剪掉多于 3 枝的密生枝，使多数骨干枝都保留 3 枝分枝。

剪枝操作要点是：一剪瘦枝、歪枝、畸形枝；二剪内膛密生枝；三剪趴地近地枝。通过这样的整形修剪，形成各龄枝条分布均匀，结构牢固，通风透光的美观树冠。要注意因树修剪，灵活运用。开张大冠株，可留 4 枝骨干枝；紧凑小冠株，可留 2 枝骨干枝。

修剪骨干枝整形优冠工作，要在春季花芽萌动前的 3 月中下旬（黄土高原地区）至 4 月上旬（东北地区）进行，这样可以减少根系向枝条回流输送营养的损失。

二是夏剪细枝，疏枝轻剪。夏季新梢叶片生长旺盛，正是光合作用强，合成营养供应果实生长最多的季节。但是，如果新梢和果枝过密，遮光闭风，树冠内膛的光合作用减弱，枝细果小，将影响整株的生长和产量。要适当进行夏季轻度修剪，主要是采用疏剪方法，于 6 月剪掉内堂过密果枝和新梢，通透树冠，促进 7 月和 8 月的果实生长和丰产。

三是秋剪果枝，有剪有留。因中国沙棘果实小、果柄短、果皮薄、易破浆，主要采用剪枝方法采果。剪枝采果，实际上起到了修剪的作用。对于剪果穗采收方式的沙棘工业原料林，修剪一定要结合采果进行，以节约费用。在进入结果期后，可结合果穗采收，剪取 0.4 cm 粗以下的果枝，不断培养新生结果枝组，并剪除过密、徒长枝，使树冠内膛不至于因结果外移而枯死，从而实现逐年更新，维持稳定的结果量。在修剪过程中，首先，要避免从小树采果；其次，对于大树，要适度采果，避免全部采光的破坏性剪枝采果。在这方面，鄂尔多斯地区总结的"七成采果法"值得提倡，该方法适度剪枝，不仅当年有产量（70%），而且来年产量也不菲。其主要技术分为以下两个步骤：

第一步，先剪 3 年枝。根据 3 年枝上果枝的疏密分布，从过高枝（高于 160 cm）、内膛密生枝、外伸过长枝中，剪掉约占 3 年枝总数 1/3 的带果枝 3 年枝。如图 3-38 所示。

第二步，再剪结果枝。在保留的 3 年枝中，在每枝的上端保留 3 枝结果枝。保留枝标准是，果枝粗壮，新梢粗长，花芽饱满。剪掉保留果枝以下的果枝（图 3-39），这样，从保留的占 2/3 的 3 年枝上，剪掉约半数结果枝。

未剪果枝前的树冠　　　　　　　　　　　　　剪掉带果 3 年枝

图 3-38 "七成采果法"第一步——先剪 3 年枝（内蒙古鄂尔多斯）

3 年枝的分枝，上段粗壮，下段细弱　　　　修剪后保留上段粗壮果枝，剪掉下段细弱果枝

图 3-39 "七成采果法"第二步——再剪结果枝（内蒙古鄂尔多斯）

　　"七成采果法"保留了粗壮果枝和新梢，产量仍然可观。而若使用传统的粗放方法剪枝采果，则来年只有新梢而很少有果枝，没有产量。

　　需要强调的是，如果在沙棘 4～5 龄时过度剪枝采果，会使来年的 3 年枝和 4 年枝的新梢生长过旺，其后果一是新梢枝叶过密，树冠郁闭，影响光合作用，二是果枝过少，产量很低（图 3-40）。

新梢狂长，树冠郁闭 　　　　　　　　　树冠内膛枝细叶稀果小

图 3-40　过度剪枝采果对树体的影响（内蒙古鄂尔多斯）

随着沙棘植株年龄增长，由于枝梢阶段性的提高，必然会出现衰老现象。表现在内膛多枯枝，外围结果层所占比例越来越少，就像鸡蛋"蛋皮"一样。这时就要进行树冠更新[6]。一是短缩更新。在沙棘进入结果衰退期时，则需在 4～8 年生部位选留健壮枝梢进行短缩更新。这样既可保持更新过程仍有相当产量，又可达到树冠适度更新的目的。同时，对内膛以及主干下部的枯枝，应同时疏除。二是主枝更新。沙棘进入衰老期，树势十分衰弱时，在 3～5 级枝上进行回缩更新。最好在更新前几年就用环剥、扎缚刻伤等方法促进更新枝预先抽生，然后再进行主枝更新，则树体上下平衡破坏较少，同化养分供应较好，伤口愈合和树势恢复较快。

以新疆生产建设兵团第九师 170 团在沙棘田间所做试验为例。2018 年 5 月，该团对结果盛期的部分沙棘植株实施了高截干，保留丛生树干高度 1.1 m（地径 16 cm），8 月底调查时发现，每株沙棘的结果枝（20 cm 以上）萌生了 141 个，平均萌条长度 1.4 m（总萌条长度达到 197 m），当年树高已达 2.42 m。高截干后，这些萌条来年将变为果穗，提供果实产量。对照未实施高截干的植株，平均仅产生结果枝（20 cm 以上）94 个，平均萌条长度 0.38 m（总萌条长度达到 36 m），见图 3-41。从萌条长度来看，即来年潜在结果枝长度来看，正常生长树体相当于高截干树体的 18%。也可以这样说，未实施高截干沙棘树体来年果实产量，预计仅有高截干树体果实产量的 18%，足见高截干对沙棘果实产量的积极影响。

高截干树体　　　　　　　　　　　正常树体（未实施高截干）

图 3-41　沙棘树体高截干与否当年生长萌条生长对比（新疆额敏）

　　沙棘到达预期生长高度后，高度必须控制，以保持整个树体的营养平衡。生长过高，下部会因遮荫而生长不良。对于成熟树来说，大枝是一个问题，因为收获果实较为困难，特别是对上部枝条来说。枝条与树干的直径比应降至 1∶4 即 25%。沙棘密度越高，枝条与树干直径之比越小。如果营养生长失去控制，可以在 5 月对根系进行修剪。修剪的工具（如刀片）距树干 30 cm 以外，下切至土表下 30 cm 深处，切断侧根，控制营养生长。用这种方法对根系修剪后，应对灌溉计划进行调整。

　　沙棘工业原料林的修剪应遵循以下几个要求：一是对长势旺的幼树，一般在高度为 2～2.5 m 时进行封顶，以缓和树势生长，便于管理和采摘；二是成年树枝叶较多，应使小枝更新复壮，达到通风透光的要求；三是对生长旺盛的老树，应采取缓势修剪；四是对生长衰退的树，树冠焦梢、内膛空虚的大树，要更新树冠和培养内膛结果枝组，以尽快恢复树势；五是对达到要求高度的大树，通风透光不良的要进行落头；对枝条少而短小的大树则尽量多保留枝条，不要疏枝。

　　总之，沙棘树体修剪的核心是基于树势强弱、枝量多少及着生位置，多方面综合考虑，最后确定适宜于不同类型区具体立地条件下的沙棘修剪方法。

二、松土除草

　　造林后要按时进行幼林抚育，保证苗木地上与地下部分的均衡生长。第 1 年第 1 次抚育主要是扩穴培土，基于水分条件，在东北地区，形状中高环低[7]，在其他地区刚好相反，形状中低环高。松土除草是非常重要的沙棘工业原料林抚育措施。

（一）松土

　　松土的年限应根据造林地的环境条件，以及沙棘种类、密度等具体情况而定，一般应从种植后开始直至幼林全面郁闭，需 3～5 年。在水分充足的造林地上，也可以只进行到幼树高度超过草层高度时为止。

种植园初期，沙棘幼林抵抗力弱，抚育次数宜多，后期应逐步减少。一般第 1～3 年，每年松土 2～3 次；第 3～5 年，每年 1～2 次；5 年之后，一般可不再进行松土。一般来说，沙棘高生长一年有 2 个高峰期，第一次在 5 月前后，第二次 9 月前后。在高生长之前，即 5—6 月、7—9 月进行松土为好。

对于沙棘工业原料林来讲，松土的方式因各地的技术和经济条件而异。一般采用行间用机械中耕、株间用锄头进行松土的方式进行土壤管理。

沙棘幼林松土深度，行间应为 8 cm 左右，株旁应为 3 cm 左右。对于挂果的沙棘林，待秋季果实采收工作结束后，行间中央地段的松土深度可增加到 20 cm，这样春季可积蓄较多的融化雪水或雨水，促进沙棘林来年的结实量。

（二）除草

据在山西省右玉县沙棘人工林调查[8]，园内杂草包括禾本科、菊科、旋花科等 18 科 62 种，其中恶性杂草有羊草（*Leymus chinensis*）、苦菜（*Sonchus oleraceus*）、芦苇（*Phragmites communis*）、节节草（*Equisetum ramosissimum*），一般杂草有茵陈蒿（*Artemisia capillaries*）、田旋花（*Convolvulus arvensis*）、风毛菊（*Saussurea japonica*）、大画眉草（*Eragristis cilianensis*）、狗尾草（*Setaria viridis*）等。禾本科杂草平均占杂草发生量的 85.4%，阔叶类杂草占 12%，其他杂草占 2.6%。在园内杂草组成中，多年生杂草占 75%，一年生杂草占 25%。通过对沙棘园杂草发生频度调查结果表明：羊草最高，为 0.95；苦菜次之，为 0.67；芦苇为 0.35；节节草为 0.33。

沙棘人工林内全年都有杂草发生。春季杂草生长缓慢，不会影响沙棘生长。夏季 5 月上旬至 7 月下旬气温高，雨量多，杂草发生量和生长量大，特别是 6 月上旬至 7 月下旬株高可达 55～100 cm，密度达每平方米 346 株，直至秋末枯死。针对杂草发生及危害的特点，杂草防治主要应在 5—7 月进行。

除草面对的主要是沙棘树盘中的杂草，即幼株周围（整地穴范围内）影响其生长的杂草。沙棘人工林杂草的综合防治，要针对各区特点进行。多年生杂草为主的地块，使用 22.5 L/hm^2 草甘膦进行除草。对于宽行距的地块，中耕后可间作农作物或牧草，既可增加沙棘园收益，又能以耕代抚，控制杂草发生。

三、肥水管理

自沙棘定植第 2 年起，应适当施肥，促进早成林、早结实。东北地区遇干旱年份应适时灌水，新疆全年应根据生长发育需求灌溉补水，而华北北部、黄土高原中部除通过集流手段补水外，在特别干旱年份，也应拉水补灌，以保证沙棘树体生长需求，同时减少病虫害发生。

（一）灌水

沙棘具有发达的水平和垂直根系，能充分吸收土壤水分，增加其供水量。这种性能使沙棘在干旱年份能够吸收更多深层贮水，增加其抗旱力。但是沙棘根系主要分布在表层，根系延伸的土壤层含水量较低，一般为 5%～8%。在 7 月上旬雨季来临之前，由于植物蒸腾耗水较多，土壤贮水量将更小，为了获取较高的产果量，必须进行人工灌溉。在比较干旱的黄土高原和华北北部地区，当土壤含水量低于园地最大田间持水量时，特别是在将要开花期（4 月）、坐果期（5 月）及果实膨大期（6—7 月），必须要灌足水分供给。在内蒙古鄂尔多斯，同一沙棘品种，灌溉沙棘百果重为 35.3 g，不灌溉沙棘百果重为 18.7 g，灌溉后百果重增加了 89%（图 3-42）。

未灌溉　　　　　　　　灌溉

图 3-42　灌溉与否对果实大小的影响（内蒙古鄂尔多斯）

一般种植初期的灌溉湿润深度可达 50 cm，灌水量 500～600 m³/hm²。灌溉间隔期，以保持土壤含水量在最大田间持水量以上为宜。林分年龄大，每次灌水量也越大，但次数可适当减少。山地沙棘工业原料林如需灌溉，可利用提水引灌，但要注意防止可能引起的土壤侵蚀。

在北疆"灌溉型"沙棘种植区，灌水应实行"前促、后控、中间足"的原则，7 月底前尽量满足供水，促进植株生长；8 月上旬停水，控制生长，促进新梢成熟老化，增强植株越冬抗寒性。每次灌水后应及时中耕除草，始终保持地面土壤疏松无杂草。沙棘一年内生育期内，需要重视 6 个关键水[2]：

萌芽水：开春后立即浇 1 次水，预防枝条抽干，促进萌芽。

新梢旺长水：萌芽后新梢迅速生长，需要大量的水分，应及时浇水。一般在 4 月下旬和 5 月中旬左右各浇 1 次水。

花前水：花前浇 1 次，满足开花坐果对水分的需要。

果实生长水：6 月 10 日左右，果实快速生长时及时浇水；果实生长后期，即在果实上糖转色至成熟期浇 1 次水，保证果实正常成熟。

采后水：果实采后结合秋施基肥浇 1 次水，促进养分转化和根系吸收。

越冬水：入冬前 10 月底浇 1 次水。

沙棘工业原料林的越冬灌溉具有非常重要的意义。越冬前一般在 9 月下旬至 10 月上旬进行灌溉，可改善根系分布层冬季的温度状况，并可为翌年恢复生长创造良好的水分条件。灌溉前进行行间深翻松土，深度为 20 cm，这样可提高灌溉效率。

（二）施肥

沙棘工业原料林是以获取果实或叶子等原料为主要目的的林分，应坚持以有机肥为主、化肥为辅、微肥调节的原则，在全面营养诊断的基础上，进行测土配方施肥或平衡施肥。当然，根据产品销往国家或地区的不同，可按照要求不施化肥，实施有机或绿色作业。

幼株新梢开始生长时，进行第一次追肥。结合浇水每隔 10～15 天追施 1 次，持续追肥 2～3 次，每次每株 10～20 g，前期以尿素为主，后期以磷酸二铵等复合肥为主。7 月下旬以后进行 2 次叶面追肥，叶面喷施 0.3% 磷酸二氢钾溶液。

进入盛果期后，沙棘每年需要多次供肥。一般于果实采收后秋施基肥，以有机肥为主，磷钾肥混合施用，主要是在滴灌时水肥耦合使用。开花前追肥以氮、磷肥为主；果实膨大期和转色期以磷、钾肥为主。微量元素缺乏的产区，依据缺素症状增加追肥的种类或根外追肥。

四、防病治虫

东北、华北、黄土高原和新疆所处区域不同，影响沙棘生长发育的病虫害种类也不一样，需要采取不同措施加以防治。

（一）东北黑龙江地区

东北地区沙棘主要病害是干缩病。沙棘干缩病是该区危害沙棘生长的一种十分严重的毁灭性病害，应在栽植时就格外加以注意。应选择抗病品种，同时在种植前就要进行严格的土壤消毒，种植后加强田间管理，定期松土、增强土壤通透性，增强植株的抗病能力，防止沙棘的根和地上部分受到严重的机械损伤，杜绝病源菌的入侵途径。化学防治于 4 月下旬开始，开穴浇灌 40% 多菌灵胶悬剂 500 倍液或甲基托布津 800 倍液，每月 1 次，连续 3～5 次。

东北地区常见害虫有春尺蠖（*Apocheima cinerarius*）、苹小卷叶蛾（*Adoxophyes orana*）、沙棘蚜虫（*Capitophrus hippophaes*）和蛀干害虫柳蝙蛾（*Phassus excrescens*）等[9]。春尺蠖、苹小卷叶蛾在害虫发生期用 25%灭杀毙 2 500 倍液或 20%速灭杀丁 3 000 倍液喷洒；沙棘蚜虫可用 40%氧化乐果乳油 1 000 倍液喷洒。

柳蝙蛾（图 3-43）是蛀干害虫，幼虫为害枝条，把木质部表层蛀成环形凹陷坑道，致受害枝条生长衰弱，易遭风折，受害重时枝条枯死。成虫体长 32～36 mm，翅展 61～72 mm，体色变化较大，多为茶褐色（刚羽化绿褐色，渐变粉褐，后茶褐色）。前翅前缘有 7 半环形斑纹，翅中央有 1 个深褐色微暗绿的三角形大斑，外缘有由并列的模糊的弧形斑组成的宽横带。后翅暗褐色。雄后足腿节背侧密生橙黄色刷状毛。卵球形，直径 0.6～0.7 mm，黑色。幼虫体长 50～80 mm，头部褐色，体乳白色，圆筒形，布有黄褐色瘤状突似毛片。蛹圆筒形，黄褐色。辽宁年生 1 代，少数 2 年 1 代，以卵在地上或以幼虫在枝干髓部越冬。翌年 5 月开始孵化，6 月中旬在林果或杂草茎中为害。8 月上旬开始化蛹。8 月下旬羽化为成虫，9 月进入盛期，成虫昼伏夜出，卵产在地面上，每雌可产卵 2 000～3 000 粒，卵子翌年 4—5 月孵化。初孵幼虫先取食杂草，后蛀入茎内为害，6—7 月转移到附近木本寄主上，蛀食枝干。两年 1 代者于翌年 8 月化蛹，1 个月后羽化为成虫。羽化时蛹壳脱出一部分。天敌有孢目白僵菌、柳蝙蛾小寄蝇等。

图 3-43　东北地区常见害虫——柳蝙蛾

柳蝙蛾是危害沙棘的主要害虫，应加强园地的田间管理，早春及时翻树盘，铲除杂草，集中深埋或烧毁，增强树势；5 月下旬枝干涂白防止受害；及时剪除被害枝；破坏越冬卵的生存环境。除此之外，主要防治措施还有：

（1）在低龄幼虫钻蛀树干前，用 25%灭杀毙 2 500 倍液或 20%速灭杀丁 2 000 倍液进行地面或树干基部喷药，每隔 7 天喷一次；

（2）用上述药剂浸蘸棉球塞入虫道或沿虫道直接注入 1～2 mL 药剂触杀幼虫；

（3）用稀释的酒精或清水灌注虫道迫使幼虫爬出捕杀，在幼虫或蛹期，用细铁丝沿虫道插入直接触杀。

（二）黄土高原中部和华北北部地区

在黄土高原中部和华北北部地区，沙棘病害主要有沙棘果内真菌病、沙棘干缩病（镰刀菌凋萎病）、沙棘疮痂病、日本菟丝子危害等；虫害主要有沙棘巢蛾（*Yponomeuta* sp）、舞毒蛾（*Lymantria dispar*）、沙棘卷叶蛾（*Acleris hippohaes*）、桦尺蠖（*Biston betularia*）、沙棘木虱（*Psylla hippophaes*）、沙棘蚜虫等蛀花器芽叶害虫，沙棘绕实蝇（*Rhagoletis batava*）等蛀果害虫，沙棘木蠹蛾（*Holcocerus hippophaecolus*）、红缘天牛（*Asias halodendri*）、芳香木蠹蛾（*Cossus cossus*）等蛀干害虫，以及鼠、兔等危害。

沙棘木蠹蛾（图3-44）是造成老龄沙棘大面积死亡的毁灭性害虫之一，预防常重于治疗。根据沙棘木蠹蛾产卵一般在主干50 cm以下基部的规律，在修剪定形后，将生石灰用水稀释后，加1%柴油，形成预防药品，在沙棘干部50 cm以下涂白。一般一年春、秋2次便可杀死虫卵。农药应确保使用无污染绿色产品，禁止施用非环保型农药。

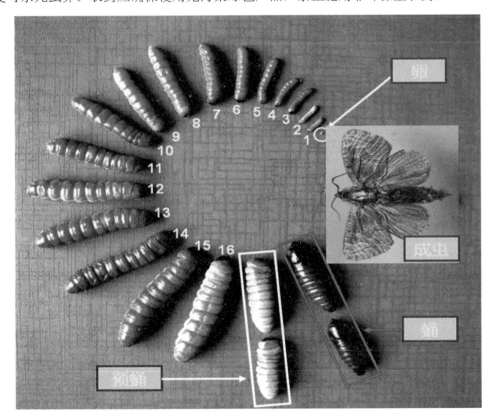

4年1代，幼虫16龄

沙棘根际树干中侵入的木蠹蛾　　　　　　　　木蠹蛾成虫

图 3-44　危害最大的害虫——沙棘木蠹蛾（内蒙古鄂尔多斯）

通过在黄土高原砒砂岩地区的生产实践，总结出的沙棘病虫害防治工作年历如下：

3—4 月（芽孢膨胀前）：剪除并烧掉沙棘树体病枝和枯枝。移植苗运输到种植区定植前应及时消毒，即把苗木完全浸入 2%的福美乳剂 1 min。经过处理后，苗木上的蚜虫、卷叶蛾或沙棘蝇的卵，以及其他越冬害虫均会死亡。

5 月（芽苞膨胀和开放）：当害虫大量出现时，用以下制剂之一对严重染有病虫害的沙棘林地用马拉松进行喷雾；防治食叶幼虫可用敌百虫（0.2%，放叶前 0.46%）和枝状毒虫菌（1%）来代替上述制剂；防治食叶成虫则用多氯蒎烯（0.7%）、甲基硝磷钾（0.2%）；防治蚜虫用乐果（0.2%）。

5—6 月：防治沙棘内真菌病害及其他病害。在雌株开花后，立即用 1%波尔多液或代森锌（0.4%）进行喷雾；代森锌可与马拉松调配使用。

7—8 月初：当果实上出现沙棘蝇幼虫时，要用 0.2%敌百虫对林分进行喷雾。

10—11 月（果实采收后）：树干和骨架枝用 10%石灰溶液或涂料 BC—511 刷白，以防太阳灼烧。

（三）新疆地区

在开展沙棘种植较早的北疆荒漠地区，危害沙棘树体的主要害虫是弧目大蚕蛾（*Neoris haraldi*）。弧目大蚕蛾属鳞翅目，大蚕蛾科，是荒漠地区的主要食叶性害虫。2013 年 4 月下旬，新疆生产建设兵团林园所对沙棘林地弧目大蚕蛾幼虫的虫口密度及危害情况进行了调查[10]。调研沙棘林地株行距为 1.5 m×3.5 m，即每亩 127 株。在发生幼虫危害具代表性的林地设置两个样方，调查每株有幼虫的头数，加权取平均值。结果表明，没有弧目大蚕蛾的株数、每株 1 头的、每株 2 头的、每株 3 头的、每株 4 头的、每株 5 头的分别占 13%、8%、11%、14%、20%、34%。平均 100 株沙棘有弧目大蚕蛾幼虫头 322 头，折合每亩 408 头。经研究，弧目大蚕蛾在北疆地区的沙棘林里一年发生一代，以卵在沙棘枝条或树干等处越冬。越冬卵在每年 4 月上旬至 5 月上旬孵化，幼虫共 5 代，发育期 30 天左右。幼虫老熟后下树在林地树行（树行间为戈壁地）的枯草落叶中化蛹，蛹期 4 个多月，以蛹越夏。成虫羽化期为 9 月下旬至 10 月下旬，羽化盛期在 10 月上中旬。成虫口器不发育，不取食。弧目大蚕蛾进行两性生殖，成虫寻偶交尾后产卵。其发育各阶段形态见图 3-45。

幼虫

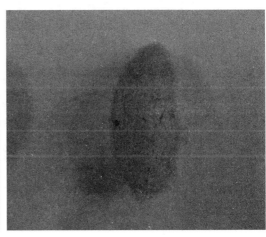

蚕

蛹

成虫

图 3-45 新疆地区弧目大蚕蛾的发育阶段

弧目大蚕蛾对沙棘的危害时期是在 5 月上中旬，主要是幼虫危害树叶。对北疆地区 170 团沙棘林的危害，主要是蚕食沙棘一年生叶片，轻重不一，轻时蚕食沙棘叶中的一部分，被害叶片 1/3～1/2 被食；严重时，食取树叶仅剩叶柄，沙棘生长遭受严重损失。通过试验运用喷洒阿维灭幼脲、5%敌百虫粉剂、敌百虫、苏云金杆菌可湿性粉剂，均取得了较好效果。鉴于遭受虫害的沙棘面积较大，进行了飞机防治（图 3-46）。具体操作是在 5 月中旬，使用安二型飞机装药"阿维灭幼脲"进行喷雾，一个飞行架次，装 4 箱药，一箱药 50 包，每包 100 g，这些药兑水 800 kg，一次喷洒 200 亩，合计用药量每亩 80～100 g，平均 100 g。因融合了阿维菌素以及灭幼脲两种农药的优点，防治获得了良好效果。

图 3-46　新疆飞机喷雾防治弧目大蚕蛾

南疆地区工业原料林建设较迟，现场尚未发现病虫危害情况，也无此方面相关报道。

总之，为了防治大面积沙棘病虫危害，应以农业防治为基础，提倡生物防治，按照病虫害的发生规律科学使用化学防治技术。化学药品防治时，要做到对症下药，适时用药；注重药剂的轮换使用和合理混用；按照规定的浓度、每年的使用次数和安全间隔期使用。同时，还要注意以下几点：

一是购入和运出苗木时，严加检查，杜绝人为传播。

二是冬春修剪时，剪除带卵枝条；人工扑捉幼虫杀灭；蛹期清除林内杂草及枯枝落叶，集中烧毁。

三是成虫期在林内挂黑光灯，诱捕杀害。

四是若幼虫数量多，能造成危害时，可于发展盛期，利用飞机喷雾防治。

五、适时更新

沙棘一般 5 年左右进入盛果期（东北、新疆可能进入更早些），东北区一般可有 10 年左右的盛果期，其他地区一般为 5～7 年的盛果期，即盛果末期在东北区为 15 龄左右，在其他地区为 10～12 龄（华北北部、黄土高原为 10 龄左右，新疆为 12 龄左右）。到达盛果末期后，应采取措施适时更新复壮。青海乐都的实践结果认为[11]，改造后的林分长势明显旺盛，新枝抽出量较对照大 4 倍，而 10 cm 以上新枝占 60% 以上，最长新枝可达 26 cm，产量也明显增加。通过改造的林分不但生长较好，而且寿命延长，生态效能更佳。

（一）皆伐更新

这是一种最简单的更新措施。在东北、北疆地区，沙棘进入盛果末期后，应在当年秋末全部根除原有植株（包括根系），全面整地后，轮作豆科作物等需休闲两三年后再建园。

或为了保证采果量，在轮作期间，可另择地使用扦插苗重新建园。老园更新、轮作、新建园等之间关系要合理安排筹划好，以保持沙棘工业原料林面积动态平衡。

建园具体方法同本章前述内容，在此不再赘述。

（二）萌蘖更新

这是一种利用萌蘖株更新建园的措施。在华北北部、黄土高原中部地区，沙棘萌蘖株十分容易发生，因此在进入盛果末期之前的 2 年，即在华北北部沙棘龄 10 龄、黄土高原中部 8 龄左右时，早春在沙棘行间松土，松土深度以 20 cm 左右为宜，捡尽其他杂草根系，以利于沙棘在行间产生萌蘖株，沙棘萌蘖株全部保留。2 年后整体林分衰败时，于早春全部伐除原株（注意保护行间萌蘖树），在春末时按原定株生距，在萌蘖行间择优保留萌蘖株，根除其余萌蘖株，形成沙棘萌蘖工业原料林。这一方式也可称之为沙棘种植的"倒带"，即树行变行间、行间变树行。

利用萌蘖株建立的沙棘林，在幼龄期也可在行间间作其他作物，增加收入，同时防止产生新的根蘖苗。萌蘖建园的沙棘植株到达盛果期的时间早，植株高度一般较矮，不过更适合采摘要求。萌蘖株沙棘园只能维持一个盛果期，且盛果期较短，待树体衰败后，应该全部伐除，重新用扦插苗建园。

（本章主要编写人员：胡建忠，王东健，单金友，金争平，殷丽强等）

参考文献

[1]　史树军，徐健，梁文秀. 大果沙棘与紫花苜蓿间种治理沙化草原的试验. 养殖技术顾问，2007（11）：31.

[2]　王东健，陈奇凌，张献辉. 新疆戈壁滩沙棘栽培与造林技术研究. 林业实用技术，2013（3）：19-21.

[3] 郑强卿，李铭，王东健，等. 克拉玛依干旱荒漠区沙棘"两高一优"种植园的建设与经营. 林业科技，2007，32（2）：9-11.

[4] 高尚士. 沙棘的修剪与整形. 沙棘，1991，4（4）：41-42.

[5] 陈炳浩. 沙棘种植园建园技术的探讨. 林业科技通讯，1988（1）：9-11.

[6] 河北农业大学. 果树栽培学总论. 北京：农业出版社，1980：287.

[7] 贾春丽，王韡烨，刘文环. 孙吴县俄罗斯大果沙棘造林模式. 现代农业科技，2012（9）：51.

[8] 范仁俊，王强，董晋明，等. 沙棘园杂草发生规律及防治试验. 沙棘，1996，9（1）：28-31.

[9] 王春艳. 良种沙棘种植园高效栽培试验研究. 国际沙棘研究与开发，2004，2（1）：27-32.

[10] 王东健，张伟，张献辉. 荒漠害虫弧目大蚕蛾侵入沙棘林地的初步调查与防治. 国际沙棘研究与开发，2014，12（4）：30-31.

[11] 王瑞华，何晓霞. 乐都县沙棘生态经济林改造技术初探. 甘肃科技纵横，2007，36（5）：68.

第四章 沙棘工业原料采收与储运

沙棘工业原料，主要指由沙棘树提供的果实、叶子和枝干，需要按照工艺要求进行采收，并运送至加工企业处理、储存及综合开发利用。在沙棘生长期内，严禁对地下部分采掘及利用，除非对沙棘林分更新以及挖出根系后。

第一节 沙棘果实采收与储运

沙棘工业原料林建成并进入盛果期后，每年秋冬季就要及时进行采收、运输、储存，并开展相关开发利用。

一、沙棘果实采收

吉林农业大学在吉林省前郭县，5—9月每月采集1次（7月采集2次）中国沙棘和来自俄罗斯、蒙古的大果沙棘果实样品，采集的材料经60℃烘箱鼓风条件下烘干，粉碎（过20目筛子），分析沙棘果实的有效成分。分析结果表明，不同有效成分在不同部位含量高峰出现时期不同。沙棘果实中黄酮含量高峰期出现在幼果期和果实成熟期，香豆素和多糖含量高峰期出现在坐果期和果实成熟期，齐墩果酸含量高峰期出现在幼果期和果实过熟期[1]。考虑到幼果期的低产量，舍弃不取，则果实成熟期即为提取黄酮的最适宜时期，这一结论也与目前沙棘果实采摘时间基本一致。

从产量角度看，采收期偏晚，果实处于过熟状态，果实破损率高，果汁损失多。从营养角度看，采收期偏晚有利于油脂积累，但是维生素等营养物质损失多，果汁不易保存。所以，一般应适度偏早，宜早不宜迟。在合理处理好与农作物用劳争端问题的前提下，三北地区采果也应分区域分品种进行。我国西北、华北地区中国沙棘果实采收通常从9月中下旬至11月初，持续时间为一两个月；大果沙棘采果时间一般为7月上旬至8月中旬（新疆较早，东北较迟）；蒙中杂交沙棘采果时间居中，一般在8月中下旬。东北地区打冻果的时间要更晚些，一般从12月中下旬开始直至次年1月底均可打冻果。新疆，即使是北疆，一般年份气温仍较高，达不到打冻果的要求。因此，打冻果实施地区主要为黑龙江省。

目前沙棘果实采收常用的方法有4种：一是剪果枝法，在西北和华北的广大地区采用，新疆在手工采摘压力大时也会用此种方法。二是打冻果法，通过在冬季敲击树枝收集冻果，适宜在东北寒冷地区（黑龙江）使用。三是手摘法，适宜在东北秋季采摘，以及新疆农闲时采摘。四是机械采收法，国内研发的一些设施有通过振荡法采果的，有通过气流强吸法采果的，但技术均不过关；目前来看，进口德国、俄罗斯的现成采果设施，应是当务之急，在此基础上再加以改进研发。4种方法中，剪果枝法、机械采收法会严重影响第2年的果实产量，采收后的第2年应为休养生息之年；打冻果法、手摘法会使树体结果层逐年外移，内膛枯枝逐年增加，如果不辅之以回缩、重剪或高截干等修剪手段，结果产量也一样会迅速减少。

（一）剪果枝法

中国沙棘主要分布、种植在黄土高原地区以及华北北部地区。种植沙棘果皮薄、易烂，以及气温较高的限制，均使这一地区不适应打冻果，因此剪果枝法（图4-1）就成为目前针对中国沙棘果小、果密、果皮薄、果柄短而筛选出的最为适宜采摘的一种方法。

图 4-1 剪果枝法采沙棘果（内蒙古鄂尔多斯）

剪果枝法使用的工具为修剪果树的常用修枝剪。其优点是采收效率高，缺点是如不进行培训，有可能对树体造成过度采枝，损坏树形，严重者影响其后两三年的产量。以往这一方法还有带枝果加工影响果汁质量的问题，随着果枝冷冻分离设施的研发成功，这一问题也迎刃而解。

如前所述，对于剪果枝法来说，在实践中，没有经过培训的果农为了自己方便，砍伐大枝，甚至放倒整株，竭泽而渔，轻则影响树体生长，重则破坏掉一片林木。因此，为防止过度砍伐，保护沙棘资源，采剪果枝时必须进行提前培训，同时采摘现场要有执法监理人员进行指导和管护措施。剪取的果枝要符合以下条件：2年生枝，粗度小于8 mm，然后将较长果枝再剪为长度20 cm的枝断。最好的采收方法，是结合剪果枝，同时进行树体修剪，剪去徒长枝、竞争枝、病枝、弱枝，并在专家现场指导下，通过中剪、轻剪、疏枝等培育结果枝组。

对沙棘树体科学合理的剪取果枝，不仅可以获取较高的果实资源，而且有利于第2年枝条的萌发，控制树体疯长，防止内膛产生枯枝，促生更多的结果枝组，以逐年培育形成果实产量更高、生态经济结构更加合理的冠形结构。

（二）打冻果法

打冻果法要满足两个条件：一是品种，二是气温。在我国东北北部地区，冬季气温极低（–20℃以下），满足了打冻果的气温条件（图4-2）。作为品种，引进大果沙棘以及选育、杂交的新品种，绝大部分在初冬已经落果或腐败，因此不是所有沙棘品种在东北都可作为打冻果品种来加以利用。目前来看，国内选育的"深秋红"品种，挂果时间很长，在东北黑龙江可从9月直至来年1月底，均能挂在树上，并保持营养成分变化不大。这一品种成为黑龙江规模种植、并实施打冻果法的最佳选择。

图4-2　东北地区沙棘冻果傲雪迎霜（黑龙江林口）

打冻果法的工具就是一个果实收集垫、收集袋和一根与树体高度相配的木杆。打冻果前，先在树冠下铺果实收集垫，然后用木杆从下向上，敲击树枝。对于一个熟练工，一般不到1 min就可以打下一棵树的全部果实，效率很高，果实几乎无损坏。然后，将果实收集垫上的沙棘果实装入收集袋中，放入交通工具运回。详见图4-3。

铺设沙棘果实收集垫

用棍棒敲打树枝震落冻果

打下的冻果　　　　　　　　　　　冻果装袋后运输至集散地

图 4-3　沙棘打冻果法关键步骤（黑龙江林口）

黑龙江省林口县是目前实施打冻果法的主要地区。2018 年 1 月 5 日，首届林口沙棘采摘文化节在林口县奎山乡中三阳沙棘种植基地开幕。近年来，林口县将沙棘产业作为全县推进林下经济发展和农民脱贫致富的一项重要产业，大面积栽植了冬果"深秋红"沙棘品种，先后成立沙棘种植专业合作社 10 家，按照"公司+合作社+基地农户"的运营模式，引领辐射周边 1 000 多个农户发展冬果沙棘种植面积 6 万亩，现已进入盛果期的沙棘近 2 000 亩，计划 5 年内增加到数十万亩。沙棘产业已成为林口县推进林下经济发展和农民脱贫致富的"生态林""摇钱树"。下一步，林口县还将建设一个集生态、旅游、产业为一体的沙棘小镇。

除此之外，黑龙江省孙吴县群众在多年的生产实践中摸索出一些简便易行的方法[2]。一种是徒手撸冻果，在冬季寒冷的早晨戴好长筒皮手套，从枝条基部向梢部撸下冻果；另一种是在冬季早晨用铁丝钩由基部向梢部钩下果实，使果实落在事先放在枝条下方的簸箕或筐内，然后除去枯枝落叶等杂物。采果时要注意保护母树，不能用力过猛，不能使当年生枝条受到损伤，更不能将芽撸掉，以免影响下年生长及果实产量。

目前生产实践中最紧缺的就是，快速选育一系列果实品质好、产量高、极晚熟型的沙棘品种，以适应冷寒地区打冻果法的运用。

（三）手工采摘法

手工采摘法主要运用在黑龙江孙吴县及周边地区，北疆一些地区在采果初期一般也采用这种方法采摘沙棘果实。采摘时，先在树下铺塑料布或油布，采后的果实直接撒于其上；当果实积累到一定量后，再转至簸箕，挑出嫩枝和叶片等杂物，然后倒进筐或筒内，等待装车运走（图4-4）。一般需要佩戴塑胶手套，一个小果穗一个小果穗从树上往下采摘。果实较硬时，可以从果枝上向下捋果实，当然力度要适宜，防止损伤果实，折断枝条。

图 4-4　沙棘果实手工采摘法（黑龙江孙吴）

（四）机械采收法

俄罗斯、德国等国土地平坦，开发利用沙棘较早，已开发出多款沙棘采收机械。

俄罗斯沙棘采收机械体积普遍较大，在东北平原或漫川漫岗区的大果沙棘园，可以改进使用。图 4-5 是在俄罗斯西伯利亚利萨文科园艺研究所拍摄的沙棘采收机械。

图 4-5　沙棘采果机（俄罗斯巴尔瑙尔）

德国的沙棘采果机械相对较小，稍加改进后，在我国新疆、黄土高原地区应该可以适应。但是德国沙棘采果机基本上针对的是灌丛型沙棘树体，因此要求沙棘树体不高，而且一次采果过程结束后，沙棘树体大半都被剪掉，对树体剪取率极大，下一整年沙棘树体都是孕育结果枝条和花芽的过程，相当于两年一采。果枝采收后立即速冻，并进行果枝分离，以得到纯果。与采果对应的速冻、果枝分离设施，德国也完全具备并提供。图 4-6～图 4-8 为德国 Kranemann GmbH 公司推介的采收、速冻和分离设备及其过程。

图 4-6　沙棘果枝采收（德国）

图 4-7　沙棘果枝速冻（德国）

图 4-8　沙棘果枝分离（德国）

　　图 4-9 为德国研制的沙棘果实采摘机械，与前述设备对沙棘树体的要求相同，且对树体采收强度大也是一样的。从图中可以看出，树体较矮，株间距较小以形成整体树篱，行

间距较大，以方便通过采收设施及汽车。

图 4-9　另一款沙棘果实采摘机（德国）

　　沙棘采收机械的强度采收，似乎会影响沙棘总体产量，其实不然。一年生产，一年轮休，产量是有保障的，而且机械化采收成本低，采收相当于修剪，既节省了修剪费用，又活化了树体，有效防止树体结果外移逐渐在树膛中形成的枯枝和树体老化现象，沙棘结实产量会稳中有升。

　　我国目前还没有成熟、实用的沙棘果实采收机械。经查中国知网，有关沙棘采收机械的专利有 11 个，其中气吸式 4 个（一种沙棘果采收装置，一种气动沙棘采收器，气吸式沙棘果实采收装置，气吸式小林果实采收装置），振动式 7 个（一种新型沙棘果实采收机振动头，一种机械振动式沙棘采收机，一种机械振动式沙棘采收机动力转换装置，一种振幅可调的振动式小林果果实采收机，高速旋转振动式沙棘果实采收机，便携式浆果采收器，高频振荡采摘具刺类植物果实的机械）。国内申报专利的转化率很低，许多专利申报后就基本完成了历史使命，专利转化为成品的道路还很长。

　　下面介绍的是一款实用新型专利"一种沙棘果采收装置"（专利号：ZL 2016 2 1302245.0），该采收装置包括果实罐、树叶收集罐、吸头、软管和高压旋涡风机，果实罐和树叶收集罐均垂直放置，果实罐顶部连接有旋风子，旋风子的进口与连接吸头的软管相连，吸头的外侧近端口处设置有消声板，旋风子的下部出口与果实罐相连，旋风子的上部出口经树叶引入管与树叶收集罐连接，树叶收集罐内设置有活塞式过滤器组合件，树叶收集罐的上部出口与高压风机的进口连接（图 4-10）。该实用新型能够通过间歇式工作，充分分离吸入的果实与树叶的混合物，从而实现果实的采收工作，结构设计合理，使用方便，加之体积较小，在部分山丘区也可使用。但目前尚未投入生产，急需有识之士慧眼识金，加以投产推广。

图 4-10 一种沙棘果采收装置——气吸式沙棘采果机

从我国近期生产需求来看，沙棘果实采收，需要小型、可移动、可脱果粒、价格便宜的采收机械，以方便在黑龙江、新疆等平坦地区之外的山丘区使用。有关方面必须采取措施，在积极引进国外采果设施的前提下，加快研发适合我国不同区域需求的沙棘采果设备。同时，也要试验研究适合机械采收的沙棘新品种，如具有果柄长、果皮厚、枝条柔软的沙棘品种，才能保证果实的采收率和完好率，为机械化采收设施提供便利条件。

二、沙棘果实储运

我国三北地区自然条件严酷，农村经济落后，交通条件也并不通畅。在采摘现场，讲究的企业能提供果实专用筐（图 4-11）；但大部分情况下，沙棘采摘后，就直接装进蛇皮袋，利用敞篷车运输至下一集散地。因此，装上车的袋子或筐中的沙棘果枝，由于带枝果上的枝、刺以及果枝相互间的挤压，果汁损失率一般高达 20%～30%。另外，从采收到加工的时间一般最快也需要 2～3 天，这就意味着一半以上的维生素 C 含量已经在运输途中白白损失掉了。

目前，我国沙棘加工企业普遍将关注点放在种子、油脂和从果肉中提取黄酮，而将果汁作为副产品。因此，虽然维生素 C 是沙棘宣传的一个卖点，但在果实保鲜、减少果汁特别是维生素 C 损失等方面还注意不够，更谈不上研究。

内蒙古鄂尔多斯

山西苛岚

新疆哈巴河

图 4-11　沙棘果实收购与运输

近年来，国外市场对沙棘果汁需求增加，国内企业才开始关注提高果实的运输和保鲜技术。从运距和运输时间来看，如果沙棘鲜果采用常温运输，考虑到价格成本因素，运输距离应小于 200～300 km，运输时间以不长于 6 h 为宜。因为，浆果中所含维生素 C，一般在常温下（20℃）1～2 天就可损失 30%～40%[3]。如不及时冷藏保险，维生素 C 将损失殆尽。因此，从保鲜以及保存有效成分角度来看，应该考虑采用冷藏罐装运输沙棘果实。同时，在野外采集、装运时间应该突出一个"快"，方能有效保存维生素 C 等生物活性成分含量，同时最大限度地减少果汁损失。

第二节　沙棘叶子采收与储运

沙棘叶用林，一般可建立专门的雄株原料林，在适宜季节加以采摘；或对当年不采摘的雌株沙棘加以适度利用。

为了探求沙棘新梢叶产量高和营养成分含量高的最佳采收时间，金争平等于 2003 年起在内蒙古呼和浩特、鄂尔多斯等地开展了沙棘新梢生长特性研究。随机抽取 15 株"蒙×中" F_1 代雄株，于 6 月 15 日至 9 月 1 日，每 15 天观测各试验单株的新梢长度、鲜重、叶片密度、百叶重等性状，并分析叶的营养成分。结果发现：新梢在 6—7 月迅速生长，8 月初达到峰值，鲜叶产量最高，之后生长减缓，到 10 月中旬停止生长。在生长旺季，新梢伸长生长速度约每天 2 mm。生长时间仅有 3 个月左右。进入 8 月后，新梢嫩枝伸长生长减慢，加粗生长加快。叶片数量在 6—7 月迅速增多，7 月末 8 月初达到峰值，之后新生叶片减少，10 月末落叶。在生长旺季，平均约 3 天展开 1 个叶片。叶片大小和重量在 6—7 月迅速增大，在 8 月初达到峰值，之后缓慢减小。"蒙×中"杂雄的成熟叶片百叶重 7～8 g。平均鲜叶重占新梢总重的 64%。"蒙×中"杂雄叶片化学成分测定结果表明，如用作饲料，沙棘叶的粗蛋白含量 7 月中旬最高；如用作食品、药品原料，沙棘叶的黄酮含量以 6—7 月最高，之后缓慢减少，这与施荣富等的研究结果相近[4]。根据沙棘叶产量与养分的时间变化，可以据此较为合理地制定兼顾生物产量和营养产量均高的最佳采叶时间。

严娅在 2014 年 6—10 月，于新疆农业科学院安宁渠试验场采摘人工种植沙棘林的新鲜沙棘叶，发现沙棘叶 6—10 月的含水量在 58.07%～68.02%，6 月含水量最高，而在 9 月黄酮、可溶性糖、可溶性蛋白、维生素 C 及氨基酸含量均较高，故以沙棘鲜叶为原料生产沙棘叶茶，应选择 9 月为鲜叶最佳采收期[5]。新疆的光热条件、生长季节等与内地有着不同的特征，采叶时间也不尽相同。

我们于 2018 年沙棘生长季，分别采取辽宁朝阳（华北土石山区）和甘肃庆阳（西北黄土高原区）两地的不同品种沙棘叶子，5—9 月，分别测定了黄酮、多酚、多糖、生物碱、粗蛋白、粗脂肪、粗纤维、总灰分、无氮浸出物、无机盐等 10 个指标，结果如表 4-1、表 4-2 所示。

由表 4-1，表 4-2 可以看出，这两大类型区沙棘叶采收时间，从提取黄酮目的来看，5—7 月含量明显高于 8—9 月；从茶用目的来看，多酚含量总体以 6—7 月为高；从饲用目的来看，粗蛋白、粗脂肪含量总体以 8—9 月为佳。这些测定结果，可用于确定不同利用方向沙棘叶子的合理采摘时间。

表 4-1　辽宁朝阳沙棘叶主要指标测定结果

取样时间	黄酮/ (mg/g)	多酚/ (mg/g)	多糖/ (mg/g)	生物碱/ (mg/g)	粗蛋白/ %	粗脂肪/ %	粗纤维/ %	总灰分/ %	无氮浸 出物/%	无机盐/ %
2018.05.25	27.308	20.054	71.531	1.052	16.84	4.79	7.38	5.53	61.61	3.45
2018.06.25	27.004	19.756	68.167	1.812	15.51	5.27	6.63	5.31	62.74	3.73
2018.07.14	27.883	19.502	76.989	1.372	16.19	4.82	7.33	5.43	62.42	4.20
2018.08.02	13.752	14.538	73.492	0.794	17.59	7.38	7.31	6.86	62.32	5.39
2018.08.22	13.752	14.538	73.492	0.794	17.59	7.38	7.31	6.86	62.32	5.39
2018.09.11	13.059	13.310	84.111	0.870	17.02	8.63	6.98	6.31	61.79	5.58

注：表中为 8 个样品干基含量的平均值。

表 4-2　甘肃庆阳沙棘叶主要指标测定结果

取样时间	黄酮/ (mg/g)	多酚/ (mg/g)	多糖/ (mg/g)	生物碱/ (mg/g)	粗蛋白/ %	粗脂肪/ %	粗纤维/ %	总灰分/ %	无氮浸 出物/%	无机盐/ %
2018.05.30	30.626	16.756	63.318	0.617	15.74	4.04	7.24	4.66	64.88	2.40
2018.06.15	22.092	15.681	56.655	1.499	17.32	3.68	7.08	6.45	63.10	3.03
2018.06.30	22.364	20.759	40.957	1.862	16.51	7.55	6.92	5.00	56.49	3.57
2018.07.20	22.688	20.392	69.675	1.560	15.56	9.42	7.53	5.59	56.52	3.11
2018.08.10	15.493	11.408	56.199	0.855	17.74	7.69	7.11	5.78	62.54	4.91
2018.08.25	15.050	11.321	59.339	0.727	18.21	5.69	7.90	5.80	63.56	4.63
2018.09.10	16.149	12.267	75.951	1.187	18.07	4.71	7.66	6.07	64.35	5.21

注：表中为 11 个样品干基含量的平均值。

一、制茶用沙棘叶子采收

制茶用沙棘叶子，一般来自沙棘雄株，但对处于果实轮休年的沙棘雌株，也可适度采取。沙棘叶子采摘的关键，可概括为"按标准、及时、分批、留叶采"。

（一）采摘时间

既要考虑茶的产量，也要考虑茶叶的有效成分含量，故以夏季（6—7 月）为宜。夏茶由于新梢萌发不太整齐，茶季较长，所以，一般当新梢有 10% 左右达到采摘标准时就要开采了。对于采摘细嫩的名茶原料，开采期更应提前。

（二）采摘批次及周期

除按标准及时采摘外，还必须早发早采，迟发迟采，进行分批多次采摘，即符合标准先采，未达标准的等长到标准时再采。采用分批多次采的方法，可以缩短休眠，造成芽位饱和，使下一轮茶芽萌发迅速，促进树势，而且采下的鲜叶嫩度匀净。

采摘周期是指采摘批次之间的间隔期。采摘周期应根据新梢生育状况，结合采摘标准而定。一般绿茶都是用手工采的，夏、秋茶每隔 5～7 天采一次。

封园期指停止采摘日期，原则上可采到最后一批新梢止，并提早封园。

（三）采摘方法

应根据沙棘生长特性和各茶类对加工原料的要求，遵循采留结合、量质兼顾和因园制宜的原则，按照标准，适时采摘。

手工采茶时，要求提手采，保持芽叶完整、新鲜、净匀，不夹带鳞片、老叶、果实与老枝叶，不宜捋采和抓采。也可采用双手采，这是提高采茶工效的先进手采方法，比单手采茶效力提高 50%～100%。一般每人每天少的可采 20～25 kg，多的可采 35～40 kg，但沙棘树体必须具有理想的树冠，采摘面平整，发芽整齐。

盛茶用具采用清洁、通风性良好的竹编、网眼茶篮或篓筐盛装鲜叶（图 4-12）。

图 4-12　采沙棘叶（新疆青河）

沙棘鲜叶采下后，首先必须从鲜叶的嫩度、匀净度、鲜度 3 方面进行验收，而后参照代表性样品，评定等级，称重过磅，登记入册。

沙棘鲜叶采后一定要做到按级归堆。即使是同一等级的鲜叶，也应做到不同品种的鲜叶分开，晴天叶与雨天叶分开，正常叶与劣变叶分开，成年树与衰老树叶分开，上午采的叶与下午采的叶分开。否则，这些鲜叶如果混在一起，由于老嫩不一，不但给茶叶加工带来麻烦，而且会降低成品茶品质。

（四）采摘标准

随着沙棘新梢的生长，沙棘鲜叶重量一般是逐渐增加的，但对茶叶品质有利的一些化学物质，如茶多酚、氨基酸、儿茶素等一般却是减少的，也就是说品质是下降的，因此，必须按照所制茶类对鲜叶的要求及时采摘。一般可在春茶后期留叶采摘。并根据春茶留叶情况，再在夏茶适当留叶，有些生长不良的茶园，也可采用不采或少采秋茶，实行提早封园的办法来留叶。留叶数量，过多过少都不好，留叶过多，分枝少，发芽稀，花果多，产量不高；留叶过少，虽然短期内有早发芽，多发芽，近期内能获得较高的产量，但由于留叶少，光合作用面积减少，养分积累不足，树体容易未老先衰。茶农的经验是，留叶数一般以"不露骨"为宜，即以树冠的叶片互相密接，看不到枝干为适宜。

二、饲用沙棘嫩枝叶采收

沙棘叶以及新梢均是营养丰富的饲料，因此，可以用剪新梢采叶的方法，以适宜的剪采强度采收新梢叶。采摘时间可迟于采茶用沙棘叶子采摘时间，以 8—9 月为宜。

饲用沙棘主要是选用"捋采法"，采摘新梢叶片（带嫩枝梢）。采摘时，一般戴厚手套捋采，将整条新梢的全部嫩叶以及顶梢段全部采光。也有建议实施"保留顶梢采叶法"，这样对新梢生长有利，但在实际生产中实施，将大大降低采叶效率。但在沙棘叶的市场需求数量和价格明显上涨之前，此种采叶方法实施起来困难一定很大。

所以对于轮休期的雌株沙棘林，可以选用"保留顶梢采叶法"，适度采叶；而对于雄株沙棘林，可以选用"捋采法"。

三、提取黄酮用沙棘叶子采收

黄酮是沙棘叶子的重要生物活性成分，开发利用叶黄酮，是增加沙棘工业原料林效益的重要方面。不同的采收时期，所获营养成分含量变化还是较大的。

（一）采摘时间

从黄土高原和华北北部地区的取样分析结果来看，提取黄酮用叶的采叶时间以 5—7 月为宜，正好与沙棘叶子饲用采叶时间（8—9 月）错开，不过与制茶用采叶时间在后期是重合的（6—7 月）。

（二）采摘部位

提取黄酮用沙棘叶子采摘时间位于春末和整个夏季，采摘只限定在雄株，要在雄株新长出的枝条上捋采沙棘嫩枝叶，顶端嫩枝条不超过 2.5 cm。

禁止采摘雌株带有沙棘果的叶子。

需要指出的是，除茶用外，其他用途采叶可以尽量采用有关机械化设施开展。如青海清华博众生物技术有限公司等提出的实用新型专利"沙棘叶采摘机"，风机及柴油机通过支架固定在集叶箱后侧上方；集叶箱内 2/3 处设置面板，面板前侧为枝条分离室；枝条分离室前侧上方设置与枝条分离室相通的橡胶软管快速接头；橡胶软管通过橡胶软管快速接头与枝条分离室连接，橡胶软管前端通过工作头快速接头与金属工作头连接。该机结构紧凑合理，体积小，底部设置滚轮便于整机运输。该机设置了快速接头，便于随时取下金属工作头与橡胶软管，可以按需要配备不同长度的橡胶软管。同时，采用耐磨的橡胶软管，耐磨性强，可以在沙棘林复杂环境中长久使用。

四、沙棘叶储运

在距离加工厂较近时，叶子采收后可就近直接交有关加工厂；在距离加工厂较远时，可先晾晒，再储存，等积累到一定量时，再运送至有关加工厂。

（一）收购

沙棘种植区有关村镇先设若干个收购点，统一定点收购储存；然后运输至沙棘加工企业集中收购点；最后统一运输至沙棘加工企业。见图4-13。

新疆青河

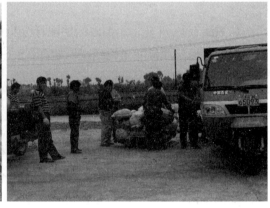

内蒙古鄂尔多斯

图4-13　沙棘叶收购

茶用沙棘收购标准见前述有关内容，而用于沙棘饲料、黄酮提取的沙棘叶子收购标准为：

（1）干叶子整洁、干净，无沙土、无枝条、无沙棘果、无霉变结块。

（2）凡不符合标准的收购点可根据情节进行扣价，带沙棘果或质量极差的不予收购。

（二）晾晒

用干净的地或凉房，将采后的沙棘叶子及时铺开，叶片厚度不超过 3 cm，最好阴干（图4-14），不能出现霉烂现象。

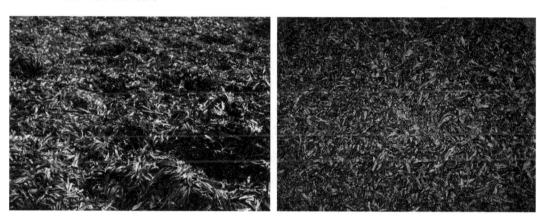

鲜叶　　　　　　　　　　　　　　　　干叶

图 4-14　沙棘原料叶晾晒（新疆青河）

（三）包装

采下沙棘叶子，应用食品专用包装袋包装，包装一定要做到干净、无毒、无撒漏。

（四）运输

装运鲜叶的器具，要保持清洁干净，通气良好。这样，既可以防止细菌繁殖而产生异味，又能流通空气，防止叶片发热变红。实践证明，有网眼篓筐是一种比较好的盛叶器具。盛装时切忌紧压，及时运送加工厂，按要求分类分级摊放，防止腐烂变质，这是鲜叶管理中的重要环节。晾晒后的干叶，要防止混入有毒、有害物质，并及时运抵有关加工车间或库房储备。

第三节　沙棘枝干采收与储运

我国黄土高原地区早期营造的沙棘林，多数为燃料林，目的在于通过收获沙棘枝干来解决这一地区"缺柴少烧"问题[6]。目前营造的沙棘林虽然是多功能的，但解决燃料问题仍然是其主要目标之一。

一、沙棘枝干采收

据苏联 К. А. Арбаков 对沙棘母树林（采穗圃）的生产力研究结果[7]，新梢插穗的生产力取决于树龄、定植方式、品种特性以及修剪方式。不修剪的母株形成大量的徒长枝和丛生枝，新梢穗条的产量不高（43 条/株）。而适度修剪（1 年生枝剪短 1/3～1/2）的母株，新梢穗条产量最高（107 条/株）。重度修剪（1 年生枝短截到只留 2～3 个发育芽）的母株，有利于新生穗条粗壮生长，但新梢穗条的产量要比适度修剪的母株少得多（80 条/株）。

可见，适度修剪可以让树体产生更多的新梢穗条。而经整形修剪，特别是每年修剪所得枝条，则是枝干原料的重要来源，且每年都可提供。一般从 3～4 龄开始，就可以结合整形修剪，在每年的冬春季节进行整形修枝，来获取枝干。

在三北地区，每年秋季（9—10 月）多用剪果枝法采果实，这一采果办法实际上除采下鲜果外，还同时采下了沙棘枝断。这些沙棘枝断在实施果枝分离后，也是获取枝干的重要来源之一。

同时，沙棘树体高截干去掉的枝条，林分更新时挖掉的树体，也是枝干原料的重要来源，这部分量更大。一般受林分生长年限影响，高截干可 8～10 年开展一次，而林分更新一般 12～15 年开展一次。

二、沙棘枝干收集与储运

对于整形修剪等所获得的沙棘枝干，或整个连根挖掉的整株树体，必须截短、劈开、晒干、整理成捆、堆放备用，或直接用作炉灶燃料；或用于燃烧发电；或用来制作颗粒燃料；或用于胶合板、纤维板制造等。

（一）枝干收集与储存

沙棘枝干收集与存储，一般有厂外收集与暂存、厂内储存两种模式。但以两种模式结合更加方便，其优点是可加大枝干可收集半径，枝干供应可靠性较高、收集方便；但其缺点是枝干组织的物流环节比较复杂，由于枝干需要中间转运，投资和运行费用较高，适用于枝干收集半径较大、厂内贮存场地较小的工厂。目前国内投产的生物质发电厂基本采用这种模式[8]。

1. 厂外收集与暂存

沙棘枝干收集工作，本着收购、运输方便的原则，可在厂外收集与暂存。采用若干固定收购站和临时收购点模式。一般根据枝干分布情况以及可供场地情况，在资源较丰富的乡镇设立 1～2 个固定储存点和若干个临时收购点。

为减少作业环节，降低运行成本，建议厂外料场作为储备性料场。在枝干供应充足期，收购高质量的枝干储备。在农忙季节或春节等时段劳动力短缺，造成枝干供应量减少时，通过调用厂外料场的储备枝干，满足电厂等运行的需要。同时，为缓解枝干价格上涨压力，将厂内料场作为临时料场，控制来料上料系统，尽量减少堆垛、拆垛等环节，进一步降低运行成本，提高效益。

2. 厂内储存

厂内储存分露天储存和棚内储存两种方式。

露天料场主要作为厂内中转料场，储存如树皮、树枝、树头等不易变质的硬质燃料。若作储备料场时，在雨水较多的季节，应堆成斜顶形并采用帆布等遮盖，防止雨水大量渗入料堆，影响燃料的品质。同时，应注意对露天堆放的枝干定期翻晾。

厂内设置原料棚。厂内板料棚可采用半封闭结构，存放经过破碎处理的枝干。

（二）枝干运输

根据沙棘枝干特性和储存方式的不同，可确定不同的运输方式。如充分利用加工厂的原料库和常年原料收购站，大量培养原料收购经纪人，采用分散收集、集中存储的运行模式。

收购站按加工厂需求，平衡其原料收储量，将符合加工厂使用要求的原料直接送往加工厂或送往收购点储存，不符合加工厂使用要求的原料，必须先送收购站经破碎、打捆或者压块后，再送往加工厂或在收购站储存。

对于生物质电厂、固体燃料厂或板材厂来说，由于沙棘枝干密度小，原料体积大，原料运输车进、出厂车次频繁。因此，如何解决好车辆进、出厂问题是原料运输的关键。建议在进、出厂区的大门上设计人、车分流与进、出分流通道，使车辆进出厂门时不需避让行驶，提高车辆进出厂区的效率。

（本章主要编写人员：胡建忠，张东为，闫晓玲，夏静芳等）

参考文献

[1] 李晓花. 沙棘有效成分动态变化研究. 长春：吉林农业大学，2003.

[2] 江中秀. 沙棘种植园的建造和管理. 新农业，1985（13）：8（13）.

[3] 胡建忠. 全国高效水土保持植物资源配置与开发利用. 北京：中国水利水电出版社，2016：155.

[4] 施荣富，王春红，李永海. 沙棘叶黄酮含量及变化规律研究. 国际沙棘研究与开发，2003，1（1）：40-44.

[5] 严娅. 沙棘叶茶加工工艺研究. 乌鲁木齐：新疆农业大学，2015.

[6] 胡建忠，王愿昌. 试论黄土高原地区能源林的建立及利用. 沙棘，1995，8（2）：1-5.

[7] К.А.Арбаков. 沙棘母树林的生产力. 张哲民，等，译. 沙棘的生物化学和引种育种. 北京：科学技术文献出版社，1989.

[8] 陈辉. 生物质发电厂燃料收集、贮存与运输. 东方电气评论，2013，27（3）：79-83.

第五章 沙棘工业原料初加工及有效成分提取

沙棘工业原料初加工，主要针对沙棘果实，将沙棘果实初步分离为果汁、果油、种子、果皮、果渣、果泥等部分；而沙棘叶、枝干已为加工的基本成分，因此基本不需要开展初加工。而沙棘有效成分提取，亦主要针对沙棘果实籽油、黄酮等的提取，不过也涉及一些对沙棘叶黄酮的提取内容。

第一节 沙棘果实初加工

沙棘果实初加工是沙棘产业链发展的源头，是最为重要的一个环节。沙棘果实中的有效成分复杂和敏感，例如，维生素类（特别是维生素C）和油类，在采收、运输、储存和加工中如不能找出适当的工艺和方法，果实中所含有的酶类物质以及空气中的氧均会对这些物质造成破坏。因此，整个沙棘果实的采收、储存和加工过程应十分细心，要采用低温和瞬时高温处理，以保持有效成分的最大活性。

沙棘果实初加工所获得的各种沙棘产品，如果汁、果油、果肉、种子、果皮、果渣、果泥等都有很大的利用价值，是做到综合利用和无废料利用，实现价值最大化的重要原料。因此，必须认真处理好每一个环节。沙棘果实采收回来后应马上清洗冷藏，以防被污染和果皮损坏后发生果汁的劣变，而影响最终沙棘果汁产品的口感和质量。沙棘原果汁在加工后应立即灭菌和冷却罐装，以保证沙棘原果汁的产品质量和口感。沙棘果皮和果肉要尽快晒干或烘干，否则将结块、发霉变质。沙棘种子也要尽快处理，以防变霉而影响下一步从中提取油脂的品质。这里沙棘果实处理是基础，这个基础工作做不好，沙棘的产业发展势必将会受到严重影响。

一、沙棘果汁分离

果汁提取是沙棘开发利用的第一道环节，各类有效成分的提取，也源自果汁提取。沙棘果汁是沙棘众多产品中被老百姓认可度最高的产品，市场占有率也最高。沙棘果实的特点是味酸，但富含多种营养物质，新鲜沙棘果很难大量存储，沙棘果必须经过及时加工才能实现其经济价值。

在我国三北地区，大果沙棘果实一般 7 月上旬至 8 月中旬成熟。由于大果沙棘的枝条不带刺，同时大果沙棘是按照果园式栽培和管理的，因此采收极为方便，所采收的大果沙棘果实基本上是纯果。这类纯果可考虑在采收时通过严格的技术和管理程序，根据各区域沙棘果实的成熟程度、数量、冷库的规模等因素，按照需要进行采收。所采收的沙棘果实经清洗后一部分被冷冻储存，部分被直接进行压榨加工，并按照生产方案将其加工成果汁饮品、灭菌原汁或灭菌沙棘浓缩汁。

中国沙棘果实较小，果柄短，附着力强，刺多，果皮薄，采摘十分困难。目前国内采果的主要方式为剪果穗法。在 2006 年以前很长时间内，沙棘果实的加工以简单的枝果混榨方式进行，规模小，技术落后，沙棘果汁含有难以去除的涩味，品质没有保障。据此鄂尔多斯市高原植物资源开发有限责任公司（以下简称"鄂尔多斯高原公司"）以解决沙棘果实枝果分离为目标，反复试验，自主研发，创新沙棘果实加工的新工艺——果枝分离，在鄂尔多斯市建立了万吨级高标准综合示范工厂。

该条生产线是国内首条采用大型速冻脱果设备的沙棘原料加工生产线，利用已成熟带枝条的沙棘果实，在约–40℃低温的网带式单体速冻机内冷冻约 15 min，然后进入一台振动式脱果机实现果枝分离[1]。因为经过速冻的带枝条沙棘果已经冻僵，果柄枝条连接十分脆弱，通过一定频率的振动，可将沙棘果从枝条上脱离下来，并且破坏率很低，从而实现了枝果分离，获得沙棘纯果。其生产工艺流程如图 5-1 所示。

通过速冻后获得的沙棘果，进行漂洗、解冻、打浆，而后粗滤。粗滤主要包括初滤和卧螺分离两道工序，目的是去除沙棘果浆中所含的杂质，如果皮等，这样就尽可能地减少了沙棘果汁中的杂质，确保了果汁的品质。最后，通过碟片分离将沙棘果汁中的果肉和果油分离出来，获得不含果肉和果油的沙棘纯果汁。

（一）果枝分离

在世界范围内，鉴于资源量和可采摘量等原因，可用于作为食品原料加工的沙棘品种主要有中国沙棘和大果沙棘。中国沙棘主要分布在我国的黄土高原地区和华北北部地区，大果沙棘主要栽培于我国的黑龙江、新疆等地。我国沙棘资源占有量约为世界资源量的95%。目前大果沙棘虽然具有果实大、无刺（或少刺）和产量大的优点，但由于其需要种植在肥沃农田内，果园式的管理等原因，资源规模受到一定限制。而与之相比，中国沙棘由于适应性强，耐旱、贫瘠、耐寒等特性，有野生资源的大面积分布。由于小流域治理、三北防护林建设、退耕还林等原因在三北地区大面积种植的人工林，总面积达到四五千万亩。

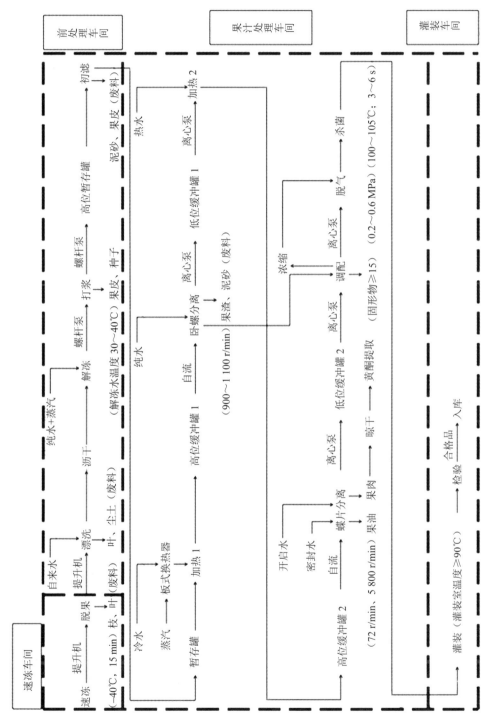

图 5-1　沙棘原料速冻脱冻果生产工艺

目前，由于所采摘的中国沙棘植物体枝干上有刺，因此采摘时通常是将结有沙棘果的枝条一并剪下。并且由于中国沙棘果皮薄、果柄坚实，无法将其与枝条分离，否则会造成中国沙棘果粒的破损，从而影响果的数量和质量。因此常规对于中国沙棘果的加工通常采用的是带枝压榨法。这种工艺方法虽然简单，但由于在加工处理过程，沙棘枝条中的一些成分，如单宁、色素等会溶入所加工的沙棘原果汁中，造成所加工得到的沙棘原果汁色泽较深，同时伴随有单宁的苦味，从而影响到中国沙棘原汁的品质。

针对现有沙棘压榨技术的不足，经反复研究，鄂尔多斯高原公司得到了一种沙棘纯果的分离方法和设备（图5-2），并已获得发明专利（ZL 2007 2 0001281.8）。从而使得在加工过程前，将沙棘果实与所夹带的枝条和叶子分离，有效提高了沙棘果加工产品的品质。

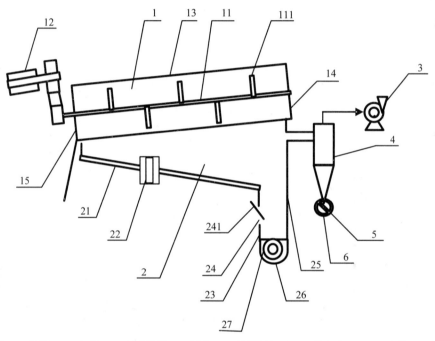

1-筒体；11-转轴；111-打棒；12-驱动装置；13-通孔；14-沙棘果入口；15-枝条出口；2-风选筛；21-侧壁；

22-振动电机；23-下方侧壁；24-入风口；241-风量调节装置；25-对侧侧壁；26-沙棘纯果出口；27-出料绞龙；

3-风机；4-旋风分离器；5-关风器；6-叶片出口

图5-2　沙棘果实分离机示意图

其主要技术环节，是通过如下技术步骤来实现的：

首先，将带枝条的沙棘果实进行速冻处理。该速冻处理可以在连续式低温隧道速冻机的隧道内进行，该隧道内温度为−25～−35℃；隧道内风速为4～6 m/s；带枝条沙棘果实在该隧道中的行驶时间为15～30 min。

其次：将经速冻后的沙棘果实进行枝、叶和果实的分离。对已经速冻的沙棘果实击打，并将其枝、叶和果实彼此打散，形成打散物；按照尺寸大小将打散物进行筛选，将叶、果实与枝分离；按照比重差异对叶和果实进行风选，将二者分离。

这种沙棘纯果的分离方法，步骤简单，操作简便，分离效率高，能够有效地将沙棘的枝、叶和果实进行彻底分离，并得到杂质含量低于 2% 的沙棘纯果。该纯果可作为果实原料直接出售，也可用作中国沙棘果原汁的加工。采用中国沙棘纯果所加工得到的沙棘原果汁，具有沙棘果所特有的香味，无单宁的苦或涩味，具有橙黄色的外观。图 5-3 为分离后中国沙棘的纯果和枝条。

图 5-3　分离后的中国沙棘纯果和枝条

（二）籽皮分离

由于在生产过程中新鲜分出的沙棘果渣中含有较多的果汁水分，因此对沙棘榨汁或打浆生产沙棘果原汁后所产生的沙棘果渣的分离，均是采用天然晾晒后，再经过扬场或筛分的方法来分离其中的沙棘种子和果皮。这样的方法存在下述的主要缺点：一是需要大量的场地，同时由于沙棘果汁的强酸性会对晾晒场地造成损坏；二是由于自然晾干需要的时间长，种子和果皮长时间暴露在空气和阳光下会影响最终分离出的沙棘籽和果皮的品质，同时沙棘果渣在晾晒过程中易被污染；三是由于在沙棘果渣中残留的少量果汁和果肉会在干燥后使沙棘籽皮产生黏连，事实上即使干燥后的沙棘果渣的分离也是困难的；四是现有的沙棘籽皮分离方法无法满足工业化大生产的需要。

虽然可以采用传统的机械干燥技术和设备，对沙棘果渣进行干燥处理和随后进行分离，但鉴于沙棘果渣中所含有的沙棘果汁具有强酸性，这种方法需要大量的设备投资，同时正常生产时操作费用较高。

为了解决这一问题，结合生产，鄂尔多斯市高原植物资源开发有限责任公司（以下简称"鄂尔多斯高原公司"）试验研究了沙棘加工过程中的籽皮分离，并研究成功了籽皮分离机（图 5-4），同时获得发明专利（ZL 2007 2 0103984.1）。使用该分离机可使沙棘果在加工过程中所产生的沙棘果渣不经干燥直接进行籽皮分离，从而使沙棘果加工过程实现真正意义上的工业化连续生产，同时可提高沙棘果后续加工产品的品质，该分离机具有结构简单，操作方便，工作效率高，实用性强等优点。

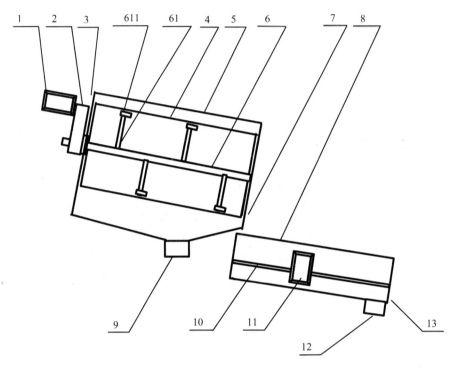

1-驱动电机；2-传动装置；3-沙棘果渣入口；4-转筒；5-壳体；6-打轴；61-打棒；611-可调节刀片；7-籽皮出口；8-分离筛；9-果肉和汁出口；10-筛面；11-振动电机；12-沙棘籽出口；13-沙棘果皮出口

图 5-4   沙棘籽皮分离机示意图

该分离机主要包括分离机壳体，壳体下部设有沙棘果肉和汁出口，壳体内设有一转筒，转筒上设有一个以上通孔，转筒与驱动装置相连，在转筒内还穿设有打轴，沿打轴的径向方向间隔凸设有一个以上打棒，打棒末端装有可调节刀片，转筒的轴向与水平面间形成10°～20°的夹角，转筒的前、后两端分别设有沙棘果渣入口和沙棘籽皮出口，在沙棘籽皮出口的下方设有分离筛，分离筛的侧壁上设有驱动电机，分离筛后部设有沙棘籽出口和沙棘果皮出口。

根据不同的需要，在分离机的转筒壁上设有一个以上均布的通孔，该通孔可为圆孔或者长条状孔，其中圆孔的尺寸为直径 1～3 mm；长条状孔的尺寸为（1～3）mm×（30～60）mm，该转筒的旋转速度为 400～500 r/min（或无极变速的转速），该无极变速的转速可以通过安装公知的无极变速装置来实现。在转筒内还穿设有打轴，沿打轴的径向方向间隔凸设有一个以上打棒，根据分离机处理量的不同，打棒的数量可以设置 3～12 个，并且在打棒的前端安装有可调节的刀片，可通过调节刀片的角度来控制沙棘果渣在转筒内的停留时间，从而控制分离效果。经过转筒分离过的沙棘籽皮进入分离筛中，该分离筛可为商业上常规的平面回转筛或振动筛，但是筛面的筛孔需特殊配备，以符合对沙棘籽皮分离的要求。该筛孔可为圆孔或者长条状孔，其中圆孔的尺寸为直径 5～8 mm；长条状孔的尺寸为（5～8）mm×（50～100）mm，基于沙棘籽与果皮的规格差异，可从筛面下部获得分离后果皮杂质小于5%的沙棘籽，而在筛面上部可获得沙棘籽含量低于4%的沙棘果皮。

该分离机的使用解决了在沙棘果渣分离前必须被干燥的难题，通过设备中前段所设置的高速旋转的转筒，可将沙棘果渣中所残留的沙棘果汁和部分挟带的果肉首先进行分离，同时该高速的分离在实际上也相当于对沙棘果渣进行干燥的过程，这样就避免了后续分离筛在进行沙棘籽皮分离过程中可能产生的由于果汁和果肉的存在而产生的黏连无法分离的问题，使得后续的沙棘籽皮分离筛分离成为可能。另外，该设备结构简单，分离效率高，可实现沙棘果渣的连续工业化规模的分离生产。

在实际的操作过程中，将经过压榨或打浆处理后的沙棘果渣均匀地以200 kg/h的速度，从沙棘籽皮分离机的入口 3 喂入，分离机壳体 5 内设置的转筒 4 在驱动电机 1 和传动装置 2 的带动下旋转。在本实施例中，转筒 4 的转速为 400 r/min，该转筒 4 上均匀分布有直径2 mm 的通孔（图中未示出），转筒轴与分离机放置地面的倾斜角为 10°。在转筒内打轴 6上装置有 4 个打棒 61 和相应的 4 个可调节刀片 611。进入分离机的沙棘湿果渣在转筒 4 离心力和打棒刀片 611 的作用下，其中所含的残余果汁和果肉将通过直径 2 mm 的通孔进入分离机壳体 5 中，并从果肉和汁出口 9 流出分离机，同时使得沙棘果渣被干燥。该干燥后的沙棘皮渣混合物从籽皮出口 7 落入分离筛 8 中。此时分离筛 8 的筛面 10 上均匀分布着5×40 mm 的长条形筛孔（图中未示出），借助分离筛 8 的回转或振动以及沙棘籽皮的尺寸差异，沙棘籽将从筛孔中落下，并从沙棘籽出口 12 中流出；而沙棘果皮保持在筛面 10 上，从果皮出口 13 中落下。从而完成沙棘籽皮分离。

最后需要说明的是，以上实施例仅用以说明技术方案而非限制，在实际工作中可以对上述技术方案进行修改和等同替换。

（三）果汁压榨

常规对于中国沙棘果的加工方法，通常采用的是带枝条果实的螺旋压榨机压榨、过滤、碟片式离心机分离、调配和灭菌灌装的工艺。

这样的工艺方法虽然简单，但采用常规的螺旋压榨机压榨的方法，由于机械压力极限的限制，通常会带来沙棘果出汁率低，沙棘种子易于在压榨过程中破碎，而影响沙棘籽的质量等缺点。

针对现有果汁压缩技术的不足，鄂尔多斯高原公司研发出了一种沙棘纯果原果汁的加工方法，该方法出汁率高，生产操作方便；加工得到的沙棘纯果原果汁色泽鲜艳，没有单宁的苦味，保留了沙棘果的香味和口味。这套技术主要包括如下步骤：

步骤1：对沙棘纯果进行打浆处理，将打浆后得到的混合物进行分离，得到沙棘果渣部分和沙棘浆液部分，对沙棘浆液部分进行粗滤，使其初步固液分离，形成沙棘果原浆；

步骤2：彻底去除沙棘果原浆中残留的固体杂质和大部分沙棘果油，形成沙棘原汁；

步骤3：对沙棘原汁进行固形物含量调配，形成沙棘纯果原果汁；

步骤4：对沙棘纯果原果汁进行灭菌灌装。

其中步骤1所使用的沙棘纯果为新鲜的沙棘纯果或经速冻的沙棘纯冻果。

具体地，步骤1中使用沙棘纯果为新鲜的沙棘纯果或速冻的沙棘冻果，优选使用新鲜的沙棘纯果，这样可以省略沙棘果的解冻工序。在使用速冻沙棘纯果的情况下，使用前需要首先对速冻的沙棘纯果进行解冻处理。速冻沙棘果的解冻处理是用沙棘冻果解冻机进行的。将沙棘冻果在一控温水槽中由履带缓缓地输送通过，温度和时间按照沙棘冻果的坚实程度进行调节，一般是40～50℃；时间为5～10 min。解冻后的沙棘纯果通过一倾斜的具筛孔的履带输送机沥干水分，这里输送沙棘冻果的设备优选履带式输送机，所选用的输送机材料优选工程塑料。

在步骤1中，新鲜的沙棘果或沥干解冻后的速冻沙棘纯果，由螺杆泵送入打浆机中进行打浆。所使用的打浆机结构为商业上通用的设备，但对于筛筒的孔径需要特别处理，一般为10～30目的孔径。

步骤1中的果渣部分可以分离成沙棘果皮和沙棘种籽。而打浆分离出的沙棘浆液部分，被泵入圆筒式粗滤机中进行粗滤，以除去其中所含的少量被打碎的沙棘籽和沙棘果柄。圆筒粗滤机的圆筒筛网目数为25～50目，圆筒粗滤机的圆筒轴转速为350～450 r/min。

为了有效地将杂质去除，在步骤2中将粗滤过的沙棘果原浆，泵入卧螺式离心机中进行固液的分离，以去除沙棘原浆中还残留的少量固体杂质，如沙棘果肉、果柄碎渣等。经卧螺离心机分离后的沙棘果原浆，再进入碟片式离心机中进行分离，以彻底去除残留的固体杂质以及沙棘果原浆中所含的大部分沙棘果油，形成沙棘原汁。

经过碟片式离心机分离后的沙棘原汁将暂存于调配罐中，按照对产品品质的要求，如固形物含量进行步骤4中的调配。一般产品沙棘原汁的固形物含量应该为14%～15%，形成沙棘纯果原果汁。达到质量标准要求后的沙棘纯果原果汁，可进入灭菌灌装设备进行灭菌灌装，按照沙棘果汁的特性，灭菌温度为100℃，灭菌时间为60 s。

上述处理过程中所涉及的设备，如卧螺式离心机、碟片式离心机，以及灭菌灌装设备，均为商业上可购得的标准设备，但工艺参数应该按照沙棘果原汁的性质进行确定。

这套沙棘纯果原果汁的加工方法，加工所得到的沙棘纯果原果汁色泽鲜艳，没有单宁的苦味，具有沙棘果的香味和口味，同时出汁率高，固形物含量为 14%～15%，生产操作方便，可用作果汁饮料的营养强化添加或直接作为沙棘果汁饮料饮用。

具体实施中，可将冷冻的沙棘纯冻果连续按照 500 kg/h 的速度喂入沙棘冻果解冻机，该沙棘冻果在一控温水槽中由履带缓缓地输送通过，控制水槽中的水温为 65℃，沙棘冻果通过水槽的时间为 4 min，即可完成沙棘冻果的解冻。解冻后的沙棘纯冻果通过一倾斜的具筛孔的履带输送机沥干水分后，由泵将其送入打浆机中，打浆机筛孔的孔径为 25 目。

打浆后得到的混合物须进行分离，分离出沙棘果渣部分和沙棘浆液部分，将果渣部分进行沙棘果皮和种子的分离；而分离出的沙棘浆液部分，再由泵泵入圆筒式粗滤机中进行粗滤，形成沙棘果原浆。所使用的圆筒粗滤机的圆筒筛网目数为 45 目，圆筒粗滤机的圆筒轴转速为 350 r/min。

粗滤过的沙棘果原浆被泵入卧螺式离心机中进行固液的分离，以去除沙棘原浆中还残留的少量固体杂质。经卧螺式离心机分离后的沙棘果原浆，再进入碟片式离心机进行分离，以彻底去除残留的固体杂质以及沙棘原浆中所含的大部分沙棘果油，形成沙棘原汁。经过碟片式离心机分离后的沙棘原汁，将暂存于调配罐中，按照产品品质的要求对固形物含量进行调配，使之固形物含量保持在 13%。达到固形物质量标准的沙棘纯果原果汁，被定量的泵入灭菌灌装设备进行灭菌灌装，所采用的灭菌温度为 120℃，时间为 30 s。沙棘纯果原果汁的灌装采用无菌袋形式。

经过上述加工处理后可得到具有沙棘果特有香味、无单宁的苦味或涩味、橙黄色外观、其固形物含量为 13%的优质沙棘纯果原果汁，其可用作果汁饮料的营养强化添加或直接制作沙棘果汁饮料。

天然沙棘果汁应该有原果香味，维生素含量丰富，无不良异味，色泽鲜艳，果汁应有均匀的浑浊度。达到这些要求的手段主要有，一是适时采果；二是原料保鲜；三是解决枝果混榨的生产方式，实现沙棘果实分选，去杂清洗。通过试验研究提出的上述有关技术和设备，为保证沙棘企业实现规模化生产、连续性生产提供了有效的工艺和设备支撑；同时，还通过了 ISO9001、ISO14001 体系的认证，产品也已获得欧盟、美国有机食品认证，沙棘原汁等产品已销往欧盟、美国、日本等多国或区域。

二、沙棘果油分离

沙棘果油的获得一般是在沙棘原果汁加工过程中，通过对所获得的沙棘原果汁进行沉淀或离心分离的方法，将其从果汁中分出。事实上，沙棘果油在原果汁中的存在对于沙棘原汁的进一步利用是不利的，过多果油的存在会使进一步加工的沙棘果汁饮料发生挂瓶现象，影响产品的外观感。

经沉淀、离心分离或果肉压榨获得的沙棘果油中，通常还含有大量的果汁，需要进一步沉淀或再次离心分离后，可得到沙棘果毛油。沙棘果油具有不同的理化指标，取决于沙棘果的成熟程度、原料的储存时间和条件、加工工艺等因素。对于销售而言，还需要进一步对其精制，使得该产品具有统一的产品标准。

对于沙棘果油的提取，目前主要采用的是离心法、液压压榨法、澄清法等。

（一）离心法

离心法是通过离心力来分离沙棘原果汁，从而获得沙棘果油的一个工艺过程。

离心分离法的原理是，沙棘原果汁是一种汁—油—固体物三相组成的非均一系物料，其中汁为含各种营养成分水溶液的沙棘汁，油为沙棘果（肉）油，固体物为少量沙棘果肉及碎果皮等杂物。沙棘原果汁中这三相比重不同且相差不是很大，油为 0.928 g/cm^3，原汁为 1.088 g/cm^3，固体物为 1.065 g/cm^3。在目前技术条件下，蝶式离心机已可将其进行很好的实现分离。图 5-5 为新疆慧华公司的果汁、果油分离设备。

图 5-5　沙棘果汁、果油分离设备（新疆青河）

沙棘果油的离心分离工艺流程如下所示：

```
                                                              固体废渣
                                                                ↑
沙棘原果汁→三足离心机或卧螺式离心机→过滤器→加热至 70～80℃→离心分离→沙棘果油
                        ↓            ↓                              ↓
                     固体杂质 ←  ←   ←                           沙棘清汁
```

该方法的优点是，流程简单，容易操作，所得到的沙棘油新鲜，投资规模中等，同时该工艺也是制备沙棘鲜汁所必需的脱脂工序。

（二）液压压榨法

该方法适用于干燥后的沙棘果肉。借助液压式榨油机，可获得沙棘果肉中约一半的果肉油。该方法的优点是投资省，易操作；缺点是油的得率低，同时由于干燥过程的氧化水解，所得沙棘果油的品质较差。其生产工艺流程如图5-6所示。

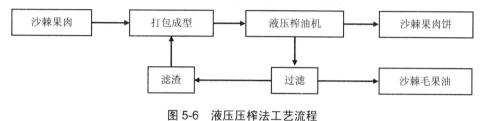

图5-6 液压压榨法工艺流程

（三）澄清法

澄清法是对沙棘的果汁利用静置沉淀的原理，而获得沙棘果油的一种方法。

沙棘原果汁是由三相构成的，各相的重力 F 是不同的，即 $F=mg$，其中，m 为单相质量，g 为重力加速度，利用重力作为推动力，通过重力过滤及重力沉降，从而可分离出沙棘果油。

澄清法是一种最简单的获得沙棘果油的办法，简单到只要把沙棘原果汁放到一个容器中，将其静止一段时间，上面即会有一层油漂出来，这层油就是通过所谓的澄清法获得的沙棘果油，然后将其收集起来即可。这种方法的缺点是出油效率低，仅为20%～45%，且获得的油质量不够好，但仍然不失为一种简单的、作坊式的生产方法。

为了提高使用澄清法的效率和出油量，人们也通常对原果汁进行加热、加水、加盐、加酶、发酵、电解等处理。通过这些处理，可使其出油效率由 20%～45%提高到 70% 左右。

三、沙棘其他原料分离

除了枝与果、种子与果皮，以及果汁、果油等产品可分离外，其他部分如果肉、果渣、果泥等分离后也可用于不同方面。事实上，沙棘加工过程中所产生的各种初级产品，均可按照各自的特性被分别收集和处理，并进行下一步加工利用。在整个加工过程中基本上可以做到无废料排放，所有的产品或副产品将作为进一步加工的沙棘产品原料。图5-7为山西野山坡公司的沙棘果实分离情况。

种子

果渣

果泥

果皮

图 5-7　沙棘原料分离（山西文水）

四、主要加工设备

前面已经结合工艺介绍了部分加工设备，以下是对主要加工设备的总体介绍。

冷库：体积依资源量确定，温度-18℃保存；

压榨生产线（包括清洗设备），纯果处理能力 3 t/h；

卧螺式分离机；

碟片式分离机；

真空脱气设备：每小时处理果汁量 3 t；

均质机；

高温瞬时管式灭菌机；

无菌灌装设备；

减压浓缩设备：2 t/h；

无菌贮罐；

沙棘果皮籽渣分离机；

干燥设备；

贮罐及附属设备；

CIP 清洗系统。

鄂尔多斯高原公司有关果实处理分离压榨设备生产线的主要设备，详见图 5-8。

果实速冻设备

沙棘脱果设备

果实清洗设备

果实缓冲罐

果实涡轮分离机

果实碟片分离机

图 5-8　沙棘果实处理分离压榨设备（内蒙古鄂尔多斯）

目前沙棘果油的液—液或液—液—固分离,大多采用定型的乳脂分离机、桔油分离机、蝶式离心分离机等。图 5-9、图 5-10 分别为广泛应用的蝶式离心分离机外观和转鼓结构图。

图 5-9　蝶式离心分离机外观（内蒙古鄂尔多斯）

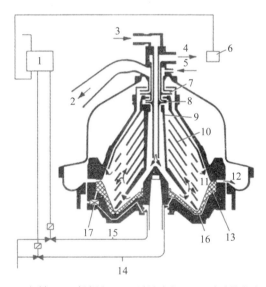

1-电磁阀控制系统；2-重相出口；3-入料口；4-轻相出口；5-冲洗水入口；6-冲洗补充水口；7，8-向心泵；9-蝶片托架；10-分离蝶片；11-固相收集腔；12-固相排出口；13-排渣阀；14，15-排渣阀控制水管；16-固相；17-排渣阀开关控制阀

图 5-10　蝶式离心分离机转鼓结构

蝶式离心分离机是目前最为先进的物料分离设备,自清式蝶式离心分离机甚至可以进行固相而不是很多的液—液—固三相分离,并且是连续运行的。这套设备具有处理量大、分离效率高、劳动强度低等优点,国内外均有生产厂家可提供相应设备。

五、原材料、燃料和动力供应

沙棘果实初加工厂的水、电、气等消耗量及其来源如表 5-1 所示。

表 5-1　加工厂的水、电、气基本配备及消耗量

序号	名称	消耗量	来源
1	水	0.24 MPa；10 m³/h	市政管网和自备井
2	电	600 kVA	厂外进线
3	饱和蒸汽	0.90 MPa；4 t/h	厂内锅炉房供热
4	循环水	0.30 MPa；50 t/h	厂区内循环水站

第二节　沙棘果实有效成分提取

沙棘所含有效成分种类很多，但是目前生产上主要开发利用的也重点是沙棘油、黄酮和色素这 3 大类原料。以下主要是围绕 3 大类原料的提取，就工艺技术等所开展的有关工作介绍。

一、沙棘籽油提取

沙棘果实油有两种：一种是来自沙棘果汁加工过程中通过沉淀或离心分离而得出的沙棘果肉油，简称为沙棘果油；另一种是从沙棘籽中通过不同方法或工艺而获得的油称作沙棘籽油。这两种油不仅来源不同，而且在理化特性上差别也很大。

沙棘果油含有大量的碳链长度为 16 的脂肪酸，特别是含有大量的棕榈油酸（C16∶1），其含量一般可达 30%以上，是目前已知植物油脂中棕榈油酸含量最高的植物油脂。另外由于其来源于沙棘果肉，在沙棘果油中富集着大量的类胡萝卜素成分，使得沙棘果油呈现出红至深红的色泽。沙棘果油由于饱和酸含量较高，在温度低于 10℃时表现为固体状，超过 20℃时一般表现为液体。

沙棘籽油一般呈现出从浅红色至深褐色的颜色（取决于所采用工艺差别），同时其油中所含的已知脂溶性生物有效成分，如维生素 E、植物甾醇、磷脂等含量也有差异。另外由于沙棘籽油中的油酸、亚油酸和亚麻酸的含量高达 85%以上，其在 0℃以上时一般表现为液体。

除脂肪酸组成的差别外，沙棘果油的类胡萝卜素含量 100 mg/100 g，其中 β-胡萝卜素含量高于 5 mg/100 g，其类胡萝卜素含量要高于沙棘籽油。

在沙棘果油和沙棘籽油中都含有丰富的维生素 E，其含量达 150 mg/100 g 以上，其中活

性最高的 α、β-维生素 E 约占 95% 以上；总甾醇 ≥800 mg/100 g，其中β-谷甾酸 ≥20 mg/100 g。此外还含有花青素、槲皮素、卵磷脂、脑磷脂等近 160 多种生命活性物质。

（一）提取技术

在沙棘产品开发过程中，沙棘籽油的提取由于原料数量限制、沙棘含油量较低的影响，其提取工艺的确定一直是一个较为困难的过程。一般而言，沙棘籽油的提取方法有压榨法、工业正己烷浸出法、超临界 CO_2 萃取法、4 号溶剂（液化石油气超临界）萃取法等，各有优缺点。

1. 压榨法

压榨法是一种通过机械压力，将沙棘籽中的油脂榨出的方法。由于设备设计和压力极限的问题，对于含油量仅 8%～9% 的沙棘种子（指中国沙棘，大果沙棘一般可在 10% 以上）而言，通过压榨法获得的沙棘籽油得率最大为 50%。其主要的工艺流程为：

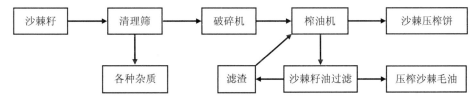

而对于沙棘籽制油而言，采用压榨法的最大优点是投资少、操作简便安全、油脂清亮、无残溶、受场地等其他因素影响小，但其缺点是提取效率低，所得的沙棘油仅为 50% 左右，籽粕中的残油高，浪费了资源。对于沙棘种子这一稀缺资源而言，无论从成本费用或资源利用节省等方面是不能接受的。另外，油脂中的生物活性物质含量，如维生素 E 明显低于有机溶剂法，因而会影响其药效。因此，这种方法不利推广，易于作为浸出法的前处理工序使用。

图 5-11 给出了用于沙棘籽压榨的 ZX-10 型螺旋榨油机的简图，这是一种连续式的、借助螺旋挤压力进行油脂制取的设备。

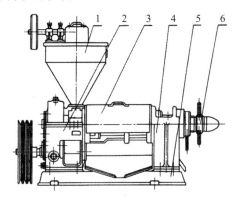

1-进料斗；2-齿轮箱；3-榨笼；4-机架；5-榨螺；6-底座

图 5-11　ZX－10 型螺旋榨油机示意

2. 工业正己烷浸出法

"工业正己烷"，或称为"6 号溶剂"、"轻汽油"等，是一种石油炼制过程中分离出的主要以 6 个碳链长度的烷烃或支链烃组成的溶剂。在世界范围内，被广泛应用于食用油脂的提取，专业称为"6 号溶剂浸出法"，是一种成熟的食用油脂提取工艺。表 5-2 中给出了工业正己烷的理化指标。

表 5-2　工业正己烷的理化质量指标

项目	理化指标
馏程	初沸点不低于 60℃，98%馏出温度不高于 90℃
水溶性酸和碱	无
含硫量/（mg/kg）	＜500
机械杂质和水分	无
油渍试验	合格
色泽和透明度	无色透明
气味与滋味	刺鼻
比重 D（20/4）	0.655～0.686
平均分子量	93
溴指数	＜1 000
蒸发残留物/（mg/100 mL）	＜3
组成（重量%）	芳烃类：苯 0.046；甲苯 0.017；八碳芳烃 0.002 5； 烯烃类：1.15； 环烷烃类：五碳环烷烃 1.56；六碳环烷烃 16.43；七碳环烷烃 0.16； 正烷烃类：五碳烷烃 2.57；六碳烷烃（己烷）74.08；七碳烷烃 3.52；

工业正己烷浸出法主要的工艺流程如下：

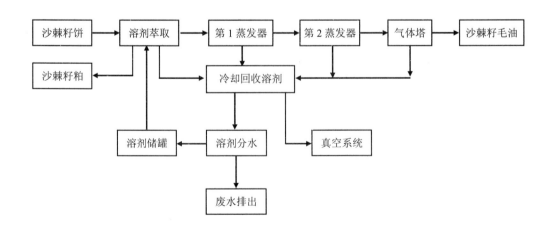

溶剂浸出法是 20 世纪 50 年代后期广泛兴起的一种制油方法，它的最大特点是借助一种能与料胚中的油脂以任何比例互溶的溶剂，将料胚中的油脂最大限度地提出。与压榨法不同，由于该法采用的是扩散溶解原理，不存在以机械压力对抗料胚与脂质分子间吸附力的问题，一般均可使浸出后料粕中的残油降至 1% 以下，这就大大提高了对资源的利用率，这种方法尤其对低含油脂的油料加工有利。由于加工后料粕中的残油一定，该法的出油率大大高于机械压榨法。如以沙棘籽制油为例，假设沙棘籽含油 10%，压榨法仅可获得 60% 的沙棘油，而浸出法的出油率则超过 90%。

工业正己烷浸出法的最大优点是设备投资和运行费用低，操作比较容易掌握，产品得率高，一般得率可达 90% 以上，浸出粕中残油低于 0.6%，油脂的活性成分含量全且高，有利于提高其药效等。但由于沙棘籽原料太少，无法满足该工艺的正常要求。特别是工厂设计操作必须按照有关防火防爆标准进行，在人口或工业稠密区无法投入使用；油中有微量溶剂残留，油的颜色较深，影响外观。

3. 超临界 CO_2 萃取法

超临界气体是指超出物质气液的临界温度、临界压力、临界容积状态的气体或液体，狭义而言是指超出临界温度状态的气体或液体。

超临界萃取技术（Super Critical Fluid Extract，SCFE），是一种利用气体在临界点附近成为超临界气体时所具有的特殊性质进行物质分离的技术。它可以用于极性不大并有一定分子量的物质的分离。与蒸馏法相比，该方法可在低温下操作，适用于天然物质和对热敏感的物质。与液体溶剂的浸出方式相比，超临界气体溶剂因扩散系数高、黏度低、混合相分离速度快，而且浸出后溶剂的回收只需采用变化温度和压力即可完成，因此较固液浸出耗能低，效率高。除此之外，由于超临界气体同时具有液体和气体的双重特性，密度与液体相近，黏度与气体相近，并且扩散系数比液体大 100 倍，无疑是一种极为优良的浸出溶剂。表 5-3 给出了 CO_2 气体、超临界气体和液体的理化特性对照。

表 5-3 CO_2 气体、超临界气体和液体的理化特性对照表

状态	密度/（g/mL）	黏度/（Pa/s）	扩散系数/（cm²/s）
CO_2 气体	0.000 6～0.002	0.000 1～0.000 3	0.1～0.4
超临界 CO_2 气体	0.2～0.9	0.000 1～0.000 9	0.002～0.007
液体	0.6～1.6	0.002～0.03	0.000 02～0.000 03

超临界气体在油脂工业方面的研究起于 20 世纪 30 年代，60 年前 Pilat 等人就提出用液化气体或超临界气体提取"大分子量"化合物；40—50 年代又有多人提出采用 CO_2 浸出油脂，但均由于技术条件，特别是缺乏耐高压设备，阻碍了这项技术的深入研究。直到

70 年代后期，才由德国的 Stahl、Schultz 和 Mangold 等人在实验装置研究方面取得进展。新装置的研究实验表明，在压力 80～200 Pa 时，超临界 CO_2 的溶解性足以溶解任何非极性化合物；但对极性化合物而言，即使压力增至 2 500 Pa，其溶解性也无明显变化；当压力超过 160 Pa 时，类脂的溶解度将逐渐提高。

由于超临界 CO_2 的特性，使其与传统的萃取技术相比具有下述的优点：一是萃取过程在室温下进行，有效地防止了所需萃取物质中热敏性成分的氧化和分解可能性；二是萃取过程中不使用有机溶剂，因此在萃取物中不含有有机溶剂的残留，产品质量安全，对环境友好；三是萃取和分离合二为一，通过降低压力即可直接进行所萃取物质与 CO_2 的分离，分离的温度较低，有利于萃取物生物活性成分的保留；四是 CO_2 无色无味，安全稳定，具有良好的安全性，同时价格便宜，易得到；五是通过改变压力和温度，可以进行几乎所有有机溶剂可进行的萃取操作，适合于进行多种固液物质的萃取和分离，包括：油脂、黄酮、β-胡萝卜素、V_E、磷脂、色素等多种活性成分的提取；六是提取率较高，一般粕籽中残油小于 2%。

目前，这套工艺在上述有效成分的提取方面均是成熟的，唯一可能存在的问题，就是由于整个超临界萃取过程中需要将 CO_2 不断地在液态和气态间进行转换，需要耗费大量的电能。因此，该生产工艺目前主要适用于药品或保健产品等具有高附加值的产品生产。

超临界 CO_2 萃取沙棘油的工艺流程：

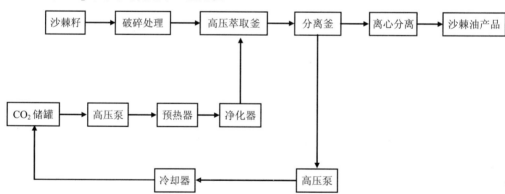

工艺流程的技术说明为：首先将沙棘籽破碎制粒或片，放入 CO_2 高压萃取釜，在 200～250Pa 大气压下，通过 CO_2 液体将其中的油脂提出溶入 CO_2 超临界液体中。然后将该含有沙棘油的二氧化碳超临界液体泵入分离釜，通过减压使 CO_2 由液体转变为气体，达到与沙棘油的分离。所获得的沙棘油经过离心分离即为 CO_2 法制备的沙棘籽毛油，气化后的 CO_2 经高压泵压缩和冷却，重新被用于工艺中或入 CO_2 储罐备用。

表 5-4 列出了用于食品工业超临界气体浸出用的 CO_2 规格和理化指标。

表 5-4　食品工业用 CO_2 的规格和理化指标

含量	性状	其它	分子量	比重/（kg/L）		密度/（kg/L）		溶解度/（对水）	
				气体（0℃，1大气压）	液体（15℃）	气体（0℃，1大气压）	液体（−18℃）	0℃	20℃
＞99.5%	无色无味气体	不含游离酸、磷化氢、硫化氢、还原性有机物、一氧化碳	44	1.52	0.82	1.97	1.02	1.71	0.881

图 5-12、图 5-13 分别为超临界 CO_2 浸出工艺简图和超临界 CO_2 浸出装置的照片。

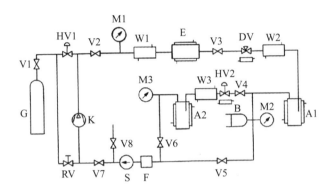

G-钢瓶；K-膜式压缩机；E-萃取罐；A1，A2-分离罐；F-活性炭-兰硅胶过滤器；S-质量流量计；M1-M3-DMS 压力表；

W1-W3-热交换器；RV-减压阀；HV1，HV2-稳压阀；DV-精调压阀；V1～V8-放气阀；B-爆裂片

图 5-12　超临界 CO_2 浸出工艺简图

图 5-13　超临界 CO_2 浸出装置

超临界 CO_2 浸出设备主要包括萃取罐、分离器、压缩系统、冷却系统、真空设备、CO_2 回收储存装置、热交换设备、温度和压力控制仪器仪表及自控系统等。

研究表明，影响沙棘油提取的主要因素有 3 个：种子的粒度或胚厚、萃取的压力和温度、二氧化碳的流量和萃取时间。

张贺[2]对沙棘油的超临界萃取工艺进行了试验研究，得出了最佳的萃取工艺条件：萃取压力为 25MPa，萃取温度为 45℃，CO_2 流量为 25 kg/h。稳定性试验中萃取率为 7.6%。当提取时间为 6 h，粉碎粒度为 40 目，溶剂用量为 6 倍量时提取效果最好。超临界 CO_2 萃取的沙棘油酸价有了很大的降低，为 3.54 mgKOH/kg，同时水分及挥发物有了明显降低，维生素 E 含量明显提高。

超临界 CO_2 萃取技术在沙棘油提取方面的应用，在国内已有多家沙棘加工厂成熟的应用实例，例如，北京兴隆萃取工程有限公司、北京宝得瑞食品有限公司、内蒙古宇航人沙棘制药公司（以下简称"宇航人公司"）等。该方法用于沙棘油提取主要的优点是萃取温度低、所得的沙棘油中不含有机溶剂的残留、沙棘油的色泽浅等；主要缺点还是操作费用较高。

超临界 CO_2 萃取法的优点在于可以在低温下操作，从而可保护油脂中的有效成分，且油脂中无有机溶剂残留，对环境无污染，油质清亮，外观美观，安全。但其缺点为投资大，操作压力高，能耗高，成本大，油的得率不如浸出法高，油中的有效成分含量不如浸出法高，处理量不大等。

4. 液化石油气提取法

1934 年，美国的 H. Rosenal 等就采用液化低碳烃的丙烷（Propane）和丁烷（Butane）的混合物进行了对植物油脂的浸出试验，并证明了液化丙烷和丁烷具有超临界流体的性质，可从油料中提取高达 97%的油脂。1976 年德国的 H. K. Mongold 在实验室小试的基础上预测，液化丁烷的浸出效果可与超临界 CO_2 相媲美。1989 年我国研制成功了工业规模级的液化石油气（4 号溶剂）超临界萃取技术，并将其用于油脂的提取。

表 5-5 及表 5-6 分别给出了我国液化石油气的质量标准及丙烷、丁烷和己烷的部分理化性质。

表 5-5　我国液化石油气的质量标准

项目	质量指标	试验方法
密度（15℃）/（kg/m³）		ZBE46001
蒸气压（37.8℃）/kPa	＜1380	GB 6602
五碳及五碳以上组分含量（体积比）	3.0%	SY2081
蒸发残留物/（mL/100 mL）		
铜片腐蚀级	＜1	SY2083
总硫含量/（mg/m³）	343	ZBE46002
游离水	无	

表 5-6　丙烷、丁烷和己烷的部分理化性质

项目	单位	丙烷	丁烷	己烷
化学式		C_3H_8	C_4H_{10}	C_6H_{14}
分子量		44	58	80
摩尔体积	$m^3/kmol$	21.94	21.5	
液体比重	g/cm^3（30℃）	0.484 8	0.568 0	0.652 0
液体比热	$kJ/（kg·K）$（30℃）	3.06	2.55	2.38
液体黏度	$Pa·S$（30℃）	0.010	0.016	0.025（50℃）
表面张力	N/m（30℃）	6	11.2	15.2（50℃）
沸点	℃	−42.17	−0.5	68.74
介电常数		1.69	1.78	1.89
气化潜热	kJ/kg（30℃）	329	358.4	334.5（50℃）
蒸气压	MPa（30℃）	1.09	0.32	0.027
豆油中扩散系数	$×10^{-5}\ cm^2/s$	2.06	1.54	0.68
毒性级别		微毒	微毒	低毒
爆炸下限/%	（体积比）	2.4	1.6	1.25
爆炸上限/%	（体积比）	9.5	8.5	6.9
自燃点	℃	470	365	240
危险度		2.96	4.31	4.25

从表 5-5 及表 5-6 中可以看出，液化石油气丙烷和丁烷的沸点较低，这对于降低能耗和提取油中的生物活性物质无疑是极为有利的。另外，虽然液化石油气丙烷和丁烷的自燃点、毒性级别以及危险度均低于己烷，但由于其沸点较低，一旦发生泄漏将迅速达到爆炸极限，因此对其安全性要求不容忽视。

与其他超临界流体的萃取理论和影响因素相同，液化石油气浸出同样受到原料细胞的破碎程度、萃取压力和温度等因数的影响。液化石油气可用于各种经干燥后的沙棘原料提取沙棘油。液化石油气提取沙棘油的工艺流程简图如下：

```
              沙棘粕            真空泵   残渣
                ↑               ↑      ↑
沙棘料胚（饼）→ 浸出罐 → 蒸发罐 → 脱溶罐 → 过滤 → 沙棘油
                ↑               ↓
            溶剂储罐          压缩机   ←
                ↑               ↓
              ←   ←   冷却器
```

表 5-7 给出了液化石油气提取沙棘油的主要工艺参数。从表 5-7 中可以看出，液化石油气的临界压力和温度是各种超临界流体中最低的，仅为 0.5～0.65 MPa 和 35～40℃。因此可大大降低设备的耐压程度，从而降低投资费用，并使操作更加方便。另外，液化石油气产量大、来源广，各油气田、炼油厂均有此产品。但有一点应当注意，一般使用中的液

化石油气为安全起见均加有硫化氢，一旦泄漏即可被人察觉。而用于提取沙棘油的液化石油气若含有硫化氢，应在使用前做脱硫处理，也可直接从生产厂家购买未添加硫化氢的液化石油气。否则会引起所提取沙棘油的硫含量上升，并使油带有一种难闻的味道。

表 5-7　液化石油气提取沙棘油的主要工艺参数

项目	工艺参数	备注
浸出温度/℃	35～40	
浸出时间/min	120	包括装卸及辅助时间
浸出压力/MPa	0.5～0.65	
混合油浓度	15%～21%	
湿粕含融	18%～25%	
混合油蒸发温度/℃	15～22	
脱溶温度/℃	60～80	
粕中残油	1.5%～2.5%	
油中残溶/（mg/kg）	25～45	加高真空和温度可降低
脱溶真空度/MPa	-0.095	
压缩机出口温度/℃	20～25	
冷却器进口温度/℃	30～33	
冷却器出口温度/℃	33～36	
溶剂罐压力/MPa	0.6～1.2	

液化石油气法具有操作温度和压力低，有利于生物活性物质的保留，且油脂中无有机溶剂残留，所得沙棘油具有清亮，外观美观等优点。但与 CO_2 法相比，该方法的一个明显缺点就是，丁烷气体沸点低，易燃易爆，同时由于与产品接触，在丁烷气体中一般不允许加入常规能使人判明其泄漏的气味物质，因此设备投资较高，操作相对较为复杂。同时，该法存在着油的得率不如浸出法高，油中的有效成分含量也不如浸出法高等缺点。

5. 氟利昂超临界萃取法

氟利昂学名二氟二氯烷烃，主要用于制冷系统中作冷却剂。由于其具有在不同压力状态下气液两相转换的特性，并经研究证明，临界态的氟利昂同样具有超临界流体的各种性能，因此在沙棘油的提取方法开发中得到应用。

氟利昂超临界萃取法提取沙棘油的工艺流程简图如下：

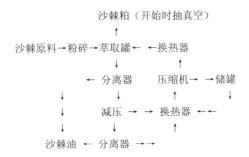

其萃取理论和影响因数与超临界CO_2浸出法完全相同。但由于氟利昂的临界压力大大低于二氧化碳，因此其萃取压力较低，约为 3.5～4.5MPa。这就降低了对设备的耐压要求，使生产更易于控制。表 5-8 给出了氟利昂的临界常数。

表 5-8　氟利昂的临界常数

名称	分子量	临界温度 Tc/℃	临界压力 Pc（大气压）	临界比容 Vc/（cm³/mol）	沸点/℃（在 1 个大气压）
CClF 氟利昂 13	104.46	28.8	39.0	180.7	−80.0
CClF 氟利昂 12	120.9	111.5	39.6	217.9	−29.2

氟利昂超临界萃取法提取沙棘油的操作压力为 3.5～4.5 MPa，温度为 30～50℃。该法的最大优点为操作压力较低，氟利昂本身无毒，无味，不易燃易爆，安全性很高。

但该法目前存在两个主要缺点：一是氟利昂超临界萃取法提取的沙棘油具有稍微的苦味，这可能是氟利昂本身的溶解特性，在萃取过程中将沙棘果皮中的单宁类物质一同溶解萃取出来了的缘故；二是由于氟利昂类物质对地球臭氧层的破坏作用，它已被列入 21 世纪禁用、禁生产的化工产品，因此该方法的应用前景暗淡。

6. 冷榨法

经过多年的探索和研究，根据各种方法的产品质量、投资、运行费用等因素的比较，特别是在消化吸收和多年沙棘籽制油加工技术经验积累的前提下，高原金果（北京）科技产业有限公司（以下简称"金果公司"）提出了一种新的沙棘籽油提取工艺，即冷榨法结合改进的工业正己烷浸出法工艺。其主要是考虑到节省投资，满足沙棘籽仅季节性小批量的生产，同时要求操作简单，油得率高等因素。该套工艺不仅具有得率高、投资和运行费用低，同时所产沙棘籽油产品具有良好的质量标准。该方法的沙棘籽冷榨工艺流程如下：

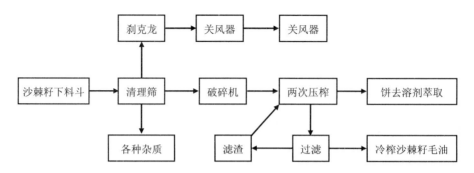

在该冷榨工艺中，增加了多台提升机和水平输送绞龙、除尘设备，并将破碎机改为榨油机取代，可大大提高生产环境卫生和降低劳动强度。冷榨法的沙棘籽油得率也较低，仅为 50%。

7. 改进的溶剂浸出法

对于沙棘籽油的溶剂提取，在新工艺中充分考虑了沙棘原料的规模，根据目前所掌握的沙棘籽加工经验，并充分应用在"948"引进设备和消化吸收项目中所取得的经验，金果公司采用了倒锥形提取罐和外加热循环萃取工艺，考虑到沙棘籽油的产量规模，将原来的两蒸法步骤简化为单蒸循环。为保证沙棘籽毛油中的残溶含量小于 10 ppm（国家食用油标准为小于 50 ppm），将传统法的汽提塔改成特殊设计的真空喷膜脱溶罐。这些改进不仅简化了操作，降低了投资，同时保证了产品的质量，形成了目前改进的溶剂浸出法工艺流程：

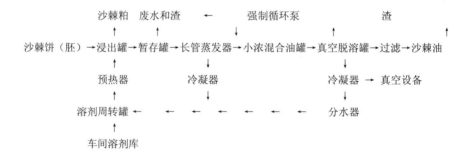

与传统溶剂浸出法（图 5-14）不同的是，仅使用一台长管升膜蒸发器，并增加了强制循环功能。这一改进的优点，一是增加了设备的可控制性。可按照要求将混合油蒸发浓缩至所需要的浓度，这在常规溶剂浸出法中是无法达到的；二是适应了沙棘油厂处理量较小的特点，开停方便，与间歇式操作相适应；三是节省了设备投资，减少了车间占地面积；四是操作简便灵活。另外取消了汽提塔，改用一特殊设计的真空脱溶罐，如图 5-15 所示。图中 A 为挥发气体出口；B 为热媒入口；C 为中央循环管；D 为油出口；E 为直接汽入口。使其具有下述优点：一是脱溶在真空汽提条件下进行，特殊设计的喷雾循环结构，使其在

较低温度去除，降低油中残溶成为可能；二是适应了沙棘制油厂处理量较小的特点，开停方便，与间歇式操作相适应；三是操作简便，灵活；四是可保证浸出沙棘油中残溶小于 10 ppm。

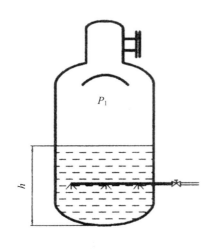

图 5-14　原脱溶罐结构简图

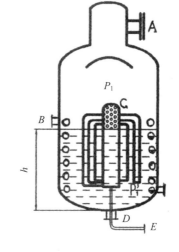

图 5-15　改进后脱溶罐结构简图

由图 5-14 中可以看出，原脱溶罐汽提蒸气是直接喷入油层中，以增大油汽的接触面积，强化传质和汽提效果。但这种方法易引起油的乳化和产生油滴飞溅，带来油的损耗。而改进后的沙棘油脱溶罐，采用了中央循环管结构，使汽提蒸气与油在中央循环管中接触，并从循环管上部油层上的孔中喷出，一方面避免了油的乳化，同时使已进行过油物质交换的油汽在气相中分离，降低了分离时的总压，有利于挥发物的挥发。如下式所示。

原脱溶罐的油汽分离条件：

$$P+P_3=P_1+P_2 \quad 或$$
$$P_1=P+P_3-P_2$$

式中：P 为脱溶时的罐中总压，等于脱溶罐的真空度；P_3 为油层的压力，$P_3=h_1 \times D$，其中 h_1 为油层高度，D 为油的密度；P_1 为溶剂和挥发性物质的蒸气压，或称分压。该物质的分压升高，无疑不利挥发；P_2 为水蒸气的蒸气压，或称分压。

而改进后脱溶罐的油汽分离条件：

$$P'=P_1'+P_2' \quad 或$$
$$P_1'=P'-P_2'$$

因此可以看出，改进后脱溶罐的油汽分离条件肯定优于未改进前的，$P_1'<P_1$，有利于溶剂的挥发。改进后的溶剂浸出法充分考虑了沙棘制油中的一些特殊要求，如批量小，油中残溶要求低，投资不大，出油率要求高（可达到低于 0.8%）等。

工艺流程简述为：在特殊设计的沙棘籽油溶剂萃取系统中，首先采用逆流加温萃取的方法，将沙棘饼中的油萃取完全。去油后的饼粕经"下压""上蒸"后去除溶剂，排出可用作饲料或肥料。

萃取后含油的混合溶剂经长管升膜蒸发器循环蒸发，使油与溶剂分离。回收的溶剂经冷却分水后，重新回入系统重复使用。脱溶剂后的沙棘油在一脱溶塔中，在真空、加热和水蒸气蒸馏的条件下，脱去最后残留的少量溶剂，使其直接达到食用的卫生标准。

考虑到沙棘油的高附加值，可将所选用的"6号溶剂"替换为成分更纯的沸程为60～75℃的香花溶剂抽提油为好。表5-9给出了香花溶剂抽提油的理化质量指标。

表5-9   香花溶剂抽提油的理化质量指标

项目	理化指标
馏程	初沸点不低于60.5℃，98%馏出温度不高于74.0℃
水溶性酸和碱	无
含硫量/（mg/kg）	<2
机械杂质和水分	无
油渍试验	合格
色泽和透明度	无色透明
气味与滋味	刺鼻
比重D（20/4）	0.6776
溴指数	<23.5
蒸发残留物/（mg/100 mL）	<0.5
组成（重量比）	芳烃类：苯0.26%； 环烷烃类：五碳环烷烃8.19%；六碳环烷烃18.39%；七碳环烷烃0.11%； 正烷烃类：五碳烷烃0.35%；六碳烷烃（己烷）71.02%；七碳烷烃1.68%

由表5-9可以看出，香花溶剂抽提油与普通工业正己烷（6号溶剂）相比，具有纯度高、沸程短等优点。应用实践证明，使用香花溶剂抽提沙棘籽油，可降低溶剂和蒸汽消耗，减少沙棘油中的残溶。

前面分别介绍了几种沙棘籽油提取技术，在工业生产中要综合考虑以上因素，根据油脂不同的用途来综合考虑，选择合适的提取工艺技术。

虽然目前的分析研究技术已极为先进，已定性定量确定了100多种沙棘油中的类脂成分，但要对沙棘油中所有具生物活性的脂溶性物质进行定性定量分析还是十分困难的。因此有些研究报告指出可将油中维生素E以及甾醇含量作为衡量该沙棘油生物活性物含量的指数，当油中这类物质含量下降时，可认为相应其他生物活性的脂溶性物质量也随之下降或减少。只要合理控制工艺参数，精制对沙棘油中生物活性物质的影响可控制在一定范围内，而不会由此影响其药用及其他方面应用的效果。

对于沙棘油，无论是籽油还是果油而言，由于其不是作为普通的烹饪用油为消费者所消费，因此其油品质量主要取决于其所含各种生物活性成分含量的高低。虽然目前为止确认沙棘油中何种成分为作用成分还是非常困难的，但目前已知的在沙棘油中存在的，包括一些微量的、含量在 ppm 或更低级别的成分有 200 多种。依据已知的知识，根据沙棘油中所含某些脂溶性成分或类脂物，例如，维生素 E、植物甾醇、不皂化物、磷脂含量等的含量高低来判断沙棘油的优劣普遍已为大家所接受。一般而言，在满足沙棘油的理化参数标准的条件下，沙棘油中高含这类脂溶性成分或类脂物，可判断为品质高，反之亦然。

此外，目前在沙棘油质量评判上普遍存在两个主要的误区，即油的颜色越浅越好；采用超临界 CO_2 提取法不含溶剂的沙棘油质量最好。首先，沙棘油的外观根本就不是沙棘油质量指标中的一项标准，由于沙棘油不是以烹调用油的方法来消费的，因此其不应该成为一个主要的判断标准。其次，溶剂法制油的问题。事实上采用溶剂法提取食用油脂是目前世界上各国普遍采用的高效油脂提取技术，例如，目前所食用的大豆油、菜籽油、向日葵籽油等，国家规定的卫生标准低于 50 mg/kg 即为合格，而目前改进的浸出沙棘油技术所生产的沙棘油可达到残溶小于 5 mg/kg，一般处于 2～4 mg/kg，符合要求。

需要特别指出的是，目前中国药用沙棘籽油的标准采用的是溶剂浸出法的工艺，理论上非采用该工艺所生产的沙棘油不允许在含沙棘油的药品中使用。由于油脂中残溶的测定方法，采用的是一种测定在某特定温度下挥发性成分，而非特定成分的方法。因此，在对非采用溶剂浸出法、而采用压榨或超临界制取的沙棘油进行溶剂残留检测时，其残溶也常常可被检测到，并达到 2～5 mg/kg 或更高。另外，采用 CO_2 超临界提取法工艺，由于能耗高，造成生产成本上升，不利于沙棘油产品的市场推广。

除此之外，目前市场上所供给的沙棘油，大多是未经精制处理或仅经过简单脱水处理的沙棘籽油或果毛油。由于沙棘油的品质取决于沙棘果原料的质量、储存时间和采用方式、加工工艺和设备等因素，存在很大的变数。其酸价（KOH）有些高达 20～30 mg/g，过氧化值达到 0.3%～0.5%，同时含水量、含杂量不一。这种毛油品质不稳定，事实上也不允许作为产品被投放到市场上。

（二）油脂精制

在提取方法一定的条件下，影响沙棘油质量的主要因素是种类、生长地区、采果时期、农业措施和果实的处理条件。应该讲，这些因素在大规模的工业生产中都是统一的和标准化的，是不应该存在什么问题的。但在我国，由于主要利用野生的沙棘资源，加工点分散，无统一的标准和指标，从而使上述的影响因素变化无法控制。在工业生产中，对每一批的原料进行测试都可能是不同的，有时差别相当大，例如，酸价的变幅可达十几倍，维生素 E 的变幅可达数倍。从而，在提抽过程中所获得的沙棘油的品质也是不稳定的。因此，习惯上常把抽提出的沙棘油叫作沙棘毛油。由前述沙棘油提取方法也可看出，提取过程基本上是一个物理过程，对油脂本身的理化常数，如酸价、过氧化值、颜色等均无法进行控制，基本上是由原料中油的品质所决定的。

同时，由于沙棘油本身还含有一些其他的脂溶性物质，从而影响了有效成分在沙棘油中的浓度，如残存的蛋白质及其分解物、无机盐、色素及其他气味挥发物、磷脂等，以及一些有害的成分，如游离脂肪酸、过氧化物等。

因此，为保证向市场所供应的沙棘油有一个稳定、满足沙棘油标准要求的品质，唯有通过精炼来加以保证。

1. 油精制

沙棘油的质量控制应贯穿于沙棘生产的整个过程，即从原料的选择、加工一直到贮藏。

（1）油精制主要程序

标准要求：生产厂家必须对所生产的每批成品沙棘油立档记录，如原料来源、加工情况、时间、产品质量等。这样对于某些工厂不可改变的因素，如某批产品维生素 E 含量低于要求，酸价稍高于要求值等，工厂也可通过自己的档案，将高含维生素 E 批次的产品或某批低酸价的产品与之混合，使工厂生产的产品质量一直保持在一个稳定的水平上。表 5-10 为沙棘油的质量控制标准。

表 5-10　沙棘油的质量标准

项目	沙棘籽油	沙棘果油	引用标准
外观	棕黄色到棕红色透明液体	棕红色透明油状液体，低温会出现凝固现象	HB/QS 001—94
气味/滋味	有沙棘本身气味，无异味	有沙棘果汁本身气味，无异味	HB/QS 001—94
酸价/（mgKOH/g）	＜4.0	＜4.0	GB 2716—88
水分和挥发物/%	＜0.3	＜0.3	HB/QS 001—94
过氧化值/（meq/kg）	＜12	＜12	GB 2716—88
油中溶剂残留/（mg/kg）	＜50	＜50	GB 2716—88

沙棘油的精制工序非常重要。在结合沙棘油的理化特性以及多年来实践经验基础上，金果公司开发研制了一套适合于沙棘油这样小批量油脂的精炼工艺，并通过实际应用加以了验证。结果表明，这套沙棘油精制工艺和设备适合于沙棘油（包括沙棘果油和籽油）的

精制。无论原料来源如何，沙棘毛油具有何种初始的理化指标，通过合理的工艺条件确定对其进行精制，可使得沙棘油产品始终具有统一的质量标准，便于销售。

该工艺可通过加碱中和、脱色、脱水、脱杂和脱过氧化值，可使沙棘油的酸价、颜色、杂质含量、水分含量、过氧化值等指标为工厂所自由调控。这无疑是沙棘油厂控制产品品质的重要一环。

具体的沙棘油精制工艺流程为：

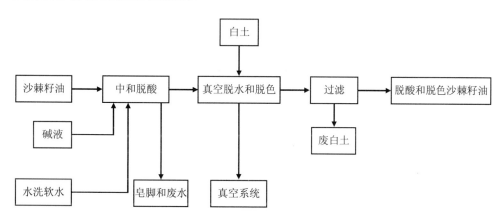

工艺流程中的各个工序可按照所需处理的沙棘毛油的指标来确定和调控，并非对每批沙棘油均须经过所有工序的处理。

生产过程为，首先对所需要进行精制处理的沙棘油，包括果油和籽油，进行化验分析，根据化验的指标确定处理的工艺流程和方法，按照所要达到的精制目的进行处理。一般而言，按照所测定的酸价和所需要精制的沙棘油数量计算出需要的加碱量，然后加热油温，搅拌状态下加入计算好的碱液。保持温度静置 3～4 h，放出皂脚。然后再用 10% 加热的软化水搅拌洗涤碱炼后的沙棘油 2 次，通过保温静置将水洗水放出。碱炼后的沙棘油可在真空加热条件下进行脱水或脱过氧化值一定时间，处理后的沙棘油经冷却至室温后放出。该沙棘油再经过 45 000 r/min 的管式离心机处理后，即可储存至成品油储罐作为沙棘油成品，其可按照要求进行进一步的包装和深加工，入灌装成 100 mL 的包装或外委托加工成沙棘油胶囊制品。

沙棘油的精炼，不仅可脱去沙棘油中的游离脂肪酸，同时在形成脂肪酸皂的沉淀和水洗过程中，油中的色素、蛋白液，胶质等大量杂质同时被去除，精制前后沙棘油的质量指标可见表 5-11。

表 5-11　精制前后沙棘油的质量指标

指标	压榨油	浸出油	碱炼脱酸油	脱色油
酸价/（mgKOH/g）	5.8	8.7	2.0	2.0
水分及挥发物/%	0.06	0.02	0.01	0.02
过氧化值（I）/%	0.09	0.02	0.02	0.04
碘价/（gI/100 g）	157.6	155.8	157.4	159.1
皂化值/（mgKOH/g）	186.1	186.2	185.3	185.1
折光指数/（N^{20}）	1.478 7	1.479 4	1.479 3	1.479 5
密度 d_4^{20}	0.926 0	0.927 8	0.926 4	0.927 4
维生素 E 含量/（mg/100 g）	274.9	355.1	298.3	271.8
类胡萝卜素/（mg/100 g）	48.4	22.2	18.1	8.5
油中残溶/（mg/kg）		4.5	4.3	4.0
色泽（罗维朋法 5.25 英寸槽）	Y41，R15		Y33，R15	Y40，R10

由表 5-11 可以看出，碱炼脱酸沙棘油的酸价、水分、过氧化值均优于沙棘毛油，色泽也与压榨沙棘油相当。虽然碱炼脱酸沙棘油的维生素 E 含量有 16%的损失，但还高于压榨沙棘油。同时，碱炼脱酸和脱色对沙棘油油脂本身的影响很小，碘价、皂化值、折光指数以及密度这些理化常数基本保持不变。

（2）油脱色技术

从沙棘种子中通过各种方法所提取的沙棘籽油或者来源于沙棘果汁加工过程中分离出的沙棘果油，含有大量对人体有益的生物活性成分，除广泛地被应用于食品和保健食品等领域，在化妆品和护肤保健品中，如按摩油或按摩霜中同样也在被大量应用。但是由于目前采用压榨、溶剂萃取或其他方法得到的沙棘籽油或从果汁分离中得到的沙棘果油的色泽较深，而一般化妆品或护肤保健产品要求具有浅色或淡黄色的外观，因此上述的沙棘油一般不适合在化妆品或护肤保健产品中直接应用，否则会影响这类产品的外观。

针对现有技术的不足，金果公司试验研究出了一种沙棘油的脱色方法，该方法应为纯物理过程，针对沙棘油中所含色素的特性，操作简便，工作效率高。因此根据沙棘油中色素主要为叶绿素、叶黄素以及类胡萝卜素的特点，选用针对上述色素具有选择性强力吸附的脱色剂活性炭，酸洗活性白土，或其混合物来进行沙棘油的脱色。该方法包括如下步骤：

步骤 1：将称重的沙棘油在真空条件下加热；

步骤 2：根据沙棘油色泽的深浅向其中加入一定量的脱色剂，保持温度搅拌反应脱色；

步骤 3：将步骤 2 中脱色反应后的沙棘油冷却至 50℃，经过滤将沙棘油和脱色剂分离，得到脱色沙棘油成品。

所述的步骤 1 中的真空条件为压力低于–0.80 MPa，优选低于–0.90 MPa，真空的形成可通过已知技术的方法实现，如：水环真空泵、机械真空泵、水喷射真空泵或蒸汽喷射真空泵等获得。真空度越高越有利于沙棘油在加热状态下保持稳定，不发生氧化裂解反应。

所述的步骤 1 中的加热温度为 60～95℃，优选为 80～90℃。

所述的脱色剂的加入量为沙棘油重量百分比的 4%～20%，吸附剂用量的多少与沙棘油原料色泽的深浅以及所希望脱色后沙棘油的色度深浅成正比关系。所述的色素物质主要包括叶绿素、叶黄素及类胡萝卜素。

为了充分反应脱色，所述的步骤 2 中的搅拌速度和搅拌时间分别为 30～120 r/min 和 5～50 min，优选为 60～80 r/min 和 15～25 min。

上述所述及的脱色剂可为活性炭、酸洗活性白土、硅藻土等在颗粒或微粒表面上具有吸附孔洞的吸附材料，优选为粉末或小颗粒状的活性炭。

考虑到活性炭对绿色如叶绿素有高的吸附特性，而酸洗活性白土对黄色和红色如叶黄素和类胡萝卜素有高的吸附特性，因此脱色剂优选粉末或小颗粒状的活性炭和酸洗活性白土的混合物，二者的重量混合比例为活性炭与酸洗活性白土 20%～80%，优选为 40%～60%。

反应冷却后沙棘油与吸附剂的分离可采用目前已知的各种过滤方法和设备来实现，如板框过滤机、圆盘过滤机或管道过滤器等。

这一技术所提供的沙棘油脱色方法为纯物理过程，针对沙棘油中所含色素的特性，具有操作简便、工作效率高的特点；采用该方法加工的脱色沙棘油具有较浅的色泽，在化妆和护肤保健产品中有广泛的用途。

油脱色实施，可将沙棘籽油 100 kg 加入脱色反应罐中搅拌，在真空条件–0.84 MPa 下加热至 75℃，当油温达到要求后，加入沙棘油重量百分比 8% 的粉末状活性炭和酸洗活性白土混合脱色剂，其中活性炭与酸洗活性白土重量比为 45%，在 60 r/min 速度下搅拌反应 16 min。然后将油温冷却至 50℃，借助板框过滤机将沙棘油和混合脱色剂分离。

通过上述对沙棘籽油的脱色处理步骤，可获得一种具有表 5-12 中所述的浅色的沙棘籽油，其可被用于化妆品和保健护肤用品生产领域。

由表 5-12 可以看出，本技术所提供的脱色方法处理后的沙棘油，在油品的有效成分基本不受影响的前提下，其色泽却有大幅度的降低。

最后需要说明的是，以上实施例仅用以说明技术方案而非限制，在实际工作中可以对上述技术方案进行修改和同等替换。

表 5-12   实施例中沙棘油脱色前后的指标对比

序号	指标	脱色前	脱色后
实施例一	色泽（罗维朋 1 英寸槽）	Y55，R3.2	Y30，R2.1
	维生素 E/（mg/100 g）	180.2	171.1
	碘值/（g/100 g）	165.6	165.1
实施例二	色泽（罗维朋 1 英寸槽）	Y85，R4.4	Y33，R2.2
	维生素 E/（mg/100 g）	200.2	185.7
	碘值/（g/100 g）	54.6	54.1
实施例三	色泽（罗维朋 1 英寸槽）	Y75，R3.2	Y35，R2.0
	维生素 E/（mg/100 g）	189.2	168.7
	碘值/（g/100 g）	168.2	168.0
实施例四	色泽（罗维朋 1 英寸槽）	Y79，R4.6	Y35，R2.5
	维生素 E/（mg/100 g）	190.5	171.1
	碘值/（g/100 g）	57.2	57.0
实施例五	色泽（罗维朋 1 英寸槽）	Y90，R4.9	Y38，R2.6
	维生素 E/（mg/100 g）	175.5	152.6
	碘值/（g/100 g）	167.2	167.0

2．降低油中毒性物质方法

从沙棘种子中通过各种方法所提取的沙棘籽油或者来源于沙棘果汁加工过程中分离出的沙棘果油，由于含有大量对人体有益的生物活性成分，而广泛地被应用于食品和保健食品等领域。虽然目前对沙棘油的加工过程已开始向食品 GMP 规范的方向发展，但由于环境的污染，如燃烧废气对土地、空气以及雨水的污染，会使得从在某些强污染地区生长的沙棘果中所提取出的沙棘油中，检测出了微量的对人体有害的物质，如微量的苯并芘，其含量为 2～20 mg/kg。

虽然目前国内对沙棘油中的苯并芘含量还没有严格的限制，但在欧美等发达地区已在食品或保健产品中对这类物质的容许含量作出了严格的规定，一般要求低于 2 mg/kg。目前在中国尚没有发现有关脱除沙棘油中这类毒性物质的方法，以及毒性物质含量低的沙棘油成品的报道，而国外由于沙棘资源量极少也未发现有类似的方法及产品报道。

金果公司通过试验研究，提出了一种降低沙棘油中毒性物质的方法，该方法操作简便，工作效率高。该法主要通过如下技术方案来实现：

步骤 1：将称重和测定过毒性物质含量的沙棘油在真空条件下加热；

步骤 2：根据沙棘油中毒性物质含量的高低向油中加入一定量的吸附剂，保持温度搅拌反应一定时间；

步骤 3：将沙棘油冷却至约 50℃，经过滤将沙棘油和吸附剂分离，即可得到沙棘油成品。

所述的步骤 1 中的真空条件为压力低于–0.08 MPa，优选低于–0.90 MPa，真空的形成可通过已知技术的方法实现，如水环真空泵、机械真空泵、水喷射真空泵、蒸汽喷射真空泵等获得。

所述的步骤 1 中的加热温度为 60～95℃，优选为 7～90℃。

所述的吸附剂的加入量为沙棘油重量百分比的 4%～15%，吸附剂用量的多少与沙棘油中毒性物质的含量成正比关系。所述的毒性物质主要为苯并芘，还包括苯并蒽、铅、砷等。

所述的步骤 2 中的搅拌速度和搅拌时间分别为 30～120 r/min 和 5～40 min，优选为 60～80 r/min 和 10～20 min。

上述所述及的吸附剂可为活性炭、酸洗活性白土、硅藻土等在颗粒或微粒表面上具有吸附孔洞的吸附材料，但优选粉末或小颗粒状的活性炭。

反应冷却后沙棘油与吸附剂的分离可采用目前已知的各种过滤方法和设备来实现，如板框过滤机、圆盘过滤机、管道过滤器等。

通过采用上述方法加工出来的包括沙棘籽油或果油在内的沙棘油，其毒性物质主要包括苯并芘、苯并蒽、铅、砷，其中苯并芘含量小于 2 mg/kg，中毒性物质的含量大大降低，完全能够满足沙棘油作为食品或保健品用途所需要达到的食品安全要求。

具体实施时，可将已测定沙棘油中苯并芘和苯并蒽含量分别为 7 mg/kg 和 10 mg/kg 的沙棘油 100 kg 加入真空反应搅拌罐中在真空条件–0.92 MPa 下加热至 75℃，当油温达到后加入沙棘油重量百分比为 5%的粉末状活性炭，在 60 r/min 速度下搅拌反应 10 min。然后将油温冷却至 50℃，借助板框过滤机将沙棘油和活性炭分离。

通过上述对沙棘油的处理步骤，可获得一种沙棘油中苯并芘和苯并蒽的含量分别被降低至 1 mg/kg 和 1.6 mg/kg 的沙棘油成品。其可被用于食品或保健食品领域，同时满足欧盟和美国对沙棘油中该类毒性物质含量的限制。

最后需要说明的是，以上实施例仅用以说明技术方案而非限制，在实际工作中可以对上述技术方案进行修改和同等替换。

二、沙棘黄酮提取

从目前来看，黄酮是沙棘中最有价值的成分，许多保健品、药品多以其为主要原料[3]。沙棘中的黄酮存在于果实和叶两个部位，含量可达 0.1%以上。

沙棘果肉和果皮中含有 30 多种黄酮类化合物，主要可分为 6 种，如图 5-16 和表 5-13 所示，其中以第Ⅰ类为主。第Ⅰ类含所有 4 类取代基（R_1、R_2、R_3、R_4），第Ⅱ类、第Ⅴ类都仅含 R_1 取代基，第Ⅲ类、第Ⅳ类、第Ⅵ类都含 R_1、R_2 两类取代基。同时无论是沙棘果肉还是沙棘叶中所含的黄酮，主要是以 3 种甙元即槲皮素、山奈酚、异鼠李素，结合不同种类和数量的糖配基组成的。

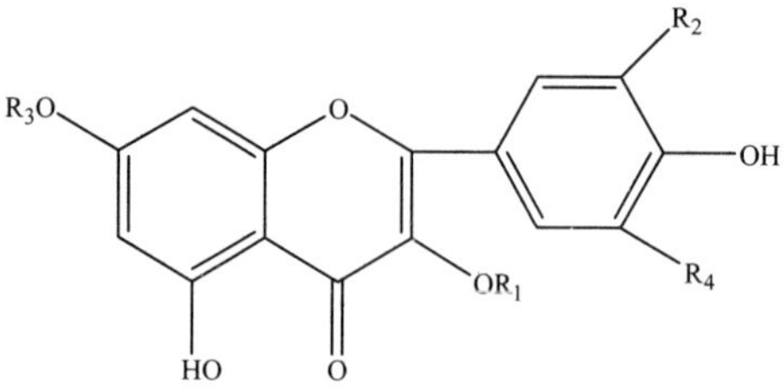

I

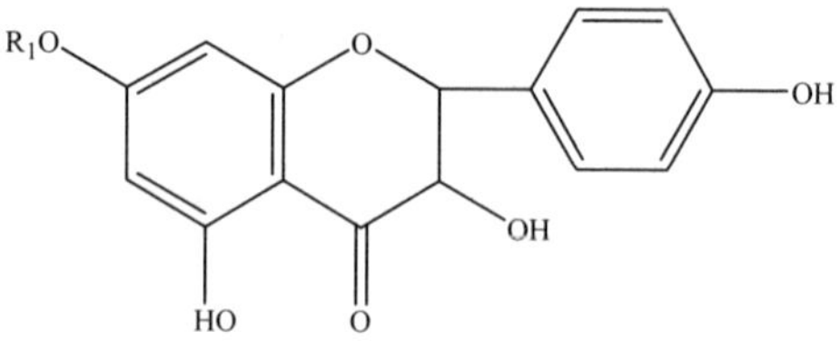

II

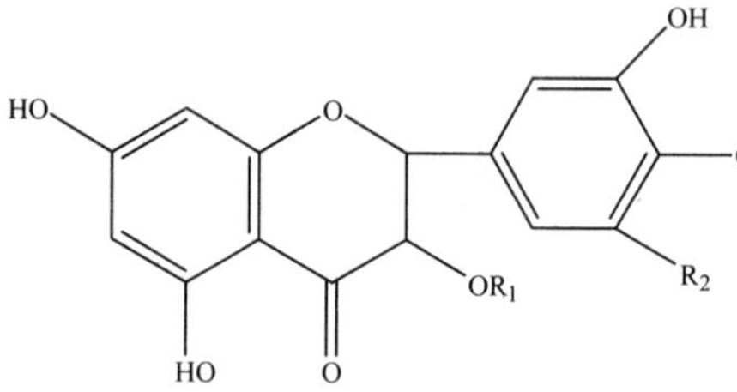

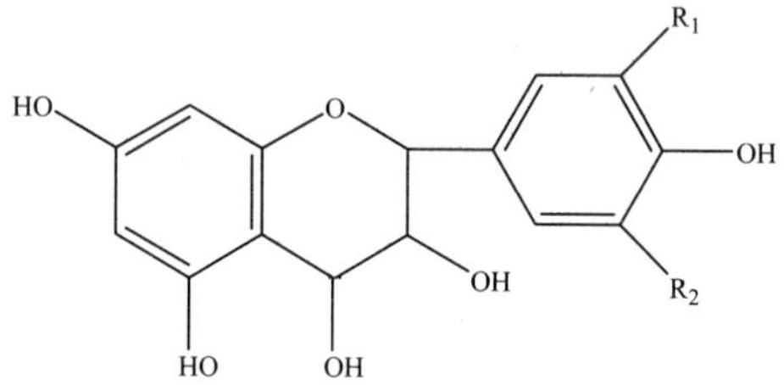

IV

III

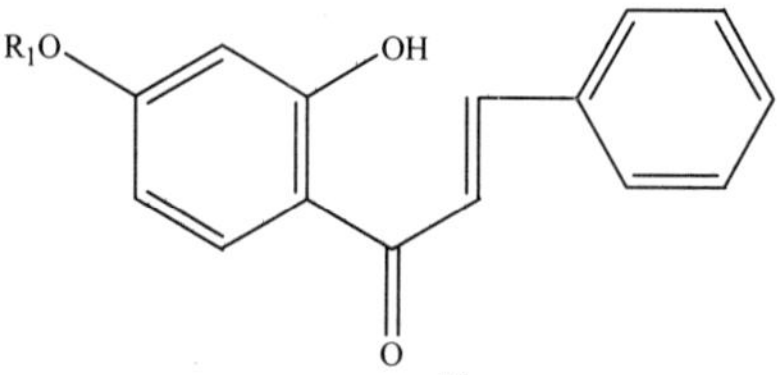

V

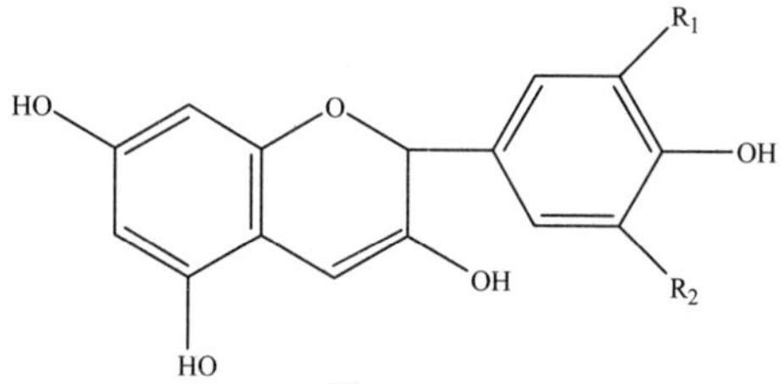

VI

图 5-16 沙棘黄酮的化学结构

表 5-13 沙棘中黄酮类化合物

序号	类型	化合物名称	取代基				来源
			R_1	R_2	R_3	R_4	
1	I	异鼠李素（Isorhamnetin）	H	OMe	H	H	果实、叶
2	I	异鼠李素-3-葡萄糖甙	葡萄糖	OMe	H	H	果实、叶
3	I	异鼠李素-3-芸香糖甙（水仙甙，Narcissn）	芸香糖	OMe	H	H	果实、叶、果肉粕
4	I	异鼠李素-3-葡萄糖葡萄糖甙	葡萄糖-葡萄糖	OMe	H	H	果实
5	I	异鼠李素-3-鼠李糖半乳糖甙	鼠李半乳糖	OMe	H	H	果实

序号	类型	化合物名称	取代基				来源
			R_1	R_2	R_3	R_4	
6	I	异鼠李素-3-巢菜糖甙	巢菜糖	OMe	H	H	果实
7	I	异鼠李素-3-葡萄糖-7-鼠李糖甙	葡萄糖	OMe	鼠李糖	H	果实、叶
8	I	异鼠李素-3-槐二糖-7-鼠李糖甙	槐二糖	OMe	鼠李糖	H	果实
9	I	异鼠李素-3-鼠李糖甙	鼠李糖	OMe	H	H	果实、叶
10	I	异鼠李素-7-鼠李糖甙	H	OMe	鼠李糖	H	果实
11	I	异鼠李素四糖甙		OMe	H	H	果实
12	I	槲皮素（Quercetin）	H	OH	H	H	果实、叶、果肉粕
13	I	槲皮素-3-葡萄糖甙（异槲皮甙）	葡萄糖	OH	H	H	叶
14	I	芦丁（芸香甙）	芸捍糖	OH	H	H	果实、果肉粕
15	I	槲皮素-3-鼠李糖甙（槲皮甙）	鼠李糖	OH	H	H	果实
16	I	槲皮素-7-鼠李糖甙	H	OH	鼠李糖	H	果肉粕
17	I	槲皮素-3-甲醚	Me	OH	H	H	果肉粕
18	I	槲皮素-3-半乳葡萄糖甙	半乳葡萄糖	OH	H	H	叶
19	I	槲皮素-3-巢菜糖甙	巢菜糖	OH	H	H	果实
20	I	山奈酚（Kaempferol）	H	H	H	H	果实、叶
21	I	山奈酚-3-葡萄糖甙（黄芪甙，Astragalin）	葡萄糖	H	H	H	叶
22	I	杨梅黄酮（Myricetin）	H	OH	H	OH	叶
23	II	柚皮素（Naringenin）	H				果实
24	II	柚皮素（Naringin）	葡萄糖-鼠李糖				果实
25	III	（—）表儿茶素（L-EC）	H	H	H		果实、叶
26	III	（—）表没食子儿茶素（L-ECG）	H	OH	H		果实、叶
27	III	（—）表儿茶素没食子酸酯（L-ECG）	X	H	H		果实、叶
28	III	（+）没食子儿茶素（D-GC）	H	OH	H		果实、叶
29	III	（+）没食子儿茶素没食子酸酯（D-GCG）	X	OH	H		果实、叶
30	IV	白花飞燕草素（Leucodelphinicin）	OH	OH			果实
31	V	2,4-二羟基查尔酮-4-葡萄糖甙	葡萄糖				果实
32	VI	花青素类（Anthocyanidin）	OH	H			果实

沙棘果肉黄酮虽然与沙棘叶黄酮类似，也是主要含有槲皮素、山奈酚、异鼠李素这 3 种黄酮甙元成分，但在组成比例上有较大的不同。

在沙棘果肉黄酮中这 3 种甙元的含量比例为：山奈酚＜槲皮素＜异鼠李素。

而在沙棘叶黄酮甙元含量组成中为：槲皮素＜异鼠李素＜山奈酚。

这一组成比例的不同，有可能会造成沙棘果和叶两类黄酮生理功效的不同，但对此的研究目前并不是很多，需要进一步研究。

在水分含量为 10%～14% 的沙棘果肉中，通常含有 0.3%～0.7% 的沙棘果肉总黄酮。沙棘果肉黄酮是目前从沙棘原料中通过提取而获得的唯一成分清楚、作用机理比较明确的化合物产品。研究表明其具有治疗心绞痛、舒张血管的作用，对于降低血脂、血液胆固醇含量等具有效果，已有多种治疗药物和保健品通过国家卫生医药部门的审批，如心达康片（国药准字 Z51020002）。

目前，沙棘黄酮类产品均是以来自沙棘果肉的沙棘黄酮粉作为基础原料，通过醇提、分离、脱脂、脱糖和蛋白质等处理制得的。由于沙棘黄酮粉的标准是在 30 年前制定的，受当时工艺和技术的限制，当时确定的沙棘黄酮粉产品的纯度标准仅为 10%。

虽然沙棘黄酮在提取过程中不加入其他物质，而沙棘果是一种药食两用的材料，黄酮产品中的杂质多为沙棘果肉中的蛋白质、淀粉和糖类、纤维素等，不会对人体造成负面影响。但考虑到沙棘黄酮的应用领域，沙棘果肉黄酮含量高的产品无疑会更加受到市场的追捧。我们试验研制了新的沙棘黄酮提取工艺和设备，使得所提取获得的沙棘黄酮粉产品中黄酮的纯度可达 90% 以上，无疑为沙棘黄酮在药物或保健品中的进一步应用创造了更好的条件。

结合"948"项目的引进和消化吸收，以及多年来在沙棘果肉黄酮提取试验和生产过程中的经验，金果公司开发了一条新的结合沙棘油、沙棘黄酮提取的"多功能沙棘有效成分提取的生产装置"，这套工艺和设备具有下述优点：

一是针对以往在沙棘有效成分（黄酮）提取中，存在提取时间长、得率低、能耗大的问题，通过对引进设备的消化吸收和创新，研发出了一套沙棘有效成分（黄酮）提取的新工艺，并建成了一条先进的、具有自主知识产权的工业化规模生产线。该生产线将沙棘黄酮产品的纯度由原来 30%～40% 提高到 90% 以上，同时加工成本大大降低，产品得率高于 60%。

二是通过生产工艺和设备的优化组合，该生产线还具备生产沙棘油、沙棘果粉和沙棘浓缩汁的功能，做到了一条生产线多种功能。

三是通过设备引进和消化吸收，结合国内的生产实际，设计了符合沙棘有效成分提取的设备和工艺，整个设备投资为进口设备的1/8，为在国内大规模推广奠定了基础。

这套沙棘果肉黄酮提取的工艺流程如下：

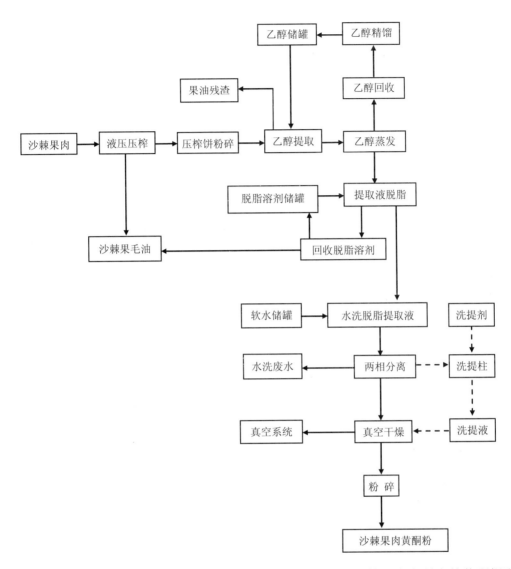

沙棘果肉黄酮的提取主要是采用脱脂、醇提和浓缩，将沙棘果肉中所含的黄酮提取出来。按照醇提液中所夹带的杂质类型，该萃取液的精制通常为再脱脂、水洗脱除糖类、干燥和粉碎工序。经过该工序所制得的沙棘果肉黄酮粉含量一般在60%~70%。

如需进一步提高产品中沙棘黄酮的含量，除需控制沙棘果肉原料的黄酮含量，即在收购时测定黄酮含量、防止掺假外，还可在工艺中再加入一树脂吸附和洗脱的工序，这样所得的沙棘黄酮产品中黄酮的含量可达90%以上。

工艺过程中的重点是提取设备的类型、提取的工艺条件、脱脂工艺和条件、除糖工艺和条件、吸附类型和洗提工艺条件等。任何工艺条件的不完备和偏差都会影响最终产品得率和纯度。在生产过程中，采取了对各个过程严加控制的办法，实现了黄酮产品中黄酮含量90%以上的要求。

实验也证明，用甲醇对干的沙棘果粉进行提取，可以提取出少量沙棘黄酮甙元槲皮素、山奈酚和异鼠李素以及一些它们的甙元。表 5-14 中列出了沙棘果在甲醇中黄酮甙元含量随提取时间的变化，可以看出，尽管在磁力搅拌下经过从 30 min 到 1 560 min 的提取，但提取液中槲皮素（quercetin）、山奈酚（kaempferol）和异鼠李素（isorhamnetin）含量的增加并不明显。

表 5-14　沙棘干果提取中黄酮甙元含量随提取时间的变化

甙元含量	30 min	90 min	150 min	210 min	1 260 min	1 560 min
槲皮素/（mg/g）	0.028	0.026	0.025	0.024	0.025	0.025
山奈酚/（mg/g）	0.013	0.015	0.016	0.015	0.016	0.015
异鼠李素/（mg/g）	0.028	0.039	0.036	0.033	0.033	0.035

如果采用催化强度大的盐酸作此反应的催化剂，将能明显看出沙棘果粉中沙棘黄酮甙元变化的结果。这说明高强度的酸会加快沙棘黄酮甙元向沙棘黄酮甙元的转化速度。实验结果证明，用甲醇在室温下提取 26 h，每克果粉可得到槲皮素 0.025 mg、山奈酚 0.015 mg 和异鼠李素 0.035 mg；而用盐酸对果粉水解 3 h，每克果粉能得到槲皮素 0.383 mg、山奈酚 0.025 mg 和异鼠李素 0.992 mg。前者黄酮甙元槲皮素、山奈酚和异鼠李素的含量分别后者含量的 6.52%、60.2% 和 3.52%。

三、沙棘其他成分提取

沙棘果肉中富含维生素 C、维生素 E、类胡萝卜素、多种氨基酸、亚油酸和黄酮类化合物、磷脂类化合物、甾醇类化合物、微量元素、蛋白质、有机酸、柠檬酸和苹果酸等营养成分。以下是对色素提取的简单介绍。

（一）黄色素提取

沙棘黄色素从沙棘果渣中提取，外观性状为橙黄色粉末，易溶于乙醇、氯仿、丙酮、正己烷、石油醚等有机溶剂中，微溶于水。是一种很好的食品添加剂，具有着色力强、安全性高、稳定性好等特点，在植物奶油、冰淇淋、糖果、蛋糕等食品的着色方面，具有十分广阔的应用前景。其工艺流程如下：

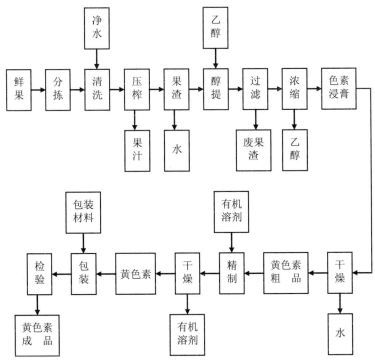

技术关键：必须选用优质原料、理想的溶剂、成功的过滤技术、合理的溶剂回收技术（色素受热时间短、隔绝氧气）和干燥技术。

（二）棕色素提取

沙棘籽提油以后，种粕目前多用作动物饲料，经济利用价值较低。沙棘种皮色素对光、热稳定性高，着色力强，可作为食用色素，提高其效益。其生产工艺流程如下：

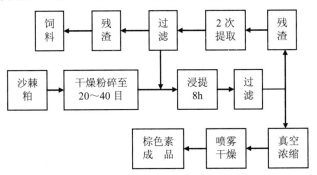

提取沙棘棕色素的最佳条件为：温度 75℃，时间为 8 h，溶剂为 WB，与粕粉的比例为 8 : 1。

沙棘棕色素为天然色素，安全性高，稳定性好，原料丰富，价廉易得，无异味，作为一种新的食品添加剂或着色剂有着广阔的前景。

四、主要加工设备

前面已经零星介绍了部分加工设备，以下按有效成分提取方法，分类简要叙述需要的关键设备。

（一）超临界 CO_2 萃取法

超临界 CO_2 萃取法所用设备用途很广，几乎可应用于沙棘主要有效成分的提取以及新产品的开发。目前已知可提取的沙棘产品有：沙棘油、沙棘全果油、沙棘果渣油、沙棘黄酮粉、天然沙棘色素以及其他待开发的产品。

山西科林生物技术开发有限公司采用德国伍德（UHDE）公司制造的 1 500 L×2 型超临界萃取设备，以及中科院研发 250 L×2 型超临界萃取设备提取沙棘油（图 5-17）。

德国伍德公司制造设备　　　　　　　　　　　　　　　中科院研发

图 5-17　超临界 CO_2 萃取法主要设备（山西太原）

图 5-18 为宇航人高技术产业有限责任公司采用的超临界 CO_2 萃取设备。

图 5-18　超临界 CO_2 萃取法主要设备（内蒙古和林格尔）

考虑到作为生产性设备必须具有设备合理、产品和生产过程稳定，工艺成熟等因素，以及目前全国产设备还存在的一些无法解决的缺陷，我国许多企业可采用进口工艺技术和主要部件引进国外超临界萃取装置，按照其提供的超临界萃取装置的设计图纸和数据库，在我国进行加工、制造。高压萃取釜采用自动快开结构（进口），方便装卸物料，分离釜采用旋风分离式，装置具有热量平衡和节能设计，具有超压、超温自动停车报警系统和安全连锁装置（进口），控制系统采用计算机 DCS 设计模块（进口），简单易懂，整套装置运行安全、可靠，适合于工厂的提取生产所用。所需要的主要设备推荐见表5-15。

表 5-15 超临界萃取主要设备

序号	名称	数量	备注
1	高压泵 P1	1 台	最高压力：32 MPa 泵头冷却系统，交流变频控制方式
2	改性剂泵 P2	1 台	最高压力：32 MPa 泵头冷却系统，交流变频控制方式
3	预热器 H1	2 套	不锈钢单程列管式 设计压力：32 MPa； 设计温度：90℃
4	萃取釜 E1、E2	2 个	结构：多层包扎、锻造或复合钢板 设计压力：32 MPa， 设计温度：90℃ 料筐容积：100L 卡箍快开结构，"O"形圈密封形式
5	分离器 S1、S2	2 台	结构：多层包扎、锻造或复合钢板 结构：旋风分离式 设计压力：15 MPa 设计温度：90℃ 卡箍快开结构，金属密封形式
6	CO_2 冷凝器、冷却器	2 台	结构：不锈钢双程列管式 设计压力：15 MPa 设计温度：−10℃
7	CO_2 室内罐	1 套	结构：内置冷却管 设计压力：8 MPa 设计温度：−5℃
8	计算机控制系统	1 套	由工控机、控制柜、交流变频柜、打印机等组成
9	阀门以及变送器	1 套	所有阀门采用高压手动、气动、电动优质不锈钢阀门，关键阀门采用进口
10	计算机 PLC 控制系统	1 套	包括所有的软件和硬件设施，所有的主要工艺技术参数在计算机屏幕上显示，并可被控制，有自动调节功能等
11	管线、钢结构	1 套	所有高压管线均采用优质不锈钢、无缝钢管，附材质报告和探伤报告
12	专用工具，周转储气罐等	一套	

（二）工业正己烷浸出法

沙棘籽油、果肉黄酮、叶黄酮采用工业正己烷浸出法时的主要设备，详见表5-16。

表5-16　工业正己烷浸出法使用主要设备

序号	设备名称	材质	数量	单机配备的功率/kW	备注
1	下料箱	不锈钢	1		预处理
2	存料箱	不锈钢	1		预处理
3	斗式提升机	不锈钢	6	1.0	预处理
4	清理筛	不锈钢	1	1.5	预处理
5	榨油机	铸钢	3	7.5	预处理
6	输送绞龙	不锈钢	1	2	预处理
7	粉尘回收设备	碳钢	1	4.5	预处理
8	提升机	碳钢	1	1.5	预处理
9	提取罐	不锈钢	2		萃取
10	溶剂蒸发器	不锈钢	1套		萃取
11	脱溶罐	不锈钢	1		萃取
12	溶剂分水器	不锈钢	1		萃取
13	各种储罐，分离罐	不锈钢	5		萃取
14	液体输送泵	不锈钢	5～6	1.5	萃取
15	真空系统	碳钢	1套	6	萃取
16	中和脱酸水洗罐	不锈钢	1	1.5	精制
17	脱水和脱色罐	不锈钢	1	1.5	精制
18	板框过滤机	不锈钢	1套	3	精制
19	脱溶罐	不锈钢	1		精制
20	各种储罐	不锈钢	4～5		精制
21	液体输送泵	不锈钢	3	1.5	精制
22	真空系统	碳钢	1套	6	精制

注：按日处理果肉 1 t/12 h 或沙棘籽 2 t/12 h 配置。

（三）乙醇浸出法

沙棘果肉黄酮、叶黄酮采用乙醇浸出法时的主要设备，见表 5-17。

表 5-17 乙醇浸出法使用主要设备

序号	设备名称	材质	数量	单机配备的功率/kW
1	液压榨油机	铸钢	2	2.5
2	破碎机	铸钢	1	4.5
3	提取罐	不锈钢	2	
4	乙醇蒸发回收系统	不锈钢	1 套	8
5	乙醇精馏塔	不锈钢	1 套	3
6	乙醇储罐	不锈钢	2	
7	脱脂器	不锈钢	2	2
8	溶剂回收塔	不锈钢	1 套	
9	离心机	不锈钢	1	5
10	真空干燥器	不锈钢	1	5
11	真空系统	碳钢	2	6.5
12	各种储罐	不锈钢	若干	
13	液体输送泵	不锈钢	若干	1.5
14	提升机	碳钢	1	
15	粉碎机	不锈钢	1	1.5
16	包装设备	不锈钢	1 套	

注：按日处理果肉 1 t/12 h 或沙棘籽 2 t/12 h 配置。

种子压榨法采用的设备主要有清理筛、粉碎机、榨油机等，在此不再赘述。

五、主要配套设施

主要配套设施包括质检实验室和公共设施等。

（一）配套的质检实验室

为确保产品质量，了解原料的品质以及今后工厂的产品开发，与生产工厂配套建设一个能够满足工厂需要的相应实验室是非常必要的。该实验室所配备的仪器设备（表 5-18）以满足工厂对上述功能的要求为宜。

表 5-18 实验室主要设施简表

序号	名 称	规 格	备 注
1	高压液相色谱仪	LC-10A 或类似	可用于黄酮含量、维生素 E 等的定性定量测定
2	气相色谱仪	上海分析仪器厂	可用于脂肪酸组成，溶剂残留，甾醇含量等的测定
3	紫外分光光度计		可用于类胡萝卜素等的定性定量测定
4	远红外快速测定仪		可用于各种干燥原料的快速含油、含水、纤维素含量等的测定
5	各种烘箱、水浴锅、培养箱、冰箱、分析天平、旋转蒸发仪、比色仪、糖分仪、电炉等常规实验室用设备		用于各种理化常数的测定
6	全套的实验室用玻璃容器		用于各种理化常数的测定
7	实验室内家具，通风设备，恒温设备等		
8	各种试验溶剂，标准品，试剂等		
9	其他		

（二）配套的公共设施

为满足工厂的正常生产需要，应配套相应的水、电、气供应，原料储存、辅料储存，办公用房，成品仓库，废水处理，晾晒场和堆场，场区道路和绿化等的建设。

水来自普通自来水，水应循环重复使用。

按照各车间和设施的用电规模，建立相应的供电系统。整个工厂应配备变电站一个，以为工厂提供所需的电源。配电站应配备避雷和防静电设施。

按照整个工厂对蒸汽消耗的需要，需建设蒸汽锅炉房。整个蒸汽管线包括对冷凝蒸汽水的回收系统，以节省工厂热软水和能源的消耗。

考虑到工厂所需的原料和品种，需要建设原、辅材料仓库和原料堆场，以满足日处理沙棘原料的需要。

同时工厂需要建设成品库，用于储存所生产出的产品。

第三节　沙棘叶有效成分提取

与沙棘果实不同，对沙棘枝叶一般不进行原料初加工及有效成分提取，而是直接加以利用。不过，由于沙棘叶黄酮的特殊效用，目前对沙棘叶黄酮也开展了有关提取。

相对于沙棘果肉黄酮的成熟性，对于沙棘叶黄酮的研究和开发利用起步较晚，仅有一二十年的时间。与沙棘果肉黄酮相比，沙棘叶黄酮更加受到原料的影响，也就是不同品种、生长地域、采摘时间等因素均对沙棘叶黄酮的含量和组成造成影响。

对沙棘叶黄酮含量随时间的分布进行了取样分析，发现在鄂尔多斯地区 7 月中旬之前总黄酮含量较高。在恰当采摘时间，沙棘叶中的黄酮含量也能达到 0.1%～0.7%（即与果实一致），最高的测试曾经高达 1%。其黄酮贰元主要成分为槲皮素、山奈酚和异鼠李素。

金果公司通过过程筛选、工艺参数调整、吸附剂和洗提剂对比、产物纯度和得率分析，得出沙棘叶黄酮的提取工艺如下：

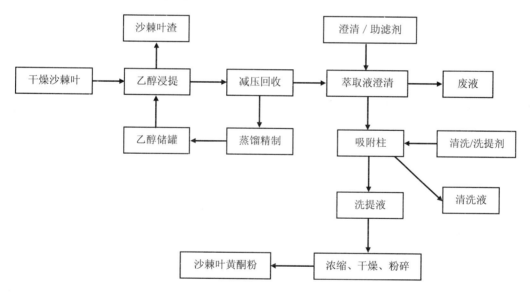

这套"选择性树脂吸附法高含量沙棘叶提取物生产工艺"，主要是用 85%的酒精提取液对沙棘叶进行循环浸提，浸提液减压蒸发，回收酒精溶液。根据回收的酒精溶液浓度选择是否进行酒精蒸馏，所有回收的酒精溶液回酒精储罐备用。向浓缩后的萃取液中加入 1%的澄清剂和助滤剂后进行澄清过滤，清液控制流速入吸附柱进行吸附。吸附完成后用 3～5 BV 的纯净水洗涤吸附柱至流出液无色，保持 pH 为 7 左右。再用 70%的酒精溶液进行解吸，收集流出液进行真空浓缩、干燥和粉碎后，即可得到黄酮含量高于 50%的沙棘叶黄酮粉。

这是到目前为止，已知沙棘叶黄酮提取物的最高含量。基于沙棘叶黄酮与沙棘果肉黄酮在甙元组成上没有本质性差异，因此可以预计，沙棘叶黄酮也可能是一类未来对人体具有特殊生物活性的成分。有待于进一步的研究和开发。

沙棘叶中富含维生素 C 和多种矿物质，其中钾、镁含量较高，而锰、铜含量较低。沙棘叶中还含有多种脂肪酸，以软脂酸和亚麻酸最为丰富，棕榈油酸、油酸、亚油酸含量也很高。

但是在沙棘叶中黄酮甙元和甙元的具体含量以前尚无系统报道。因此，研究中也采用 HPLC 实验方法，以确定沙棘叶中黄酮甙元和甙元的确切含量。实验表明，在沙棘叶中几乎没有游离的黄酮甙元存在，99%以上的黄酮甙元是以甙元的形式存在的，与沙棘果的情况完全类似。表 5-19 是沙棘叶在甲醇和 70%的乙醇中黄酮甙元的含量随提取时间的变化。从中可以看出，尽管在回流温度（70%乙醇时为 70℃）下经过 60～240 min 的提取，主要黄酮甙元除槲皮素有很少量外，其山奈酚和异鼠李素在其 HPLC 的测定结果中并没有看到。

表5-19　沙棘干叶提取中黄酮甙元含量随提取时间的变化

甙元	60 min（70%乙醇）	120 min（70%乙醇）	180 min（70%乙醇）	240 min（甲醇）
槲皮素/（mg/g）	0	0	0	0.003
山奈酚/（mg/g）	0	0	0	0
异鼠李素/（mg/g）	0	0	0	0

同样，采用催化强度大的盐酸作此反应的催化剂，经过水解反应，黄酮甙元生成和含量的增加十分明显。和同样用甲醇作溶剂，在回流温度下经过 240 min 提取的结果相比：提取 240 min 后所得到的唯一的黄酮甙元槲皮素的含量才相当于沙棘叶水解反应 3 h 时主要黄酮甙元槲皮素含量的 0.2%，而山奈酚和异鼠李素都是在沙棘叶水解后才出现的，如表 5-20 所示。

表5-20　沙棘干叶在水解前后黄酮甙元含量

甙元	水解前	水解 180 min 后
槲皮素/（mg/g）	0.003	1.562
山奈酚/（mg/g）	0	1.496
异鼠李素/（mg/g）	0	2.398

实验证明，干沙棘叶用甲醇在回流温度下提取 4 h，每克叶粉仅能得到槲皮素 0.003 mg；干沙棘叶用 70%的乙醇在 70℃下提取 3 h，只能得到沙棘黄酮甙元；而用盐酸对叶粉水解

3 h，每克叶粉能得到槲皮素 1.562 mg、山奈酚 1.496 mg 和异鼠李素 2.398 mg。回流提取 4 h，其唯一得到的黄酮甙元槲皮素的含量才是沙棘叶水解 3 h 时其黄酮甙元槲皮素含量的 0.2%。由此可见，沙棘叶中的黄酮甙元（槲皮素、山奈酚和异鼠李素）主要是以黄酮甙元的形式存在，在水解过程中可由甙元经水解反应形成。

沙棘叶黄酮提取设备与沙棘果黄酮提取设备完全相同，在此不再赘述。

（本章主要编写人员：胡建忠，忻耀年，殷丽强等）

参考文献

[1]　胡建忠，邰源临，李永海，等. 砒砂岩沙棘生态控制系统工程及产业化开发. 北京：中国水利水电出版社，2015：271-279.

[2]　张贺. 中国沙棘籽油提取工艺研究. 长春：吉林农业大学，2008.

[3]　胡建忠. 沙棘的生态经济价值及综合开发利用技术. 郑州：黄河水利出版社，2000：180-182.

第六章　沙棘系列产品综合开发

作为一种高效水土保持植物，可喜的是，沙棘地上部分均可以得到无废料综合开发利用，而基本上不影响其水土保持功能的正常发挥。沙棘枝干是传统的薪柴，其在生物质能源方面的开发前景十分广阔。沙棘果实和叶富含生物活性成分，其经济价值越来越受到国内外企业家的关注。国内一些实力很强的企业，如汇源等企业，也开始投资开发沙棘产品。美国、加拿大、德国、瑞典、印度等国的企业，已纷纷投资开发沙棘产品。目前，国际市场上的沙棘产品包括沙棘果汁、沙棘果酒、沙棘籽油、沙棘化妆品、沙棘喷雾剂（用于治疗口腔溃疡等）、沙棘治烫伤剂以及一些内服药品等，琳琅满目，十分抢手。相信随着人们对绿色、环保等美好生活的不断向往，沙棘产品的多方面功能会得到人们的不断认识，从而促使沙棘制成品的社会需求量也与日剧增。

1985 年，时任水电部部长钱正英在给中央领导的报告中提出："在指导思想上，要把商品开发与水土保持结合起来，以开发促治理，并尽可能搞得快一些，争取用 5～10 年的时间，使沙棘的商品开发和沙棘的覆盖面积都有一个很大的发展"[1]。这一提法高屋建瓴，掷地有声，30 多年来的生产实践已经为其作了成功的注解。沙棘种植不仅被用于小流域水土流失治理、三北防护林工程、退耕还林工程、风沙源治理工程，还被许多地区用于建造工业原料林，成为当地脱贫致富的重要突破口。沙棘枝、叶、果实被用来开发食用类、保健类、药品类、化妆品类，甚至饲料类、人造板类、生物质能源类以及食用菌类等产品。沙棘产品几乎触及了人类社会的方方面面，正在为和谐社会建设增光发热。

第一节　沙棘食用类产品开发利用

食品饮料的发展史纵贯人类的进化过程，它实际上就是人类的一部进化史。想想人类从茹毛饮血的类人猿，进化成吃五谷杂粮的远古人，又从不断完善饮食文化的古代人，发展到食不厌精的现代人，这一点是不难理解的。

一、沙棘食用价值

当代饮食文化具有鲜明的时代色彩，食的对象发生了明显变化，环境意识、动物保护意识和无公害意识，越来越为人们所认同。因此，那些以山珍野味为主要对象的食文化正在逐步发生变革、扬弃，而以沙棘等绿色、环保、自然的食材，正在显示出巨大的市场潜力。

（一）提供热能

沙棘含有丰富的糖类物质。糖类物质在细胞内通过生物氧化，为人体提供能量。蛋白质在完成化学能转变为机械能的生理活动时所使用的能量，就是人体内糖在酶的参与下放出贮存在三磷酸腺苷中的能量，这是糖类物质最主要的生理功能。糖类物质另一个重要的生理功能就是合成蛋白质和脂肪的碳链，以及体内一些重要的化学物质如抗体、酶、激素的组成部分。糖脂是神经组织的组成部分；糖蛋白是软骨、骨骼、眼角膜、玻璃体的成分之一；糖苷则具有解毒作用，肝糖原可以保护肝脏免受酒精和砷等化学物质或细菌的危害；糖类中的纤维素能促进肠的蠕动，增进消化腺的分泌，有利于食物的消化和排泄，减少中毒和肠癌的发生。

（二）促进脂溶性维生素吸收

沙棘中含有大量的脂类物质。脂类是脂肪和类脂的总称。脂肪是脂肪酸和甘油的化合物，类脂是磷脂、糖脂和固醇等化合物的总称。类脂主要集中在生物膜上，而生物膜是人体新陈代谢的选择性通透屏障。类脂在人体中约占5%，在人脑和神经组织中的含量可达2%～10%，其主要功能是贮存能量。人体空腹时，50%的能量需要通过脂肪的氧化来获得。人体如果摄入的糖类过多，糖类就会被转化为脂肪而贮存起来。脂肪能促进脂溶性维生素A、维生素D、维生素E、维生素K等的吸收。当人的饮食中缺乏脂肪时，不仅会导致必需的脂肪酸缺乏，还会使线粒体结构变异，进而使新陈代谢紊乱，出现脂溶性维生素缺乏症状。

（三）补充人体必需矿质元素

沙棘中含有12种人体必不可少的常量元素，他们是碳、氢、氧、氮、硫、钙、磷、钾、氯、镁、钠、铁及锰、铜、锌、硒、钴5种微量元素。

（四）维持生命机体正常运转

沙棘富含多种维生素。维生素是一类低分子有机化合物，在体内虽然含量很少，但却是维持机体正常生命活动所必需的一类物质。当机体缺乏某种维生素时，就可能发生代谢障碍，影响人的生理功能，甚至会导致疾病。

二、沙棘饮料食品研发

沙棘饮料、食品，实际上是沙棘最基本的开发方向和产品，也是与老百姓生活息息相关的事物，是值得优先关注的研发范畴。

（一）饮料

沙棘饮料类产品，除了沙棘汁、复合饮料、醋饮料等液体饮料，也包括固体饮料类。

1．沙棘汁

在我国，沙棘汁产品（图6-1）目前分沙棘原汁（原浆）、清原汁和浓缩汁等类。

图 6-1　沙棘汁产品

沙棘原汁的工艺流程如下：

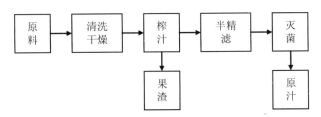

清洗采用浸洗和喷淋相结合的方法。浸洗为原料在循环水中短暂停留；喷淋时水管表压不能超过 0.3 MPa。清洗、干燥在清洗机上一次完成，其传送带速度不超过 0.15 m/s，清洗所用自来水的 pH 应小于 8。

榨汁可根据原料情况采用螺旋压榨机或者平面压榨机。在采用平面压榨机时，物料受力应力为 12～15 kg/cm²。

沙棘汁过滤通常采用重力过滤或加压过滤，常用的过滤介质为滤布，分粗滤和半精滤。粗滤可与榨汁同时进行，也可单独进行，目的是除去果皮、籽、叶等较大的杂质，一般采用重力过滤。半精滤一般采用加压过滤，目的是尽可能多地除去沙棘汁中的悬浮固体颗粒。

灭菌通常采用热力灭菌，常用的是巴氏灭菌法、瞬时巴氏灭菌法、超高温（115～135℃）瞬时灭菌法。为保证沙棘汁中的维生素 C 不被破坏，在灭菌中沙棘汁出料温度不能超过 65℃，受热时间不能超过 3 s。

沙棘清原汁加工厂工艺流程如下：

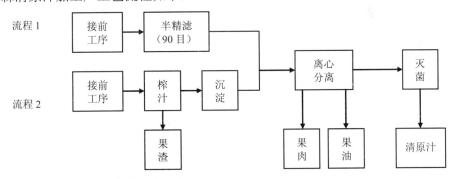

沙棘浓缩汁的加工工艺流程如下：

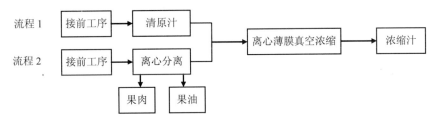

离心薄膜真空浓缩时，其二次蒸汽的温度小于 50℃，出料温度小于 45℃，折光度≥45%。

2. 沙棘复合饮料

沙棘复合饮料包括沙棘胡萝卜复合果汁、沙棘芒果复合果汁、沙棘—白刺保健饮料、红枣胶原肽沙棘汁、雪莲刺梨桑椹汁、沙棘保健饮料等，种类繁多，加工工艺较为简单。

（1）沙棘胡萝卜复合果汁

该饮料通过沙棘、胡萝卜二者的互补作用，既保持了果汁中丰富的胡萝卜素和维生素 C 的含量水平，又延缓了胡萝卜的氧化退色，有利于果汁色泽的稳定；同时也起到了营养互补的作用，是一种色、香、味俱佳的新型饮料。其工艺流程如下：

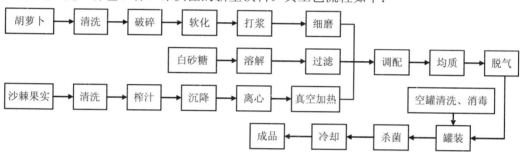

工艺要点：新榨得的沙棘汁，经真空加热处理，钝化酶类，使酶促褐变受到抑制。沙棘果含有丰富的营养成分及生物活性物质，但这些物质又是产生苦涩味和非酶促褐变的基质。从营养的角度来看，不能把这些物质除去，应采用沉降、离心，除去上浮的大量油脂，减少因油脂氧化酸败产生异味的影响。下沉物中含有皮渣及杂质，也是产生褐变的物质，除去亦可减弱对果汁色泽和风味的影响，这样可使沙棘汁成为色泽、风味和营养俱佳的果蔬复合饮料（图 6-2）。

图 6-2 沙棘胡萝卜复合饮料

（2）沙棘—白刺保健饮料

沙棘—白刺保健饮料系采用天然沙棘果实和白刺果实，经科学加工、合理配方研制而成。沙棘是药食兼用植物，白刺果同样具有健胃、助消化、镇静安神、解表、下乳等功效，民间素有食用和药用的习惯。沙棘维生素 C 含量较高，白刺果氨基酸含量较高。

该产品发挥了沙棘果和白刺果在生化成分上各自的优势，取长补短，提高了其生理价值，因而是一种营养丰富、酸甜可口的新型固体饮料。其外观性状为深棕色颗粒，色泽一致，粒度均匀。其配方主要为沙棘浓缩汁、白刺浓缩汁、吸收剂、黏合剂、矫味剂。工艺流程如下：

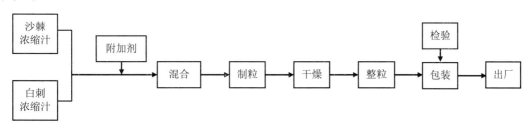

（3）红枣胶原肽沙棘汁

完美（中国）有限公司生产的红枣胶原肽沙棘汁是以沙棘原果汁、浓缩枣汁、海洋鱼皮、胶原低聚肽粉等为原料，经科学配比精制而成的营养饮品。其中，海洋鱼皮胶原低聚肽粉以鱼皮为原料，采用定向酶解技术水解制备低聚肽，相对分子质量小于 1 000 u 的低聚肽所占比例大于 85%。浓缩枣汁与沙棘原果汁协同调节酸甜口感，风味独特，营养丰富。每瓶低聚肽含量≥3 000 mg，果汁含量≥92%。

这一产品经配料、杀菌、灌装、冷却、包装等主要工艺加工制成。

配料：经配料罐调配、搅拌制成料液。

杀菌：经超高温瞬时杀菌机进行杀菌处理，设置杀菌温度和时间。

灌装：杀菌后料液直接进行灌装机封盖。

冷却：在线冷却水冷却，冷却后风干进行贴标。

包装：经包装机组包装成品。

（4）雪莲刺梨桑椹汁

完美（中国）有限公司生产的另一款产品——雪莲刺梨桑葚汁，是以浓缩桑椹汁、浓缩沙棘汁、雪莲培养物、浓缩刺梨汁、浓缩枸杞汁、叶黄素、果胶为原料，经科学配比，精制而成的营养饮品。果汁总含量≥98%。

生产工艺与前述红枣胶原肽沙棘汁一样。

（5）沙棘保健饮料

沙棘果有迅速止渴、恢复疲劳的作用，通过进一步强化维生素和无机盐，能使加工而成的沙棘矿工保健饮料具有明显减少体内乳酸堆积的作用，因而对减少肌肉疲劳有明显的效果；同时，该饮料中含有比例适当的电解质，对肌肉的收缩、应急性以及中和代谢产生的酸性物质具有一定的作用。其工艺流程如下：

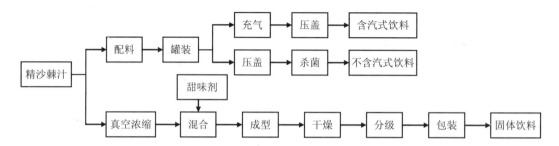

操作要点：由于沙棘果含有油脂及蛋白质，增加了产品的不稳定性。若不采取有效措施，所制产品就会发生分层和出现许多漂浮不定絮状物的现象。因此，需本着最大限度减少加工工艺中营养成分损失的原则，在榨汁、果汁预处理及浓缩、干燥等几个关键技术环节上，挑选理想的工艺流程。

3. 沙棘醋饮料

沙棘醋饮料（图 6-3）是在沙棘醋的基础上通过加入水、糖等物质调配而制成的一种饮料，酸度一般控制在 5.0～6.0 g/100 mL（以乙酸计），在工艺上要增加调配和精过滤及离心以去除杂质，产品色泽应为浅琥珀色，具有沙棘特有的香气和发酵香气，澄清无沉淀，味道酸甜爽口，无异味。

理论指标应满足：

总酸（以乙酸计）：5.0～6.0 g/100 mL；

不挥发酸（以乙酸计）：≥0.5 g/100 mL；

可溶性无盐固形物：≥0.5 g/100 mL；

氨基酸：≥0.2 mg/100 mL；

维生素 C：≥50 mg/100 mL；

游离矿酸：不得检出。

图 6-3　沙棘醋饮料

4．沙棘固体饮料

沙棘固体饮料有沙棘原粉、沙棘晶、沙棘冷冻果粉等。见图 6-4。

图 6-4　沙棘固体饮料

（1）沙棘原粉

沙棘原粉包括沙棘汁原粉与沙棘果汁粉，是采用沙棘果肉全成分（包括果肉油），通过低温快速处理和低温瞬间干燥成粉工艺得到的两种产品。

沙棘汁原粉是沙棘原汁，包括果肉油的固化物，由于其适口性差，不能直接食用，只能作为再加工的基础原料。沙棘果汁粉在加工过程中已添加了一定量的甜味剂，可以作为再加工的原料，也是方便的固体饮料。

以上两种产品的特点是，将其按一定的比例加水复原后，又可成为均匀一致的含油沙棘果汁溶液。该溶液无油层、无漂浮物、无果肉沉淀，具有原果的风味、色泽和营养，成分全面完整。产品携带、贮存、再加工、食用等都很方便，是保健食品中比较理想的营养滋补品。其工艺流程如下：

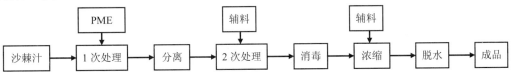

沙棘汁原粉和沙棘果汁粉由于含水低，采用透氧较低的包装物进行抽充包装，隔氧避光，可以保持成品的松散性和避光性，便于长期贮存和运输。

（2）沙棘颗粒饮料

配方：沙棘浓缩汁（浓缩比为 5→1）、吸收剂、黏合剂、矫正剂。为色泽一致的淡黄色颗粒，水分不超过 5%，粒度均匀，不能通过 1 号筛、能通过 4 号筛的颗粒和细粉不得超过 8.0%。其工艺流程如下所示：

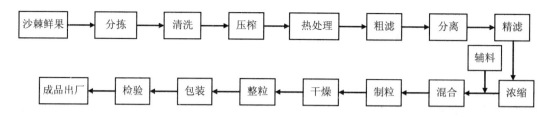

分离采用的是高速（4 000～6 000 r/min）离心机，这样可使沙棘汁中的果油、果汁和果肉产生强制性重力沉降，进行有效的分离。沙棘汁的浓缩采用了先进的升膜式薄膜浓缩工艺，其特点是浓缩速度快、受热时间短，能连续操作，有效地减少了维生素C的损失。

辅料分别称量、粉碎过筛（80目），按顺序加入槽形混合机制成的适宜软材（手紧握能成团，指轻压能分散）；再用摇摆式造粒机制成湿粉，用硫化床（亦称沸腾床）干燥，工作温度为50～60℃，最后仍用摇摆式颗粒机进行整粒过筛（10目）。

（3）沙棘冻干果粉

沙棘冻干果粉是将沙棘鲜汁经低温、真空、瞬时喷雾干燥而获得的产品。产品按一定比例加水复原后，又可成为均匀一致的沙棘汁溶液，具有重复溶解性好的优点。

沙棘冻干果粉是沙棘果实精华部分的集中，保留了原沙棘果汁的风味、色泽及营养，成分全面完整，产品便于运输、贮存及再加工，是制作饮食新品的好原料。

沙棘冻干果粉的主要品质指标如下所示：

感官要求：淡黄色；具有沙棘果香气味；果酸口味；粉状，无肉眼可见杂质。

理化要求：水分≤5.0%；比容185～195 cm³/100 g；溶解度≥95%；总酸（以苹果酸计）8.5%～9.5%；维生素C≥500 mg/100 g；铅（以Pb计）≤1.0 mg/kg；砷（以As计）≤0.5 mg/kg；铜（以Cu计）≤5 mg/kg。

微生物要求：菌总数≤1 000 CFU/g；大肠菌群≤40 MPN/100 g；霉菌≤50 CFU/g；致病菌（沙门氏菌、志贺氏菌、金黄色葡萄球菌）不得检出。

新疆康元生物科技股份有限公司利用全自动智能控制的连续冷冻干燥机，仅需1～2人就能实现全套设备的操作与应急维修工作，既能精准控制生产的每一个环节，又节省了大量的人力成本。这套自有专利生产线，在-30～-40℃超低温、50～500 Pa负压条件下，对沙棘全果浆进行浓缩干燥，进料出料仅需60 min，并使成品含水率达到3%左右。短时间低温干燥可以避免对沙棘全果浆中营养成分的破坏，提高沙棘全果粉的品质。沙棘冻干全果粉生产流程如下：

冷冻鲜果→低温清洗消毒→沥干→低温研磨→低温浓缩→超低温冷冻干燥→低温粉碎→包装→灭菌→入库。

沙棘固体饮料中也已开发了复合饮料（图6-5）。

图 6-5　沙棘复合固体饮料

（二）茶类

利用沙棘叶富含多种生物活性物质的特性，在多年的研发工作中，我国一些企业研制出了多种沙棘茶产品（图 6-6）。

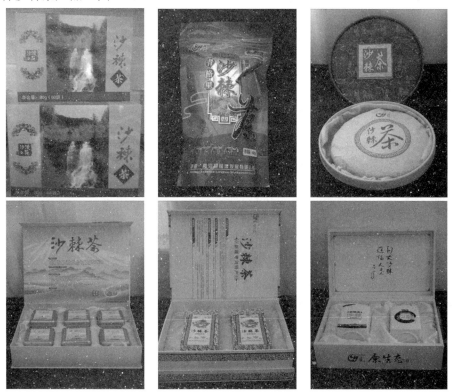

图 6-6　各种沙棘茶叶

1. 沙棘茶

严娅[3]采用正交试验法，优选出沙棘叶微波杀青的最佳杀青工艺条件：投叶量为 40 g，杀青时间为 90 s，微波火力为 60%，测定出 POD 相对酶活为 1.690%、茶多酚含量为 16.981%、黄酮溶出量为 2.340 mg/g，以及感官评定得分为 90 分。采用微波杀青工艺，可以缩短杀青时间，杀青后沙棘叶色泽翠绿，冲泡时气味清香，微波杀青在沙棘叶茶制作过程中是一种较为理想的杀青工艺。在前期实验室试验的基础上，进行烘焙杀青中试验。通过分析烘焙杀青对 POD 相对酶活性、茶多酚含量及黄酮溶出量的影响，发现采用烘焙杀青后沙棘叶 POD 相对酶活基本丧失活性，茶多酚含量为 14.160%～16.730%，黄酮溶出量含量为 2.560～3.220 mg/g，感官评定得分为 83～95 分，其杀青效果较好。同时，严娅以沙棘叶茶冲泡过程中的主要成分溶出量、感官品质为评价指标，对冲泡条件进行研究表明，冲泡水温对沙棘叶茶浸出物中营养成分含量和感官品质影响最大，优选出沙棘叶茶最佳冲泡条件为：茶水比为 1∶75，水温 100℃浸泡 15 min 时水浸出物含量为 20.209%、茶多酚溶出量为 24.753 mg/g、黄酮溶出量为 2.431 mg/g 和感官品质总分为 94.8 分。她以沙棘叶袋泡茶冲泡后茶汤中黄酮溶出量及感官品质为评价指标，对袋泡茶颗粒度的选择进行了研究发现，选择 40 目的原料制成袋泡茶，效果最佳，黄酮溶出量含量最高为 5.270 mg/g，感官评定得分为 94.9 分。

沙棘茶的主要加工工艺流程如下：

沙棘鲜叶→杀青→揉捻→初炒→摊晾→复炒→飘扬→包装。

（1）鲜叶采收

用于茶用目的的沙棘叶，以 6—7 月采收为宜，并应全部选择雄株采叶。采摘时最好选三叶一芽，不要大叶和老叶，采收后如不能立即加工，可平摊在阴凉、清洁、气温低于 25℃的室内阴干，平摊厚度不超过 10 cm。

（2）杀青

使用杀青机杀青，温度不超过 120℃，杀青时间不超过 5 min，使青草气味消失。

（3）揉捻

杀青后将茶叶稍作摊晾，然后送入揉捻机揉捻，揉捻的方向要一致，时间 30 min。

（4）初炒

将揉捻过的叶子投入炒机中进行初炒，时间约 20 min。

（5）摊晾

将初炒的叶子放在凉棚下进行摊晾，使其回潮变软。

（6）复炒

将回潮变软后的叶子重新投入炒机中进行复炒，至茶叶烫手为止，时间一般为 5 min。

（7）飘扬

用风选机去除茶叶中的茸毛、鳞片和小碎屑。

目前市场上发现一些沙棘茶叶，外包装酷似铁观音小包装袋，但是冲泡后茶汤表面有一层茸毛，冲泡三四遍后茸毛仍去除不净。这种茸毛十分危险，在饮茶时稍不注意就将茸毛吸入气管。因此，这一步十分重要，袋泡茶可以克服这一缺点。

（8）包装

将沙棘茶叶包装在干净的塑料袋或铝箔袋中，贮存于干燥、无异味的室内。

2. 沙棘袋泡茶

沙棘叶由于鳞片比较多，直接像传统茶叶一样泡水喝，开始会有鳞片浮在茶汤上，一是影响美观，二是容易将茸毛吸入气管呛着，因此一般制作成袋泡茶，以克服这些缺点。

沙棘袋泡茶加工工艺如下：

沙棘茶叶→粉碎→筛选→调整→混和→茶包机→包装→出厂。

主要注意事项：

（1）将沙棘茶叶在粉碎机上粉碎，筛网使用 60 目或 80 目。

（2）将粉碎后的茶叶通过振荡筛去除过细和过大的叶子，选取 60～80 目的茶叶供袋泡茶用。

（3）将有关辅料添加到茶叶中，充分混合。

（4）使用装袋一体机进行包装。

3. 沙棘茶饮料

沙棘茶饮料（图 6-7）主要加工工艺如下：

　　　　　　水　　　　　糖等辅料
　　　　　　↓　　　　　　↓
沙棘茶叶→萃取→粗过滤→调配→精滤→分离→均质→灭菌→灌装→冲淋→干燥→打标→包装

图 6-7　沙棘茶饮料

4. 复方沙棘保健茶

复方沙棘保健茶以沙棘叶为主料，配以其他辅料，采用特殊加工工艺，保持了沙棘茶的外形，校正了口味，提高了品质。其工艺流程如下所示：

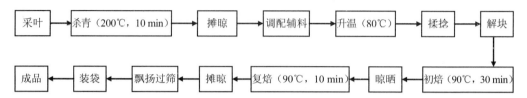

辅料调配：按配方取蜂蜜、绿茶、枸杞子、五味子、金银花加水热浸提 30 min，过滤得提取物，残渣再用水热浸提一次，过滤，合并两次滤液，浓缩至1/5，用喷雾器均匀喷洒到沙棘茶中，然后再升温、揉捻，即可制成复方沙棘保健茶。

复方沙棘保健茶外观为针状茶形，表面褐色，背面银白色，干茶有明显的香味。沏出的茶汤呈深褐色，晶莹透亮，色泽均匀，香高味纯，以头汤二汤最浓，以后茶色逐渐变淡，茶味略甜，有蜂蜜味，无异味，口感好，入口后有甜茶香味。

主要成分及功能：

含维生素 C≥120 mg/100 g，维生素 E≥7 mg/100 g，黄酮醇≥160 mg/100 g，三萜烯酸≥300 mg/100 g，SOD≥1 500 U，咖啡碱的含量比一般茶叶低 3～10 倍。

黄酮醇：对缺血性心脏病、冠心病、心绞痛有缓解作用，能降低血中胆固醇甘油三酯，较好地改善心肌供血状况。

三萜烯酸：对各种炎症有治疗作用，如咽喉炎、扁桃腺炎、前列腺炎等，作用明显。

绿原酸：具有增进胆汁分泌，增强毛细血管功能的作用。

SOD：为复合活性物，能逐渐清除体内自由基等有害物质，增强人体免疫功能。

沙棘茶治疗便秘的总有效率在 90%以上。咖啡碱含量低，可减轻中枢神经兴奋度，适于老年人、高血压患者及神经衰弱者饮用。

"完美牌"低聚果糖沙棘茶（国食健字 G20090021）主要由沙棘粉、红茶粉、罗汉果甜甙等植物原料配制而成。低聚果糖为水溶性膳食纤维，冲调方便，口感清爽。这一产品可调节肠道菌群，适宜肠道功能紊乱者。

主要生产工艺为：原料验收合格后入库，生产车间按批生产指令领取相应的原料，按配方量称量，所有原料在投料前均过金属检测仪，原料通过无尘投料器进入混合机料斗，所有原料在自动提升料斗混合机内进行充分混合，混合均匀的物料通过管道下料到高速分装机进行快速分装，分装后的产品通过自动装盒机进行装盒，装盒后的产品通过自动检重机检重，挑出重量异常的产品，最后装箱包装检测合格后入库。

"完美牌"高纤乐，批准文号为卫食健字（2000）第 0291 号。产品主要由车前子壳、草莓粉、沙棘粉等组成。车前子壳含多聚糖，具有吸水性和膨胀性；添加草莓粉、沙棘粉，酸甜可口，营养更佳。这一产品可改善胃肠道功能（润肠通便），适宜便秘者使用。

生产工艺与前述低聚果糖沙棘茶一样。

（三）酒类

沙棘果实酸甜可口，不仅极易开发甜酒，而且还能开发沙棘白酒、沙棘果酒、沙棘啤酒、沙棘蜜酒以及沙棘香槟。在 1988 年由中国食品工业协会举办的"首届中国食品博览会"上，山西省杏花村汾酒厂生产的"古井牌"真武沙棘酒、"古井牌"玫瑰沙棘酒获金奖；河北省丰宁酒厂生产的"九龙山牌"中华沙棘酒获银奖；甘肃省清水酒厂生产的"公都牌"中华沙棘酒获铜奖。

1. 沙棘白酒

在当今崇尚天然、营养和保健食品的消费趋势下，人们对白酒的饮用结构也发生了巨大变化。多数人已不再喝烈性白酒，转而饮用低度白酒。20 世纪 90 年代，低度白酒的产量已开始超过高度白酒，占白酒总产量的 55%以上。生产低度白酒，尤其是低度营养保健白酒，是广大消费者的需要，也是提高企业经济效益、增强企业竞争能力的关键。

低度营养保健白酒既不是普通类型的低度白酒，也不是含有中草药、名贵动物的药酒，它是在色、香、味均未发生改变、仍保持低度酒风格的基础上，含有一些对人体有益的营养保健成分，因此更可以说是一种功能食品[4]。

陈雪峰等[5]选用陕北沙棘果榨出的新鲜沙棘原汁，以及陕西延安美水酒厂的优质酒基，度数 62° V/V，并以甘泉县城开发的甘泉天然矿泉水为勾兑水，研发出了一种低度沙棘白酒。其原理在于，选用天然矿泉水勾兑低度白酒，并同时勾兑入沙棘果汁，可使白酒中含有一定量的微量元素和生物活性物质，使得人们通过饮酒也能获得营养，增强免疫能力。其工艺流程如下：

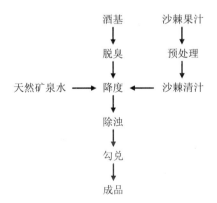

操作要点有以下 3 点：

（1）沙棘汁预处理：沙棘果汁外观呈枣红色混浊汁液，具有较强烈的果香味。如果不经处理直接勾兑入白酒中，会使白酒色、香、味发生变化，故必须进行预处理。具体方法为在果汁中按 0.03%比例加果胶酶，45℃下保温 1～2 h，过滤后再按 1%比例加活性炭，搅拌均匀，静置 2 h，再次过滤即得淡黄色沙棘清汁。注意：沙棘果汁经过处理，可以加入低度白酒中，其加量不超过酒量的 2%。

（2）酒基脱臭：酒基是生产低度白酒的基础，优质酒基又是低度白酒质量的必要保证。在酒度降低时，酒基内的杂味、邪味和异味就会明显影响低度白酒质量，因此必须进行脱臭处理。就是在酒基中按 0.05%比例加入活性炭，搅拌均匀后静置 24 h，每隔 8 h 搅拌 1 次，过滤后即得脱臭酒基。

（3）降度勾兑：取脱臭酒基，按比例加入甘泉天然矿泉水和沙棘清汁，进行除浊处理后，即得 39° V/V 新型低度白酒。天然矿泉水可以作为低度白酒的勾兑水。在酒基的度数和固形物已确定的条件下，只要天然矿泉水的矿化度不超过勾兑水允许的固形物最高值，即可直接勾兑降度。

实践证明，采用低温冷冻结合活性炭吸附，或低温冷冻结合活性炭、海藻酸钠吸附，均可生产出耐低温的低度白酒。沙棘低度白酒无色透明，无沉淀，无杂质，含有沙棘黄酮、维生素 C 和微量元素，是一种营养保健型低度白酒（图 6-8）。

图 6-8　沙棘白酒

2．沙棘果酒

沙棘果酒（图 6-9）是以沙棘果实作为主要原料制作而成，产品味道甘润醇厚，酸甜爽口，具有独特的典型果酒风味，同时具有祛痰、利肺、养胃、健脾等功效。

图 6-9　沙棘果酒

刘岩松[6]以沙棘果为原料，分别用发酵法和浸泡法生产出原酒，将两种工艺生产的原酒勾调出果香浓郁、口感醇厚的沙棘果酒。

（1）主要生产原料

沙棘果：青海本地产，果实新鲜饱满。

白砂糖：一级，云南产。

果酒酵母：湖北安琪酵母股份有限公司生产。

（2）生产工艺流程及说明

沙棘果酒生产工艺流程如下：

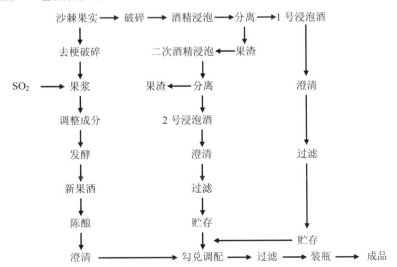

沙棘果质量要求：酿造果酒果实是否成熟，直接影响果酒的优劣，沙棘果要求新鲜、无霉烂、无虫蛀，果实成熟度达到 8～9 成为宜。

前期处理：沙棘果实穗少、粒多，除梗破碎时小心操作，以免将过多的果梗带入果浆中。果浆中加入亚硫酸，使果浆中 SO_2 浓度达到 100～120 g/kg。沙棘果含糖分不足，需添加白砂糖才能发酵达到所需的酒度。按所需酒精度换算出所要添加的砂糖量加入果浆中。

发酵：果浆中加入 4‰干酵母，干酵母活化条件：在 10 倍、40℃、2%的蔗糖水溶液中，复水活化 30 min。前酵温度保持在 18～25℃，10 天左右结束；后酵温度保持在 15～20℃，30 天左右结束。

陈酿：后酵结束后换桶，陈酿期温度保持在 10～15℃，时间长达 1 年。

澄清：选用钠基膨润土与明胶相结合的方法，澄清效果最佳。混合澄清剂用量为 0.3%。将制备好的澄清剂加入果酒中搅匀静置 6～7 天，待酒澄清后取上清液过滤。

酒精浸泡：先将酒精进行脱臭处理。第 1 次浸泡用酒度 25%V/V 的脱臭酒精，沙棘与酒精比例为 1：2.5，浸泡 7 天后分离得到 1 号浸泡原酒。第 2 次浸泡的酒精酒度为 20%V/V，沙棘与酒精比例为 1：1.5，浸泡 5 天后分离得到 2 号浸泡原酒。浸泡过程中搅拌 2～3 次，以利于浸泡出沙棘中的色素、香气和营养成分。1 号浸泡果酒下胶处理后与 2 号浸泡果酒混合贮藏半年备用。

调配勾兑：按发酵酒 70%、浸泡酒 30%的比例进行调配，沙棘酒的香气、口感最佳。

（3）酒的感官、理化指标及卫生指标

1）感官要求

色泽：浅红色，清亮透明，无杂质沉淀及悬浮物。

香气：具有沙棘果果香和清雅、谐调的酒香。

风格：具有沙棘酒的独特风格。

滋味：具有酸甜适口、爽怡的口感。

2）理化指标

酒精度（20℃）：13%（V/V）。

总糖（以葡萄糖计）：60 g/L。

总酸（以柠檬酸计）：8 g/L。

二氧化硫（以游离 SO_2 计）：0.04 g/L。

3）卫生指标

按照国家标准《发酵酒及其配制酒》（GB 2758—2012）规定执行。

赵宏军[7]根据沙棘资源的利用现状和内蒙古地区野生沙棘资源的分布情况，采摘野生沙棘果，对其上的酵母菌进行分离筛选，研究筛选出的部分疑似酵母菌株的发酵性能和发酵工艺参数，找出适合沙棘汁发酵的工艺条件，并对沙棘发酵醪液进行降酸和澄清处理，研制出符合国家标准的具有沙棘特色的沙棘果酒。

试验共筛选出疑似酵母菌株 21 株，选出其中的 3 株和实验室保存的另 3 株野生沙棘酵母菌进行发酵性能试验（包括发酵力、凝聚性、耐酒精度及耐 SO_2 能力试验），确定菌株 C2-2 为最适沙棘汁发酵的优良酵母菌株。研究沙棘酵母菌株 C2-2 发酵工艺参数（即酵母的接种量、发酵温度、SO_2 添加量及果胶酶加入量），找出最佳发酵单因素试验条件，进而设计四因素三水平正交试验，以产酒精度和透光率为指标，确定最佳发酵工艺条件为：发酵温度 22℃；果胶酶加入量为 200 mg/L；酵母接种量为 15%；SO_2 的添加量为 80 mg/L；发酵中蔗糖加入量为 170 g/L；发酵时间为 10～15 天。

利用最佳发酵工艺条件对沙棘汁进行发酵。发酵结束后，测得发酵醪液总酸为 11.963 g/L，由于发酵醪液酸度较大不适宜人们饮用及酒体浑浊等原因，对发酵醪液进行降酸和澄清处理。降酸方法采用化学试剂降酸法，所选择的适合处理沙棘发酵醪液的降酸剂为 $C_4H_4O_6K_2$、K_2CO_3、Na_2CO_3，处理条件为温度 25℃，处理时间 3 h。采用复盐法进行降酸，根据感官评价的结果，最终确定适合沙棘发酵醪液的降酸方案有 3 个：$C_4H_4O_6K_2$ 与 K_2CO_3 配比为 7∶3，降酸目标为 6 g/L；$C_4H_4O_6K_2$ 与 Na_2CO_3 配比为 7∶3，降酸目标为 7 g/L；$C_4H_4O_6K_2$ 与 Na_2CO_3 配比为 9∶1，降酸目标为 8 g/L，3 种方案各具不同特色。

澄清处理方法采用了离心澄清、硅藻土澄清、壳聚糖澄清等方法，对比不同方法处理后的透光率和口感，找出最适的澄清方案为：装填硅藻土柱子，利用真空过滤装置对沙棘发酵醪液进行抽滤，沙棘发酵处理液透光率可达 90% 以上，酒体澄清透明、有光泽，符合国家标准。

通过以上试验，利用菌株 C2-2 在最佳工艺条件下发酵沙棘汁，发酵醪液经降酸、澄清处理后，通过感官评价，所酿制的沙棘果酒酒体澄清透明、口感协调、爽怡，沙棘果香味突出，酒体完整，符合国家发酵酒标准。

3. 沙棘啤酒

沙棘啤酒以沙棘果汁、麦芽、白糖为原料，采用科学的配方，选择优良的啤酒酵母，通过低温发酵等先进工艺精心酿制而成。由于该啤酒的原料中选用了沙棘果汁，每吨成品酒可节粮 63 kg。沙棘啤酒色淡透明，泡沫丰富，洁白细腻，持久挂杯，有明显的沙棘野果风味和麦芽、啤酒花香味。二氧化碳气量足，酸甜适度，清香爽口，独具特色。沙棘啤酒的酒精含量（1%左右）不及传统啤酒的 1/3，还富含人体必需的多种氨基酸、维生素和微量元素，既有啤酒的特点，又有沙棘的果味。具有消食健胃、生津止渴、祛痰清肺止咳、强身健体、安神养心之功能，实属老幼妇孺皆宜的高级饮料。其工艺流程如下：

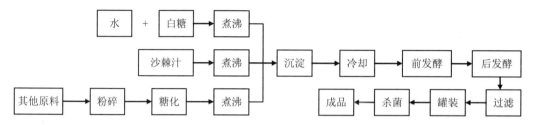

技术关键：沙棘啤酒的技术关键是最低限度地减少生产工艺过程中维生素 C 的损失，即要严格控制糖化方法、发酵时间、发酵温度、沙棘汁的纯度和澄清度以及添加量等。

4. 沙棘汽酒

沙棘汽酒是指采取一定措施处理之后的沙棘果汁、蔗糖为主要原料，经酿酒酵母酿制而成的、含有二氧化碳的、含有沙棘果香的、低酒精度的发酵酒。而熟沙棘汽酒是经过己氏灭菌或者瞬时高温灭菌的沙棘汽酒。生沙棘汽酒是不经过己氏灭菌或者瞬时高温灭菌，而采用其他物理方法除菌，达到一定稳定性的沙棘汽酒。鲜沙棘汽酒是不经过己氏灭菌或瞬时高温灭菌，成品中允许含有一定量的活酵母菌，达到一定生物稳定性的沙棘汽酒。

沙棘汽酒的生产工艺流程如下：

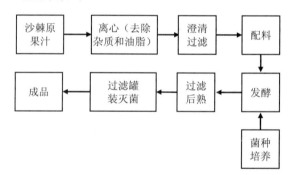

侯廷帅[8]以沙棘汁为主要原料，添加其他配料，应用生物发酵技术，开发出一种新型的发酵型沙棘汽酒产品，并确定了其生产工艺。

最佳除脂方法为壳聚糖法，工艺参数为：壳聚糖添加量为 7 g/L，作用温度为 20℃，作用时间为 20 min。此时脂肪含量为 0.016%，除脂率达到 98.462%。

最佳脱果胶工艺参数为：果胶酶添加量为 0.5‰，作用时间 2 h，温度 50℃，脱胶后料液透光率达到 82.4%；选用硅藻土法澄清，工艺参数为：硅藻土添加量 7‰，澄清时间 2.5 h，澄清之后上清液透光率达到 96.1%。

沙棘汽酒的最佳配方参数为：沙棘清汁 18%，蔗糖 8%，葡萄糖 4%，麦芽汁（糖度为 13°）4%，大米糖化液（糖度为 11°）3.5%。最佳菌株为 C 菌种。

沙棘汽酒的最佳发酵工艺参数为：酵母接种量 1%，发酵温度为 19℃，发酵时间为 5~7 天。最佳灭菌条件为：65℃，20 min。

对沙棘汽酒发酵前后的主要功能成分进行测定比较，得到维生素 C 含量发酵后减少了

59%，总黄酮含量有小幅上升。

5.沙棘蜜酒

以油菜蜜和沙棘果汁为原料，在 29℃温度下发酵 1 个月，自然酒度达到 9°～10°。游离氨基酸、水解性氨基酸比发酵原液大幅度增加，维生素 B_1 较发酵前增加 1 倍。该产品具有沙棘果汁的天然色泽，营养与风味优于纯用蜂蜜酿制的蜜酒。

（四）食品

以沙棘果实为主要原料的食品，包括沙棘果酱、果粉、饼干、沙棘醋和酱油等（图 6-10）。

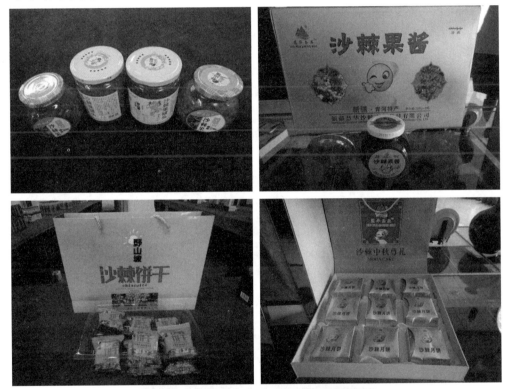

图 6-10　琳琅满目的沙棘食品

1. 沙棘果罐头

沙棘果罐头主要加工工艺如下：

沙棘纯果→挑拣去除腐烂变质果→清洗→淋水→装瓶→糖液调整→封口→灭菌→降温→干燥→打标→包装。

2. 沙棘果干

沙棘果干的加工工艺，一般是将沙棘果通过强烈阳光和高温暴晒而成的一种干果。沙棘果经过太阳照射后，水分被蒸发、缩小、变干后形成了沙棘果干。其基本的工艺路线如下：

沙棘鲜果→清洗→摊晾→装盘→烘干→脱盘→质检→装袋→入库。

对于沙棘鲜果，清洗必须要彻底，否则成品很难再进行除杂。沙棘果干要存贮在阴凉库房内，防止有效成分损失。

不过还可以不采用直接日晒，将沙棘果实放置在通风室内阴干也可形成果干。晾房四壁布满梅花孔，大约经过 40 天的干热风吹晾即成。由于采摘时沙棘浆果成熟度不同，晾晒时间较长，以及光照不均等原因，沙棘在晾晒过程中会发生氧化，一部分沙棘颜色变深，呈暗黑色，但沙棘果实整体呈黄红色。

另外一类加工途径是经过低温冷冻，损失水分，形成干果。与冻干果粉工艺基本相同。不过成本太高，目前应用不多。

沙棘果干，可用清水或开水冲洗干净后食用；一次吃 10～30 g，一天可以吃 2～3 次。沙棘果干营养丰富，但是口感很酸，泡水时须适量。沙棘果干还可以泡酒、泡茶、做果汁，也可以泡水时加上菊花、枸杞、蜂蜜，然后饮用。沙棘果干也可以先打成粉，然后加冰糖、蜂蜜煮成果汁喝。沙棘果干也可以制果子露、果酱、果羹、果冻等。沙棘果干还可以泡茶，可以煲汤，也可以用家用打浆机加纯净水和蜂蜜打浆，制成天然可口的饮品，都不失为一种很好的健康食品。

3. 沙棘鲜枣果酱

鲜枣是营养丰富的果品之一，含糖 19%～35%、蛋白质 1.2%～3.3%、脂肪 0.2%～0.4%，另外还含有大量铁、磷、钙及多种维生素，尤其是维生素 C 的含量达 380～600 mg/100 g，但鲜枣很难贮存。枣酱作为鲜枣的加工产品，深受广大消费者的欢迎。但枣酱在制作中，由于需要脱皮、清洗、加热浓缩，使维生素 C 损失严重。沙棘果中维生素 C 的含量很高，在制作沙棘汁的过程中，由于有沙棘自身所含的酒石酸和苹果草酸的保护，维生素 C 的损失较少。因此，可以利用沙棘原汁中的有机酸，使鲜枣的维生素 C 得到最大限度地保存，其工艺流程如下：

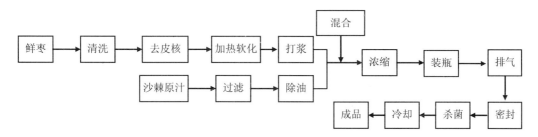

配方：鲜枣 50%，蔗糖 40%，沙棘原汁 10%。

沙棘鲜枣酱属于低糖产品，总糖含量约为 41%，转化糖含量在 14.18% 左右。这里的关键技术是沙棘汁的加入采取了边浓缩边加入的方法，既防止了转化糖的过量，也防止了转化糖的不足，还保持了酱体状态的良好。制作工艺中 pH 应控制为 3.0～3.2，经过 10～15 min 的加热浓缩，可溶性固形物含量达 50%～55% 时即可出锅。

沙棘鲜枣酱低温保存效果最佳。

4．沙棘冰淇淋

目前市场销售的冰淇淋 pH 均为 5.4～7，一旦低于这个范围，在热处理时就会产生蛋白质的沉淀和分离，起不到抑制冰晶和蛋白质凝固的作用，因而口感较差，还不利于保存。另外，消费者对水果风味的冷饮非常欢迎，但市场上的冰淇淋一般均用水果香精代替，因为受 pH 的限制，很难加入有果汁风味的有机酸。沙棘冰淇淋克服了这一缺点，制出以沙棘为主要原料的高酸度冰淇淋。其色泽为麦秸黄或浅金黄色，具有鲜奶和沙棘果的和谐香气，无异味，口感细腻润滑，无冰晶和杂质，形态完整，无变形收缩现象。

其所需的原辅料为：白砂糖、全脂奶粉、鲜鸡蛋、棕榈油、沙棘汁等。

沙棘冰淇淋工艺流程如下所示：

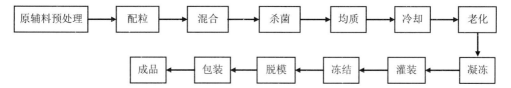

其操作要点如下：

预处理：把白糖加热溶解后制成糖浆，并经 100 目或 120 目筛过滤。鲜鸡蛋用打蛋机将蛋清蛋黄搅拌均匀，外观没有分离感，而且泡沫感强。

配料、混合：按配方准确称量各种原料，先把棕榈酸单甘醇分散于棕榈油中做成油脂液，再把奶粉分散于水中，把其余辅料放入糖浆中，然后和奶粉混合，逐渐加热，由低到高，不宜突然升温；温度升高到 65℃ 时把油脂液和水溶液混合，升温 70℃ 灭菌 30 min 后，过滤。

均质、冷却：过滤后，缸内温度保持 65℃，作均质处理，压力为 150～170 kg/cm³，然后用板式热交换器冷却至常温，进老化缸降温至 5℃，这时的 pH 为 6.5，酿化 2 h，放入 3%的沙棘原汁和柠檬酸液，制成 pH 为 3.5 的料液。

老化：温度冷却至 2～3℃，时间为 4 h。

凝冻：混合料在 1.5～2 kg/cm³ 压力下泵入和放出，温度控制在-4℃。

成型：温度控制在-25～-30℃，然后包装硬化，在不高于-22℃ 条件下硬化 2 h，即可出售。

5. 沙棘羊羹

沙棘羊羹为色泽均匀一致的琥珀色，表面有光泽，酸甜可口，具有沙棘特有的风味，无其他异味，组织细腻润滑，软硬适口而有弹性，无糖结晶，无气泡和杂质。含糖量（以还原糖汁）在 45%左右，可溶性固形物（按折光计）不低于 65%，每千克制品中锡不超过 10 mg，铅不超过 2 mg，无病菌检出，各项指标均符合中国国家食品卫生标准。

配方：沙棘泥 30 kg，豆沙 40 kg，白砂糖液 100 kg，琼脂液 2.5 kg，苯甲酸钠 120 g。

配料、浓缩：按配方分别称取沙棘泥、豆沙、琼脂液、75%的白砂糖，置于夹层锅内，搅拌均匀，加热时蒸汽压力为 1.5 kg/cm²，边加热边搅拌，防止焦糊。待浓缩至可溶性固形物达 60%时，加入用少量水溶解的苯甲酸钠，搅拌均匀，继续浓缩，到果浆中心温度达 105℃时即可出锅，此时可溶性固形物达 65%以上。其工艺流程如下：

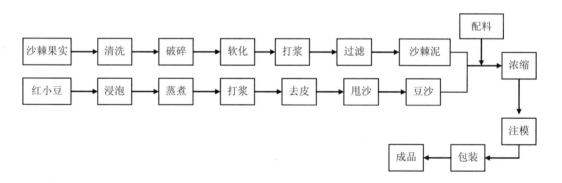

操作要点：

制备沙棘泥时，应选择充分成熟、色泽好、无病虫害和变质腐烂现象的沙棘果。沙棘汁生产中的下脚料也可用于生产沙棘泥。粉碎的沙棘原果浆液用夹层锅加热至 80℃左右，保持微沸状态 20～30 min，使果肉煮软易于打浆为止。软化好的果浆趁热用筛板孔径为 0.8～1 mm 的打浆机打浆、滤籽、去皮即得沙棘泥。

制备豆沙时，应选优质红小豆，去杂、清洗、浸泡 4～6 h，水温为 15～20℃。然后把红小豆捞入高压锅内，以豆水比为 1∶2 加水，并加入相当于水重 0.3%～0.5%的小苏打。蒸煮 1～1.5 h，蒸锅压力控制在 1.2 kg/cm²，煮好后迅速冷却，放入打浆机打浆。之后用水漂洗，用离心机甩沙，甩至可攥成团，松手后能自动散开为止。

制备琼脂液时，按 1 份琼脂加 20 份水的比例，将琼脂浸泡 10 h，然后加热去杂备用。

6. 沙棘醋

沙棘醋（图 6-11）主要利用沙棘果汁及辅粒，其生产环节包括原料处理、酒精发酵、醋酸发酵、熏醅淋醋、加热灭菌、包装检验和出厂等程序。

图 6-11　沙棘醋产品

主要加工工艺如下：

沙棘醋的酿醋工艺需要经过以下 5 个步骤：

第一步，沙棘果汁及辅料等原料处理。

第二步，发酵。发酵分为酒精发酵和醋酸发酵，要经历 3 个阶段：一是在酶的作用下，把原料中的淀粉类物质水解为糖；二是在酵母菌的作用下，把糖转化为酒精，这两个阶段通常是同时发生的，所以一般把这两个阶段统称为酒精发酵阶段；三是在醋酸菌作用下，把酒精转化为醋酸，就是醋酸发酵阶段了。

第三步，熏醅。熏醅是酯化过程，通过熏醅使醋增色、增香、增脂，还可以抑制细菌的生长。

第四步，淋。淋醋就是用煮沸的水或者醋，将醋醅中的醋酸及有益成分过滤出来。

第五步，陈。将刚淋好的"新醋"，经过"夏伏晒、冬捞冰"的陈酿，醋会由于温度的作用、水分的蒸发，而经过复杂的生化反应过程，才会形成"绵、酸、香、甜、鲜"的优异品质。

沙棘保健醋的维生素含量高出普通醋 20 倍，此外，还含有锌、铁等微量元素，既可调味，又可温饮，具有增进食欲、降压减脂、软化血管、养颜润肤、健脑乌发、调理脾胃、防胖减肥、柔合骨骼的神奇功效。

7．沙棘酱油

沙棘酱油（图 6-12）是用沙棘果渣（皮）、小麦、麸皮酿造的液体调味品，色泽红褐色，有独特酱香，滋味鲜美，是烹饪的良好佐料，有助于促进食欲。

图 6-12　沙棘酱油产品

8．沙棘食材

在新疆阿勒泰，以及黑龙江绥棱、穆棱等地区，都有将新鲜沙棘果作为食材，烹制风味食品、菜品的做法。在新疆阿勒泰市，有一沙棘庄园，已设立多家分店，沙棘菜谱十分有名，如有沙棘野蘑菇烧牛楠、沙棘炖羊排、沙棘辣子鸡、沙棘蒸鳊鱼、沙棘蒸鲤鱼、沙棘杂粮煲羊排、沙棘家常豆腐鱼等，食客络绎不绝。沙棘既可以用来与各种牛羊肉、大肉、鸡、鸭、鹅、鱼等一起蒸、烹、煮、烧、炖、焖、熬、炒等，做出许多美味来，还可以制作各种甜食（图 6-13）。

沙棘藕片

沙棘日本豆腐

沙棘雪梨

沙棘老倭瓜

沙棘红薯

沙棘黄米饭

沙棘蛋花汤

酒酿沙棘羹

图 6-13　沙棘甜食菜品

下面介绍一些简单易做的沙棘食谱。

（1）沙棘藕糊

原料：沙棘果 250 g，藕粉 70 g，糖精少许。

制作：沙棘果去杂洗净，榨汁澄清，滤出清汁，渣留用；净锅内放沙棘果渣熬 6 min，过滤后，加入糖精、沙棘果汁水烧沸，下藕粉烫成糊，起锅即成。

（2）沙棘西瓜冻

原料：沙棘果汁 250 g，无籽西瓜心 200 g。

制作：将无籽西瓜心切成小丁颗，拌上沙棘果汁，入汤碗内，放入冰箱冻 15 min 后，取出食用。

（3）番茄沙棘汤

原料：番茄 250 g，沙棘汁水 100 g，槐花蜜 50 g。

制作：番茄用沸水烫后，去皮，切片，净锅内放适量清水沸水，下番茄片烧沸，放沙棘汁、槐花蜜推匀，起锅即成。

（4）沙棘银耳汤

原料：沙棘汁水 150 g，干银耳 20 g，桂花蜜 80 g。

制作：干银耳洗净，去蒂，改小，入净锅内炖烂，起锅入汤盆；加入沙棘汁、桂花蜜推匀即成。

三、主要加工设备设施

由于沙棘饮料生产需要大量的资金投入和强有力的销售手段，同时市场竞争激烈风险较大，下面介绍的案例为年消耗果汁 2 000 t、叶子 500 t 的中小型沙棘饮料组合生产方案。主要产品及产量为：

沙棘纯果汁：400 t（20～50 mL 装）。

沙棘果汁饮料：10 000 t（利乐包装，250 mL、750 mL、1 000 mL）。

沙棘醋：500 t（玻瓶装）。

沙棘醋饮料：200 t。

沙棘果粉：200 t。

沙棘茶：处理量为日处理鲜叶 20 t，可生产茶叶 4 t，生产周期 50 天，年处理鲜叶 1 000 t，生产茶叶 200 t；年生产泡茶 2 000 万包，使用茶叶量 50 t。

沙棘茶饮料：4 000 t（玻瓶或塑瓶）。

沙棘果罐头：200 t（250 mL 玻瓶装）。

（一）主要设备

按上述基本生产方案，所需主要设备至少应有以下 6 条生产线。

1. 原汁生产线

原汁生产线包括自动玻瓶清洗机、无菌灌装机、降温冲淋设备、自动打标和装箱系统等。

2. 果汁灌装线

果汁灌装线包括配料系统、均质灭菌一体机、利乐无菌自动灌装机、装箱机等。

山西汇源献果园生物科技有限公司果汁生产主要设备有：瑞典 TBA/19 型利乐包无菌砖、意大利 FBR 公司 BIB 无菌包、北京航空航天工业研究所无菌袋、江苏张家港玻璃瓶 4 条果汁饮料灌装生产线和一条沙棘原浆榨汁生产线。见图 6-14。

图 6-14　沙棘果汁加工设备（山西右玉）

鄂尔多斯高原公司的沙棘果汁加工主要设备如图 6-15 所示。

果汁高温灭菌设备　　　　　　　　　　　　　　　　果汁无菌灌装设备

浓缩汁加工设备　　　　　　　　　　　　果汁处理车间

图 6-15　沙棘果汁加工设备（内蒙古鄂尔多斯）

北京宝得瑞公司的沙棘果汁加工主要设备如图 6-16 所示。

杀菌机

饮料罐装机

图 6-16　沙棘果汁加工设备（北京）

完美（中国）有限公司的沙棘复合饮料主要生产设备有配料罐、高温瞬时杀菌机、全自动灌装机、包装机组等（图6-17）。

配料罐　　　　　　　　　　　　　　　高温瞬时杀菌机

灌装机　　　　　　　　　　　　　　　包装机组

图6-17　沙棘复合饮料生产设备（广东中山）

3. 醋生产线

醋生产线包括发酵罐、过滤机、瞬时灭菌机、配料系统、高速离心机、灌装机和打贴装箱系统等。图6-18是鄂尔多斯天骄公司传统的醋车间主要设备。

酒精发酵车间　　　　　　　　　　　　醋酸发酵车间

熏醋车间　　　　　　　　　　　　　　　　　　陈化车间

图 6-18　醋车间主要设备（内蒙古鄂尔多斯）

4. 果粉生产线

果粉生产线主要设备，包括配料杀菌线、压力喷雾干燥系统、正相气力混合与暂存系统、除铁给粉、螺旋填料、真空封口、缝包封箱机组等，图 6-19 为北京宝得瑞公司的主要果粉生产线有关设备。

配料杀菌线　　　　　　　　　　　　　　　　压力喷雾干燥系统

正相气力混合与暂存系统、除铁给粉、螺旋填料、真空封口、缝包封箱机组

图 6-19　沙棘果粉加工生产线（湖北武汉）

5. 茶加工设备

一般茶叶加工设备有杀青机（2 台）、揉捻机（1 台）、炒机（2 台套）、风选机（1 台）、粉碎机（1 台）、振荡筛（2 台）、V 形混和机（2 台）、茶包机（3 台）、封口机（2 台）、除尘设备（1 台套）等。

新疆青河隆壕公司的沙棘茶加工主要设备，如图 6-20 所示。蒸汽杀青机是通过高温破坏和钝化鲜叶中的氧化酶活性，抑制鲜叶中的茶多酚等的酶促氧化，蒸发鲜叶部分水分，使茶叶变软，便于揉捻成形，同时散发青臭味，促进良好香气的形成。而茶叶揉捻机可保持茶叶纤维组织不致破坏，且能确保茶叶品质均一。

图 6-20 沙棘茶加工设备（新疆青河）

6. 茶饮料生产线

常见茶饮料生产线包括多功能萃取罐、过滤机、高速离心机、均质灭菌系统、降温与打标装箱系统等。

而可冲调的沙棘固体饮料茶，如"完美牌"低聚果糖沙棘茶、高纤乐的主要生产设备，有无尘投料器、混合机、高速水平分装机、装盒机、自动检重机等（图6-21）。

无尘投料器   自动提升料斗混合机

高速水平分装机   自动装盒机

图 6-21　复方保健茶主要加工设备（广东中山）

7. 沙棘果酒生产设备

沙棘果酒生产设备主要有真空脱气机、沙棘配料保温设备、发酵储酒罐、翻转冲瓶机、罐装压缩二联机、罐装压缩三联机、硅藻土过滤机、喷淋冷却机、喷漆式杀菌机、高温瞬时灭菌机等。

8. 果罐头生产线

果罐头生产线主要包括清洗系统、化糖系统、罐头灌装机、蒸汽灭菌柜、降温与装箱打标系统等设备。

（二）主要生产线及占地面积

按中小规模设计：

（1）果汁加工，包括：

联合果汁生产灌装车间占地：2 000 m²；

发酵车间：700 m²；

原辅料库：1 000 m²；

仓储用地：1 000 m²；

其他用房占地（机修等）：300 m²。

合计占地：5 000 m²。

（2）茶加工，包括：

茶叶初加工车间：500 m²；

茶包装车间：150 m²；

袋泡茶生产车间：500 m²。

合计占地：1 150 m²。

（3）综合用房，包括：

综合办公用房：800 m²；

锅炉房（供暖）等配套用房：300 m²；

凉棚（房）：2 000 m²；

库房：500 m²；

合计占地：3 600 m²。

（三）厂区卫生要求

沙棘食品类产品的生产，必须符合食品生产质量安全管理规划要求：

厂区内不得有烟尘、粉尘、有害气体、放射性物质和其他扩散性污染源，不得有昆虫大量孳生的场所（如垃圾场、牲畜棚、污水沟等）。

厂区内主要路面应采用便于清洗的混凝土、沥青或其他硬质材料辅设，路面平整，不积水，不起尘，其他裸露地面应绿化。

厂区应合理布局，生产区与生活区严格区分、有效隔离，生产区内不得饲养家禽、家畜。

排污（水）管理应通畅，厂区内垃圾、污物收集设施应为密闭式，并定期清洁，不孳生、集散蚊蝇，不散发异味。

厂区应保持清洁卫生。垃圾、污物应定点存放，做到日产日清。

　　厂区应定期或在必要时进行除虫灭害，防止鼠、蚊、蝇、昆虫等聚集和孳生。对已发生的场所，应采取措施加以控制和消灭，防止蔓延，避免污染食品。

　　使用各类杀虫剂或药物，应采取措施，防止人员中毒及造成食品、设备、工器具污染。

　　对厂区环境进行清洁应有记录。

　　此外，应对员工进行岗前培训，学习食品安全法律、法规、规章、标准、企业管理制度和其他食品安全知识，生产人员及有关人员取得健康证明后方可上岗；场所、设备、工器具的维护应规范化，做好生产过程中的任何安全管理记录，记录保存期限不少于 2 年。

第二节　沙棘保健类产品开发利用

　　保健是指保持和增进人们的身心健康而采取的有效措施，包括预防由工作、生活、环境等引起的各种疾病的发生。保健是随着人类社会的发展、医学的进步而逐渐从看病就医中派生出的一个行业。保健类产品的开发利用，对人民健康水平的提高具有重要意义。

一、沙棘保健价值

　　由于对沙棘研究尚不深入，现今市场上许多沙棘产品多为保健产品。

　　一是对心脑血管系统疾病的预防保健。沙棘含有较为丰富的不饱和脂肪酸（亚麻酸、亚油酸等），通过脂蛋白这一人体内输入营养的运输工具送到血管中，可溶解血管壁上的脂质、血管壁沉积物等，降低血脂，软化血管，从而切断心脑血管疾病的源头。

　　沙棘总黄酮可通过清除活性氧自由基对冠心病、心绞痛、心肌梗塞、心律失常、心肌缺血缺氧、心力衰竭，缺血性脑血管病、脑缺血、脑血栓、脑梗塞、脑动脉硬化及由此引起的头痛、头晕、语言不清、手脚麻木、行动迟缓、四肢无力等症状，有一定的预防保健和康复作用。

　　二是对癌症的预防保健。沙棘中的 5-羟色胺有吞噬咀嚼癌细胞的功能，促进癌细胞退化，阻断致癌因素，减轻放疗及化疗的毒副作用，促进癌症患者康复。特别对胃癌、食道癌、直肠癌、肝癌等消化系统的癌症预防保健效果比较明显。

　　三是对免疫系统的预防保健。沙棘总黄酮等生物活性成分，对免疫系统的多环节都具有不同程度的预防调节能力，如可以调节甲状腺功能，使甲状腺功能亢进恢复正常等。

　　四是对呼吸系统疾病的预防保健。沙棘在传统医学理论中具有止咳平喘、利肺化痰的作用，对慢性咽炎、支气管炎、咽喉肿痛、哮喘、咳嗽多痰等呼吸道系统疾病均有较好的预防保健作用。

　　五是保肝护肝。沙棘含有的苹果酸、草酸等有机酸，具有缓解抗生素和其他药物的毒性作用，可保护肝脏。沙棘中卵磷脂等磷脂类化合物可促进细胞代谢，改善肝功能，一定程度上可预防脂肪肝和肝硬化发生。

六是健脑益智。沙棘油、汁含有多种氨基酸、维生素、微量元素、不饱和脂肪酸等，对人们特别是儿童的智力发育及身体生长均有很好的促进作用。

二、沙棘保健品研发

保健食品可以理解为"具有特定功能，大多具有确定的功效成分，为特定人群提供的具有量效关系的特殊食品"。由于其功效成分的特殊性，保健食品具有药品的部分特点，可以认为是一类介于药品和食品之间的食品。卫生部颁布的《保健食品管理办法》第十条规定了"保健食品的生产过程、生产条件必须符合相应的食品生产企业卫生规范或其他卫生要求。选用的工艺应能保持产品功效成分的稳定性。加工过程中功效成分不损失、不破坏，不转化和不产生有害的中间体"，提出了保健食品在生产加工过程中与普通食品不同的要求。保健食品作为食品，具有其特殊性，保健食品的原料、功效、安全性、产品形态都不同于一般食品。除了严格规范对保健食品的功能、毒性、功效成稳定性等进行评审，如何加强对保健食品企业的监督管理，保证产品能按照审批的标准进行生产，是一项关系到保健食品是否真正实现规范化管理的关键因素。

沙棘保健品的研发，主要围绕沙棘油和黄酮等重要成分开展，目前已有许多产品获得国家、省市"卫药健字"号的保健品。

（一）口服液

口服液吸收了中药注射剂的工艺特点，是将汤剂进一步精制、浓缩、灌封、灭菌而得到的。口服液具有服用剂量小、吸收较快、质量稳定、携带和服用方便、易保存等优点，尤其适合工业化生产。但口服液的生产设备和工艺条件要求都较高，成本较昂贵。沙棘口服液是沙棘保健品中最受大众关注的产品，销售量一直居于前列。

口服液的制备一般用煎煮法。先将煎液适当浓缩后加入一定比例的乙醇，以沉淀水溶性杂质，或以醇提水沉法除去脂溶性杂质，然后加入适宜附加剂（常用的有矫味剂、抑菌剂、抗氧化剂、着色剂等），溶解混匀，滤过澄清，按注射剂工艺要求，灌封于安瓿或易拉盖瓶中，灭菌即得。

口服液一般要求澄清。因此，将提取液浓缩后，一般采用热处理、冷藏等办法，过滤以除去杂质。由于口服液浓度较大，一般用板框压滤机、微孔滤器或中空纤维超滤设备过滤，以保证澄明度。

目前市场多见的沙棘油口服液有：晋卫药健字（1996）0030 号、陕卫药健字（1992）01802 号、陕卫药健字（1993）0501 号、陕卫药健字（1993）1703 号、陕卫药健字（1993）

1704 号、国食健字 G20070131、国食健字（2009）B1036 等。以下主要对两款产品作介绍。

（1）沙棘黄酮口服液：该产品以沙棘、红花、甘草等天然中草药为原料，采用先进工艺提取沙棘总黄酮等生物活性物质成分，并配以红花、甘草提取液。不仅含有沙棘总黄酮，而且含有多种维生素、生物活性物质、有机酸、微量元素和人体必需的氨基酸。

服用该品可辅助降低血脂，预防冠心病、心绞痛、心肌梗塞、心肌缺血、心律失常、脑血栓、脑梗塞等心脑血管疾病，有助于改善血液循环，保护肝脏，延缓衰老，使机体保持良好状态，还可调节人体新陈代谢及免疫功能。

（2）沙棘籽油口服液：沙棘籽油口服液（图 6-22）是利用高新技术精制而成的、集沙棘有效成分为一体的高度浓缩物，内含黄酮、有机酸、生物碱、甾醇类、三萜烯类及各种维生素、人体必需的 8 种氨基酸和 11 种微量元素等 140 多种生物活性成分。其所含的多种有效成分具有天然的配伍增效作用。能辅助降低血液中的胆固醇、β-脂蛋白，对高血脂症、动脉粥样硬化有效率为 95%，对冠心病、心绞痛有效率为 92%，对缺血性心脏病改善有效率达 88%，对脂肪肝的有效率为 90.5%。

图 6-22 沙棘籽油口服液

此外，还有沙棘果油口服液、原浆口服液等产品（图 6-23、图 6-24），在市场上广受欢迎。

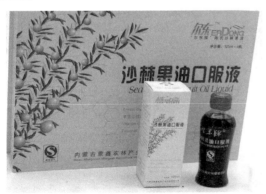 

图 6-23 沙棘果油口服液

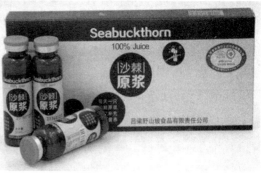

图 6-24　沙棘原浆口服液

（二）软胶囊

软胶囊又称软胶丸剂，它的形状有圆形、椭圆形、鱼形、管形等，系指将一定量的液体药物直接包封，或将固体药物溶解或分散在适宜的赋形剂中制成溶液、混悬液、乳液或半固体，密封于球形或椭圆形的软质囊材中的胶囊剂。

1. 有关要求

软胶囊壳较硬胶囊壳厚，且弹性大，可塑性强。软胶囊的弹性大小取决于囊壳中干明胶、干增塑剂及水三者之间的重量比（增塑剂为甘油、山梨醇或两者的混合物），而明胶与增塑剂的干品重量决定胶壳的硬度。通常较适宜的重量比为干增塑剂∶干明胶=（0.4～0.6）∶1.0，而水与干明胶之比为 1∶1。若干增塑剂与明胶之间的重量比为 0.3∶1.0 时胶壳发硬，若 1.8∶1 时胶壳变软。胶壳处方中各种物料的配比，是根据药物的标准和要求确定的。所以在选择软质囊材硬度时，应考虑所填充药物性质及囊材与药物之间的相互影响，在选择增塑剂时，亦应考虑药物的性质。

软胶囊生产车间应当用空调保持恒温、恒湿。

配料间保持室温 20～28℃，相对温度 60%以下。

压丸间保持室温 21～24℃，相对温度 40%～55%。

干燥间保持室温 24～30℃，相对温度 40%以下。

拣丸间保持室温 20～28℃，相对温度 60%以下。

2．制作方法

沙棘软胶囊制作方法，可分为压制法（模压法）和滴制法两种。

（1）压制法

第一步，要配制囊材胶液。根据囊材配方，将明胶放入蒸馏水中浸泡使其膨胀，待明胶溶化后，把其他物料一并加入，搅拌混合均匀。

第二步，制胶片。取出配制好的囊材胶液，涂在平坦的板表面上，使厚薄均匀，然后用 90℃左右的温度加热，使表面水分蒸发，成为有一定韧性、有一定弹性的软胶片。

第三步，压制软胶囊。小批量生产时，用压丸模手工压制；大批量生产时，常采用自动旋转轧囊机进行生产。

完美（中国）有限公司生产的"完美牌"沙蒜软胶囊（国食健字 G20040711），含沙棘籽油、大蒜油、银杏叶黄酮，可调节血脂。

沙蒜软胶囊经配料、化胶、压丸、干燥、包装等主要工艺加工制成。

配料：经胶体磨碾磨、配料罐混合制成软胶囊内容物。

化胶：经 80℃以下水浴熬煮制成软胶囊囊材。

压丸：采用先进的意大利进口软胶囊机，将内容物和囊材压制成软胶囊。

干燥：在温度≤25℃，相对湿度≤22%时进行干燥。

包装：经包装机组包装成沙蒜软胶囊成品。

（2）滴制法

滴制法是指通过滴制机制备软胶囊的方法。制作时需注意胶液的配方、黏度，以及所有添加液的密度与温度。

3．主要产品介绍

目前，国内市场沙棘籽油、果油的胶囊产品较多·（图 6-25），其中取得批号的沙棘胶囊产品有：

沙棘油胶丸，陕卫药健字（1994）0401 号；

沙棘黄酮软胶囊，卫食健字（2000）第 0426 号；

耐福软胶囊，卫食健字（2003）第 0257 号。

图 6-25　沙棘软胶囊产品

（三）冲剂

冲剂系指药材的提取物加适量赋形剂或部分药材细粉，制成干燥颗粒状或块状的内服药剂。用时加开水冲服。冲剂是在汤剂和糖浆剂的基础上发展起来的一种新剂型。冲剂较丸剂、片剂作用迅速，较汤剂、糖浆剂体积小，重量轻，便于运输携带。冲剂质量要求颗粒均匀，色泽一致，无杂质，无结块潮解现象。

天然沙棘冲剂（图 6-26）系选用上乘沙棘鲜果，佐以多味名贵的天然药用植物，采用先进的独特工艺制成，有效保留了沙棘果等天然植物的生物活性物质。

图 6-26　沙棘冲剂

冲剂的制造方法有 3 种：

摇摆制粒：将沙棘提取物与辅料混合，再用机械力将其通过筛网，出小粒。

湿法制粒：将沙棘提取物与辅料在制粒机中混合，高速旋转，还有一个高速旋转的制粒刀将其切成小粒。此方法较为常用。

一步制粒：辅料在罐中被热风吹气，沙棘提取物或液体从上部向下喷到粉末上，逐渐变成小粒，由小到大。

天然沙棘冲剂能辅助降低血液中的胆固醇、甘油三脂及 β-脂蛋白；可缓解冠心病、心绞痛，改善缺血性心脏病，抗心律失常；增强人体免疫功能，激发人体内部的 SOD 清除自由基的活力；对急、慢性病毒性肝炎有疗效，退黄率可达 100%，总有效率为 97.0% 以上。该品中含有黄酮类化合物和其他生物活性物质，是冠心病、肿瘤和肝炎患者的最佳保健品。

（四）其他

目前，已经开发出的沙棘保健品类产品还有：

干乳剂，陕卫药健字（1990）00301 号；

参棘乳膏，内卫药健字（1992）Z-10 号；

沙味液，晋卫药健字（1995）0014 号。

1．沙棘干乳剂

选用天然新鲜沙棘全果经科学提炼而成。该品保留了果的全部活性物质，包括胡萝卜素和类胡萝卜素、维生素 C、维生素 E、B 族维生素、黄酮类化合物和人体必需的氨基酸、不饱合脂肪酸、微量元素等。

由于该剂主要成分为天然沙棘果提取物，服用后可扶正固本、活血化淤、健脑益智、补脾健胃，用于病后体虚、食欲不振、高血压症，亦可用于心、脑血管疾病的预防和病后的康复。

2．参棘乳膏

采用沙棘油和人参皂甙，用现代科学方法研制的一种新型皮肤病治疗乳剂。参棘乳膏含有对改善人体皮肤缺氧状态具有神奇功效的人参皂甙，以及对皮肤具有生理调节作用的沙棘油。参棘乳膏对手、足及人体各部位的皲裂、烫伤、烧伤、损伤的愈合有辅助作用。

3．沙味液

沙味液是以沙棘为主体原料，并辅以优质党参、五味子、大枣、蜂乳等天然中药材，经科学方法精制而成的保健佳品。它能辅助人体正气，养身健体。该品含有极其丰富的多种维生素、氨基酸、微量元素、黄酮类化合物、酚类物质等多种生物活性物质，具有调节人体新陈代谢、增强机体免疫力的作用。

三、主要加工设备设施

沙棘保健品生产企业需要有整洁的生产环境，其厂址的选择除要考虑一般工厂建设所应考虑的环境条件，包括地形、气象、水文地质、工程地质、交通运输、给排水、电力和动力供应及生产协作等因素外，还需按洁净厂房所具有的特殊性，对周围的环境也有相应的要求，特别应对厂址环境污染程度进行调查研究。

保健品生产企业总体布置包括两方面的含义：一个是指有洁净厂房的工厂与周围环境的布置；另一个是指该工厂洁净厂房与非洁净厂房之间的布置。

洁净厂房位置的选择应在大气含尘和有害气体浓度较低、自然环境较好的区域，应远离铁路、码头、堆场等有严重空气污染、振动或噪声干扰的区域。如不能远离严重空气污染源时，则应位于最大频率风向上风侧，或全年最小频率风向下风侧。同时还应考虑目前和可预见的将来的市政规划，不会使工厂四周环境发生上述变化；水、电、动力（蒸汽）、燃料、排污及废水处理，在目前和今后发展时容易妥善解决。

重视厂址选择时周围的环境，主要是由于大气污染对洁净室的影响和空气净化系统的处理、管理因素所决定的。洁净室的空气洁净度与室外环境有密切的关系。如果在选择厂址阶段不注意室外环境的污染因素，虽然事后可以依靠洁净室的空调净化系统来处理从室外吸入的空气，但会加重过滤装置的负担，并为此而付出额外的设备投资、长期维护管理费用和能源消耗等。

（一）主要设备

下面按沙棘保健类食品大类，分别加以介绍。

1. 口服液

按口服液制剂工艺要求，其设备配置有洗瓶机、隧道烘箱、灌轧机、铝盖消毒柜以及双扉灭菌柜等。其中：洗瓶机，主要考虑不溶性微粒的控制；隧道烘箱，主要考虑热分布试验和风口过滤效果；灌轧机，主要考虑灌装精度和轧盖效果；双扉灭菌柜，主要考虑热分布和热穿透试验。

口服液制剂生产线主要设备的来源有两类：一类是从抗生素瓶粉针生产线设备演变而来，只是把分装头改为液体蠕动泵和取消盖胶塞工位而已，同时把轧盖部分与灌装合二为一；另一类是借鉴安瓿洗烘灌封联动机组及糖浆剂设备演变而来，只是把拉丝封口改为轧盖机构或借鉴糖浆剂设备中灌装机而已，同时增加了轧盖部分。这两类设备套用时，根据口服液直口瓶的特点和工艺要求，改进了洗瓶机部分。其中：

从抗生素瓶粉针生产线演变而来的口服液制剂生产线，其特点是使用维修方便、运行稳定可靠、机构简单实用、使用寿命长和单机联线皆宜。主要组成由回转式清洗机、隧道式灭菌干燥机和回转式口服液灌轧机等组成。

从安瓿洗烘灌封联动机组及糖浆剂设备演变而来的口服液制剂生产线，其特点是自动化程度较高、运行稳定可靠和生产效率高。主要组成由立式超声波清洗机、远红外灭菌干燥机、口服液灌轧机等组成。

灌装机主要特点如下：

（1）选用高档不锈钢材质制作，元器件选用知名品牌，抗腐蚀耐磨，性能稳定。

（2）灌装流程由 PLC 微电脑控制，操作方便，计量准确，精确度达 5%。

（3）灌装机灌装范围大，200～5 000 mL 之间可任意调节。

（4）灌装出料口具有独特的上下调节和下潜功能，加大灌装空间并保证物料不因灌装速度快而溢出，对瓶型无要求，异型瓶亦可。

（5）有 4 个灌装阀门调节各个灌装喷头的速度，在小剂量时使用较低速度以保证精确度，在大剂量时加快灌装速度以保证灌装效率，满足不同灌装剂型对灌装速度的要求。

（6）可根据用户需要选择动力，有电源、气动两模式可选。

图 6-27 为山西五台山沙棘制品有限公司的口服液生产线。

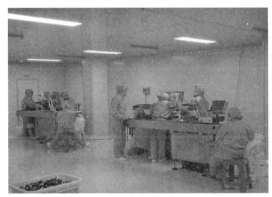

图 6-27　沙棘口服液生产线（山西五台山）

2. 软胶囊

完美（中国）有限公司生产的"完美牌"沙蒜软胶囊，使用的主要设备有胶体磨、配料罐、化胶罐、压丸机、包装机组（图 6-28）。

胶体磨　　　　　　　　　　配料罐　　　　　　　　　　化胶罐

压丸机　　　　　　　　　　　　　　　　包装机组

图 6-28　沙棘软胶囊生产线（广东中山）

山西五台山沙棘制品有限公司的沙棘软胶囊生产线部分设备，见图 6-29。

图 6-29　沙棘软胶囊生产线（山西五台山）

3. 冲剂

宇航人公司生产的沙棘冲剂有关设备，如图 6-30 所示。

粉碎机　　　　　　　　　　槽型混合机　　　　　　　　　摇摆颗粒机

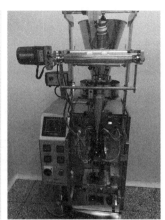

热风循环烘箱　　　　　　　三维运动混合机　　　　　　　颗粒包装机

图 6-30　沙棘冲剂生产主要设备（内蒙古呼和浩特）

（二）总平面布局

厂址选定以后，需对厂区进行总平面布置，其主要原则有：

（1）功能分区。厂区应按生产、行政、生活和辅助等功能合理布局，不得互相妨碍；总体布局应考虑近期与远期规划相结合，留有发展余地。

（2）风向。总体规划须考虑风向，洁净厂房应避免污染，严重空气污染源应处于主导风向的下风侧。

（3）道路。厂区主要道路应贯彻人流与物流分开的原则。人流、物流分开对保持厂区清洁卫生也是有一定影响的。这主要是因为保健食品企业生产用的原料、燃料及包装材料很多，成品、废渣还要运出厂外，运输相当频繁。如人流、物流不清，会加重生产车间清洁的负荷，不利于保持良好的卫生状态。洁净厂房周围道路面层，应选用整体性好的材料铺设。厂区道路应通畅，宜设置环形消防车道（可利用交通道路），如有困难，可沿厂房的两个长边设置消防车道。洁净厂房与市政交通干道之间距离宜大于 50 m。

（4）绿化。保持厂区清洁卫生最重要的一个方面是，厂区内应尽可能减少露土地面，这主要可通过绿化及其他一些手段来实现。绿化有 3 个作用，即滞尘、吸收有害气体、美化环境。但是对绿化选用的树种要注意，不要过多种植观赏花草及高大乔木，而应多种植草坪。草坪可以吸附空气中的灰尘，避免地面尘土飞扬。铺置草皮的上空，含尘量可减少 2/3～5/6。草坪吸收空气中 CO_2 的能力为 1.5 g/（m^2·h）。

（5）厂区内布置。洁净厂房应布置在厂区内环境整洁，人流、货流不穿越或少穿越的地方，并考虑产品的工艺特点和防止生产时的交叉污染，合理布局，间距恰当。"三废"处理及锅炉房等有严重污染的区域，应置于厂区全年最大频率风向的下风侧。兼有原料和成品生产的保健食品企业，其原料生产区也应置于成品生产区全年最大频率风向的下风侧。动物房的设置应符合国家《实验动物管理办法》的有关规定，并有专用的排污和空调设备，与其他区域严格分开。危险品库应设于厂区安全位置，并有防冻、降温、消防措施。麻醉物品和剧毒物品应设专用仓库，并有防范措施。保健食品洁净厂房周围不宜设置排水明沟。

（三）工艺生产用房布置

沙棘保健品的工艺生产用房，要严格遵循以下布置原则：

一是工艺布局要防止人流、物流交叉混杂。人员和物料进出生产区域的出入口应分别设置，极易造成污染的物料（如部分原辅料、生产中废弃物等）宜设置专用出入口或采取适当措施，洁净厂房内的物料传递线尽量要短。人员和物料进入洁净室（区），应有各自的净化用室和设施，净化用室的设置要求与生产区的空气洁净度等级相适应。洁净室（区）内应只设置必要的工艺设备和设施，用于生产、储存的区域，不得用做非本区域内工作人员的通道。电梯不宜设在洁净室（区）内，需要设置时，电梯前应设气闸室，或有其他确保洁净室（区）空气洁净度等级的措施。

二是尽量提高净化效果。在满足工艺条件的前提下，为提高净化效果，节约能源，有空气洁净度等级要求的房间按下列要求布置。空气洁净度等级高的洁净室（区）宜布置在人员最少到达的地方，并宜靠近空调机房。不同空气洁净度等级的洁净室（区）宜按空气洁净等级的高低由里及外布置。空气洁净度等级相同的洁净室（区）宜相对集中。室内易产生污染的工序、设备，宜安排至回、排风口附近。不同空气洁净度等级房间之间，相互联系应有防止污染措施，如气闸室或传递窗等。

三是洁净厂房存放区域的设置。洁净厂房内应设置与生产规模相适应的原辅材料、半成品、成品存放区域，且尽可能靠近与其相联系的生产区域，以减少传递过程中的混杂与污染。存放区域内宜设置待检区、合格品区，或采取能有效控制物料待检、合格状态的措施。不合格品必须设置专区存放。

四是下列生产区域必须严格分开。动、植物性原料的前处理、提取、浓缩必须与其产品生产严格分开。动物脏器、组织的洗涤或处理，必须与其产品生产严格分开。

（四）生产辅助用房的布置

沙棘保健品生产辅助用房多而繁杂，要科学布局。

1. 品质管理实验室

品质管理部门根据需要设置的检验、动植物原料标本、留样观察以及其他各类实验室，应与保健食品生产区分开。

QC（品质管理）实验室应当有自己的更衣室。

微生物相关试验室宜与一般理化检验室分开。无菌检查、微生物限度检查、灭菌间、培养基配制等宜相对集中，以形成环境条件便于控制的区域。

品质管理部门下属的实验室应有各功能室：送检样品的接受与处理间、试剂及标准品的储存间、普通试剂间、洗涤间、留样观察室（包括加速稳定性实验室）、分析实验区（仪器分析、化学分析、生物分析）、质量标准及技术资料室、质量评价室、休息室等。

有特殊要求的仪器、仪表，应安放在专门的仪器室内，并有防止静电、振动、潮湿或其他外界因素影响的设施。

2. 取样间

仓库可设原辅料取样区，取样环境的空气洁净度与生产要求一致。按取样要求设计、施工，并配有取样所需的所有设施。例如，清洁容器的真空系统；清洁的、必要时经灭菌的取样器具；说明某一容器已经取过样的标志或封签；启开和再行封闭容器的工具等。

取样间的空气洁净度级别一般有 10 000 级、100 000 级和 300 000 级，这是因为无论采用何种取样技术，在取样时，原料均要或多或少地暴露在空气之中。为了避免因取样而造成原料污染，有必要使取样区与生产的投料区具有同样的空气洁净度等级。

3. 称量室与备料室

称量室是防止出现差错的首要地方，稍有疏忽就会酿成大错。设置固定的称量室是防止差错的有效途径。称量室可以分散设置，也可以集中设置，称之为中心称量区。

一些国外的企业及国内的合资企业都将中心称量室设在仓库附近或仓库内，使全厂使用的原辅料集中加工（如打粉）、称量，然后按批号分别存放，有利于 GMP 管理。

洁净室（区）内设置的中心称量室通常由器具清洁、备料、称量间组成，空气洁净度级别应与生产要求一致，并有捕尘和防止交叉污染的设施。

称量和前处理，如原辅料的加工和处置，都是粉尘散发较严重的场所，通常设专门的除尘系统。粉尘量小或需称量的料特别少时，称量室可设置成自净循环式的，它的优点是创造洁净环境，并可以省去专门的除尘系统。

4. 设备及容器具清洗室

需要在洁净室（区）内清洗的设备及容器具，其清洗室的空气洁净度等级应与本区域相同。10 000 级洁净区的设备及容器具可在本区或在本区域外清洗，在本区外清洁时，其洁净度不应低于 100 000 级。洗涤后应干燥，进入万级无菌控制洁净室的容器具，应消毒或灭菌。

5. 清洗工具洗涤、存放室

洁净区内的洁具室通常设在本区/室内，并有防止污染的措施，如排风，拖把不用时有墙钩，可将其挂起，避免长菌等。

6．洁净工作服洗涤、干燥室

100 000 级以上区域的洁净工作服洗涤、干燥、整理及必要时灭菌的房间应设在洁净室（区）内，其空气洁净度等级不应低于 300 000 级。无菌工作服的整理、灭菌室，其洁净度等级可按照 10 000 级来设置。

7．维修保养室

维修保养室主要用于机电、仪器设备的简易维修保养工作，不宜设在洁净室（区）内。

8．空调机、冷冻机、空压机房

根据需要可分可合、集中设置于洁净室（区）外。

（五）人员净化设施及程序

人员净化用室，包括雨具存放室、换鞋室、存外衣室、更换洁净工作服室、气闸室或风淋室等。生活用室，包括卫生间、淋浴、休息室等。生活用室可根据需要布置，但不得对洁净室（区）造成污染。

1．人员净化用室面积

根据不同的空气洁净度等级和工作人员数量，洁净厂房内人员净化用室和生活用室的建筑面积应合理确定。一般宜按洁净区设计人数，平均每人 $2 \sim 4 \ m^2$ 计算。

2．人员净化设施

洁净厂房入口处通常应设换鞋设施。

人员净化用室中，外衣存衣柜和洁净工作服柜应分别设置。外衣存衣柜应按设计人数每人一柜。

盥洗室应设洗手和消毒设施，宜装手烘干器。

10 000 级区（室）通常不设卫生间和淋浴；要求较低级别的更衣室如设卫生间，应有防止污染的措施，如有强的抽风、洗手、消毒设施等。

洁净区域入口处设置气闸室，必要时可设风淋，保持洁净区域的空气洁净度和正压。

3．人员净化程序

人员净化用室和生活用室的布置应避免往复交叉，防止已清洁的部分被再次污染。为了强化洁净区的管理，许多企业在进入生产大楼时应立即换鞋，进入各自的操作区时，须再经过各个区的更衣室。保健食品生产企业，进入低于 10 000 级要求洁净室/区常见的程序如下：

换鞋→脱外衣→洗手→穿洁净工作服手消毒→气闸→进入无菌洁净室/区。

当进入万级无菌控制洁净室/区时，工作服须灭菌，因此通常采用以下程序：

换鞋→脱外衣→洗手→穿洁净工作服（灭菌）→手消毒→气闸→进入无菌洁净室/区。

10 000 级无菌控制操作区人员数比较少时，有些企业借助信号灯等方式，采用无性更衣形式设更衣室，以节约更衣室的面积。当采用连锁手段时，不一定要设置单独的气闸（缓冲）间。

保健食品生产的人员更衣室，要根据实际需要设置，力求简便、实效。

（六）物料净化设置与程序

各种物料在送入洁净区前，必须经过净化处理，简称"物净"。平面上的"物净"布置，包括脱包、传递和传输。

1. 脱包

洁净厂房应设置原辅料外包装清洁室、包装材料清洁室，供进入洁净室（区）的原辅料和包装材料清洁之用。

生产保健食品有无菌要求的特殊品种时，应设置消毒灭菌室/消毒灭菌设施，供进入生产区物料消毒和灭菌使用。

仓储区的托板不能进入洁净生产区，应在物料气闸间换洁净区中转专用托板。

2. 传递

原辅料、包装材料和其他物品，在清洁室或灭菌室与洁净室（区）之间的传递，主要靠物料缓冲及传递窗，只有物料比较小、轻、少及必要时，才使用传递窗，大生产时一般都采用物料缓冲间。

传递窗两边的传递门，应有防止同时被打开的措施，能密封并易于清洁。传送至无菌洁净室的传递窗，宜有必要的防污染设施。

3. 传输

与传递不同，传输主要是指在洁净室之间做物料的长时间连续的传送。传输主要靠传送带和物料电梯。

传送带造成污染或交叉污染，主要来自传送带自身的沾尘带菌和带动空气造成的空气污染。严于 100 000 级洁净室（区）使用的传输设备，不得穿越较低级别区域。

如果物料用电梯传输，电梯通常应设在非洁净区。设在洁净区的电梯，一般有两种形式：建成洁净电梯或在电梯口设缓冲间。

（七）电气照明

沙棘保健品生产厂家的电气及照明设备，除严格按照国家标准及科学工艺出发外，还要特别重视安全隐患如何消除。

1. 电气设计和安装

洁净室（区）电气设计和安装，必须考虑对工艺、设备甚至产品变动的灵活性，便于维修，且保持厂房的地面、墙面、吊灯的整体性和易清洁性。总体要求有以下几点：

电源进线应设置切断装置，并宜设在非洁净区便于操作管理的地点。

消防用电负荷应由变电所采用专线供电。

配电设备，应选择不易积尘、便于擦拭、外壳不易锈蚀的小型暗装配电箱及插座箱，功率较大的设备宜由配电室直接供电。

不宜直接设置大型落地安装的配电设备。

配电线路应按照不同空气洁净度等级划分的区域设施配电回路。分设在不同空气洁净度等级区域内的设备，一般不宜由同一配电回路供电。

每一配电线路均应设置切断装置，并应设在洁净区内便于操作管理的地方。如切断装置设在非洁净区，则其操作应采用遥控方式，遥控装置应设在洁净区内。

电气管线宜暗敷，管材应采用非燃烧材料。

电气管线管口，安装于墙上的各种电气设备与墙体接缝处均应有可靠密封。

2．照明设计和安装

保健食品生产企业有相当数量的洁净室（区）处于无窗的环境中，它们需要人工照明，同时由于厂房密闭不利防火，增加了对事故照明的要求，无窗洁净室与自然采光的洁净室比较，无窗的优点在于：一是有利于保持室内稳定的温度、湿度和照度；二是确保了外墙的气密性，有利于保持室内生产要求和空气洁净度。

（1）光源和灯具的选择：洁净厂房的照明应由变电所专线供电；洁净室（区）的照明光源宜采用荧光灯；洁净室（区）内应选用外部造型简单、不易积尘、便于擦拭的照明灯具，不应采用格栅型灯具；洁净室（区）内的一般照明灯具宜明装，但不宜悬吊。采用吸顶安装时，灯具与顶棚接缝处应采用可靠密封措施，如需要嵌入顶棚暗装时，安装缝隙应可靠密封，防止顶缝内非洁净空气漏入室内，其灯具结构必须便于清扫，便于在顶棚下更换灯管及检修；有防爆要求的洁净室，照明灯具的选用和安装应符合国家有关规定。

（2）照度标准。室内照明应根据不同工作室的要求，提供足够的照度值。主要工作室一般不宜低于 300 lx，辅助工作室、走廊、气闸室、人员净化和物料净化用室可低于 300 lx，但不宜低于 150 lx。对照度要求高的部位可增加局部照明。洁净室（区）内一般照明的照度均匀度不应小于 0.7。

（3）事故照明处理方法。设置备用电源，接至所有照明器。断电时，备用电源自动接通。设置专用事故照明电源，接至专用应急照明灯。同时，在安全出口和疏散通道转角处设置标志灯，专用消防口处设置红色应急照明灯。设置带蓄电池的应急灯，平时由正常电源持续充电。事故时蓄电池电源自动接通。此灯宜装在疏通道上。

（4）紫外线杀菌灯的应用与设计。洁净室（区）可以安装紫外线杀菌灯，但须注意安装高度、安装方法和灯具数量。紫外线波长为 136～390 nm，以 2 537 nm 的杀菌力最强，但紫外线穿透力较弱，只适用于表面杀菌。紫外线灯的杀菌力随使用时间增加而减退。紫外线灯的杀菌作用随菌种不同而不同，杀霉菌的照射量比杀杆菌大 40～50 倍。紫外线灯通常按相对湿度为 60%的基准设计，室内湿度增加时，照射量相应增加。

3．其他要求

由于净化车间的特殊性给电力设施的其他方面也带来了新的要求。例如，在自动控制方面，洁净室（区）因空调净化而须自动控制室内的温、湿度与压力；冷冻站、空压站、纯水以及自动灭火设施等，也都分别需要自动控制。在弱电方面，洁净厂房内人员出入受到控制，因而要求通信联络设施更加完善，报警与消防要求也高于一般厂房。此外，线路都有隐蔽敷设的需求。

洁净室（区）内应设置对外联系的通信装置，无菌室应安装无菌型的对讲机或电话机。

洁净室（区）内应设置火灾报警系统，火灾报警系统应符合《火灾报警系统设计规范》的要求。报警器应设在有人值班的地方。

当有火灾危险时，应有能向有关部门发出报警信号及切断风机电源的装置。

洁净室（区）内使用易燃、易爆介质时，宜在室内设报警装置。

防爆洁净室（区）的所有电气设备及仪表，均应采用防爆型的，包括吸尘器、天平、灯具、电热水器乃至电脑打印机等。消除静电，除在地坪采用导电地面引流外，设备还要有良好的接地装置（直接接地或间接接地）。静电导体与大地间的总泄漏电阻应大于 $106\,\Omega$。

（八）给排水

沙棘保健品车间的给排水，涉及生产、生活、特别是消防用水，需要设计合理。

1．给水

洁净厂房对给水系统的要求比较严格，应根据不同的要求设置系统，以便重点保证要求严格的系统，也利于管理和降低运转费用。

生活、生产及消防给水系统的选择，应根据具体情况确定，可采用生产、生活及消防联合给水系统，也可采用生产、生活及消防分制的两个给水系统；系统的供水方式可以采用水泵—高位水箱联合供水，也可以采用变频调速恒压供水等方式。生活水管应采用镀锌钢管，管道的配件应采用与管道相应的材料。人员净化用室的盥洗室内宜供应热水。洁净厂房周围宜设置洒水设施。

2．排水及废水处理

洁净室（区）内的排水设备以及与重力回水管道相连接的设备，必须在其排除口以下部位设水封装置。排水系统应设有完善的透气装置。排水竖管不宜穿过洁净室（区），如必须穿过时，竖管上不得设置检查口。

洁净室（区）内重力排水系统的水封及透气装置，对于维持洁净室（区）内各项技术指标是极其重要的。除了一般厂房防止臭气进入，对于洁净室（区）若不能保持水封，会产生室内外空气对流。在正常工作时，室内洁净空气会通过排水管向外渗漏；当通风系统停止工作时，室外非洁净空气会向室内倒灌，影响洁净室的洁净度、温湿度，并消耗洁净室的冷量。

洁净室（区）内的地漏等排水设施的设置应符合下列要求：无菌操作 100 级、10 000 级洁净室内不应设置地漏，10 000 级辅助区及 100 000 级区内设置地漏时，应注意其材质不易腐蚀，盖碗有足够深度以形成水封。开启方便，便于清洁消毒等。此外，排水管直径应有足够大，地漏标高应低于地坪，确保排水流畅。

同时，保健食品企业洁净厂房的废水因产品品种、生产工艺和原材料的不同而不同，有的产品在生产过程中排出的废水中含有病毒、有害微生物、致敏性物质等，必须按国家规定采用可靠的或特殊的处理方法处理，使其达到排放标准后才能排入市政管网。无论什么情况，当排出废水化学需氧量（COD）和生化需氧量（BOD）超标时，均应经适当方法处理达标后，方可排入市政管网。

（九）防止鼠、虫进入设施

保健食品企业的仓库和生产区，应有防止鼠及昆虫进入的措施。常见的防鼠手段有设置防鼠挡板，改善门的密封性能，在室外适当布点，投放鼠药或安装电子猫等。防止昆虫进入的主要手段是在门口设灭虫灯。

（十）安全疏散

沙棘保健品洁净厂房，一般空间密闭，如有火灾发生，则对疏散和扑救极为不利。同时由于热量无处泄漏，火源的热辐射经四壁反射使室内迅速升温，大大缩短全室各部分材料达到燃点的时间。当厂房外墙无窗时，室内发生的火灾往往一时不容易被外界发现，发现后也不容易选定扑救突破口；同时，平面布置曲折，增加了疏散路线上的障碍，延长了安全疏散的距离和时间；加之若干洁净室都通过风管彼此串通，当火灾发生，特别是火势初起未被发现而又继续通风的情况下，风管成为烟、火迅速外串、殃及其余房间的重要通道；而且洁净室内装修不可避免地会使用一些高分子合成材料，这些材料在燃烧时有的燃烧速度极快，某些产品在生产过程中使用易燃易爆物质，火灾危险性高。因此，要注意建立防火分区，确定安全出口及最佳疏散距离，并就门的走向等也要从安全角度着想。

1. 防火分区

保健食品洁净厂房的耐火等级不应低于二级，吊顶材料应为非燃烧体，其耐火极限不宜小于 0.4 h。

洁净厂房内的甲类、乙类（国家现行《建筑设计防火规范》火灾危险性特征分类），生产区域应采用防爆墙和防爆门斗与其他区域分离，并应设置足够的泄压面积。

2. 安全出口及数目

安全出口的概念。安全出口是指符合规范规定的疏散楼梯或直通室外地平面的出口。为了在发生火灾时，能够迅速安全地疏散人员和搬出贵重物质，减少火灾损失，在建筑设计时必须设计足够数目的安全出口。安全出口应分散布置，且易于寻找。

安全出口的数目。洁净厂房每一生产层，每一防火分区或每一洁净区的安全出口数目不应少于 2 个，但生产厂房每屋的洁净区总面积不超过 50 m^2，且同一时间内的生产人数不超过 5 人，可设 1 个；其他生产厂房，应按现行国家标准《建筑设计防火规范》的规定设置。

3. 疏散距离

厂房内由最远工作地点至安全出口的最大距离即疏散距离，安全出口的设置应满足疏散距离的要求，从生产地点到安全出口，不得经过曲折的人员净化路线。人员净化入口不应作安全出口使用。

4. 消防口

无窗厂房应在适当位置设门或窗，作为消防人员进入的消防口。当门窗间距大于 80 m 时，则也应在这段外墙的适当位置设消防口，其宽度不小于 750 mm，高度不小于 1 200 mm，并有明显标志。

5. 门的开启方向

按《洁净厂房设计规范》规定，除去洁净区内洁净室的门应向洁净度高或压力高的一侧开，即一般均向内开启外，洁净区与非洁净区的门或通向室外的门（含安全门）均应向外即疏散方向开启。

第三节 沙棘药用类产品开发利用

中草药资源是我国传统的特产植物资源，它有着深厚的中医药理论应用基础，至今仍然作为传统医药学的重要成分。药用植物资源需要保护资源，挖掘资源，才能实现可持续利用。

一、沙棘药用价值

沙棘作为保健品为人们所熟识。但是沙棘作为药用价值的潜力还未被全部开发利用。

（一）有益于心血管系统

沙棘的果实和叶片中所含的黄酮类化合物，能治疗冠心病，缓解心绞痛，恢复心功能，使缺血性心脏病得到好转；有增加冠状动脉血流量、增加心肌营养血流量、降低心肌耗氧量、抑制血小板聚集等作用；能提高常压和低压下的耐缺氧能力，对乌头碱、肾上腺素等引起的心律失常有明显的对抗作用；能防止因高脂饮食所引起的血脂升高；还能促进心肌细胞外钙离子内流和细胞内钙贮库释放钙，从而增强心肌收缩功能和舒张功能，降低阻力，使心脏功能得到恢复。

沙棘所含的维生素 C 和黄酮类化合物有配伍增效作用，能改变毛细血管的渗透性，增强其抗力。

（二）有益于消化系统

沙棘油有抑制胃黏液渗出物和晶状胃蛋白酶的酶活性，故在治疗胃溃疡方面取得了明显的效果。进一步的研究指出，β-谷甾醇为沙棘油中抗胃溃疡和十二指肠溃疡的有效成分。所以临床上给患者口服沙棘油，1 日 3 次，每次 10 mL，一般 34～37 天病情便可好转。

沙棘油能提高酶，特别是淀粉酶、脂肪酶、肠激酶和碱性磷酸酶的消化活性，同时还能激活肠和胰腺的分泌功能，对新陈代谢有良好的作用。此外，还能增加血清中总蛋白、胡萝卜素和磷的含量，提高机体的抵抗力。

沙棘油对肝脏的氧化还原功能有良好的作用。对于慢性肝炎病人，服用沙棘油可提高肝脏中的核酸含量，对蛋白质的代谢也有促进作用。沙棘油还可治疗胃肠功能紊乱、结肠炎、直肠炎，维生素 A、维生素 E 缺乏症，高血压和动脉硬化等症。

（三）有益于免疫系统

免疫系统是人类抵御外界和自身的各种致病因素伤害的防线。现代医学认为，几乎所有的疾病都与免疫系统的功能有着密切的关系。所以人们才不遗余力地寻求调整免疫系统功能和提高机体抗病能力的药物。

国外学者经过多年的探索，证明沙棘提取物有提高巨噬细胞吞噬功能、增加血清溶菌酶的含量，从而增加非特异性免疫功能的效用。沙棘提取物对细胞免疫和体液免疫的多环节、多水平调节作用是明显的。

沙棘汁还能增强脾淋巴细胞的增殖能力，从而可提高基因表达能力及免疫功能。

（四）抗衰老

抗衰老的研究是当今科技界非常感兴趣的一个热点。专家们认为衰老与许多疾病的发生、体内物质的过氧化作用有关。所以阻断过氧化、消除过氧化产生的氧自由基（OFR）便成为抗衰老研究的重点。1989 年 10 月，在英国伦敦举办过一次会议，来自世界 40 多个国家的 600 名专家一致认为，氧自由基在人体内的存在是罹患癌症、心血管病、白内障等疾病的主要原因。

由于沙棘所含的维生素 C、维生素 E 等生物活性物质的抗氧化作用，沙棘已成为过氧化链式反应的阻断剂，特别是沙棘所含的超氧化物歧化酶（SOD），更具有消除人体内自由基的功能。沙棘油中的维生素 E 还有防止脂质过氧化的作用，能阻滞蛋白质和核酸的代谢、预防组织衰老。沙棘中的黄酮类化合物有捕获和消除氧自由基的作用，同时还能增强免疫功能，调节免疫活性。

（五）抗辐射

沙棘植物本身具有抗辐射特性，因为它起源于古地中海沿岸的喜马拉雅山系，是在强辐射的情况下生存下来的，因而具备了抗辐射的特性，这也是经过专家们验证的。苏联在切尔诺贝利核事故之后通过研究发现，生长在辐射污染背景下的沙棘，其生长虽然正常，但果实中干物质的含量减少了，维生素 C 的含量增高了。这说明沙棘可能是通过牺牲干物质的含量、提高维生素 C 的含量来对抗辐射的。因为维生素 C 是众所周知的万能辐射防护剂。

俄罗斯（苏联）的专家们通过多年的筛选发现，沙棘汁是具有抗辐射功能的饮料，这不仅仅是因为它含有大量的维生素 C，更重要的是它所含的多种维生素和生物活性物质的配伍增效作用。沙棘油多年来已成功地应用于这个国家癌症患者放疗化疗的辅助治疗剂方面，已充分说明了这一点。

（六）抗肿瘤

沙棘由于含有多种维生素和生物活性物质，这些物质天然共生，而且具有配伍增效作用，因而使沙棘具备了抗肿瘤的特性。

沙棘的抗肿瘤特性一方面，它能提高人体的免疫功能、消除自由基、激活巨噬细胞的吞噬作用，阻断亚硝胺的合成，抑制黄曲霉素诱发癌前病灶的功能，从而起到了抗癌的作用。另一方面，沙棘所具有的抗辐射特性，能帮助患者抵抗放疗化疗对人体的损伤，因而也是癌症患者在放疗化疗过程中必不可少的辅助治疗剂。

二、沙棘药品研发

沙棘药用价值虽然较多，但真正能开发成的药品目前还很少，国内市场上常见到的多为沙棘保健品。目前来看，沙棘籽油、果油的药用价值很大，国内这方面的产品多属于初级产品，向药品发展的潜力很大。另外，沙棘果皮果肉中提取的沙棘黄酮，已被初步开发为药品，有了相当好的市场。

20 世纪 80 年代是中国系统种植开发沙棘的高潮期。这一阶段，一些省市成功研发了一些"卫药准字"号的沙棘药品，如川、陕、甘、晋省级卫生部门批准的沙棘药物。后来国家药品市场逐渐规范，沙棘药品的审批与其他药品一样较为困难，但仍然有一些沙棘药未得到国家批复，如沙棘颗粒（国药准字 Z51020088）；心达康胶囊（国药准字 Z19980016）；五味沙棘颗粒（国药准字 Z20050364）；五味沙棘散（国药准字 Z20023299）；沙棘干乳剂（国药准字 B20021064）；复方沙棘籽油栓（国药准字 Z19991076）；沙棘颗粒（国药准字 Z62020982）；沙棘片（国药准字 Z20025761）等（图 6-31）。

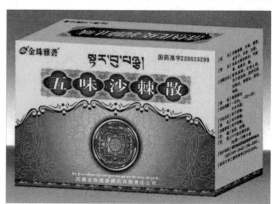

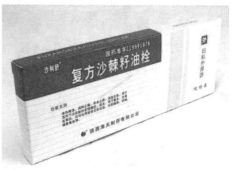

图 6-31　获"药准字号"的沙棘药品

目前沙棘药品主要分为固体口服制剂、软胶囊剂、膏剂和口服液等。沙棘药品的研发，还需要在实事求是的基础上，加大力度，科学研发。

（一）口服液

沙棘口服液的主要原料为沙棘籽油、果油等，其主要工艺流程包括以下 4 个环节。

1．配液

经化验合格的原辅料，在除外包装室清洁外包装后，传入 100 000 级洁净区，按处方比例将原辅料在称量室中称出每批所需用量，送入配液室。将原辅料置于配液罐中，加热至一定温度，搅拌溶解，检查合格后，用不锈钢管道输送至储罐待用。

2．洗瓶、洗内塞、外盖

将玻璃瓶、内塞、外盖，经除外包装室清洁外包装后，传入 100 000 级洁净区，玻璃瓶经理瓶后置于清洗、灭菌室内洗、烘干，灌、封联动线上进行超声波清洗，再经纯水、蒸馏水清洗后准备灌装药；内塞、外盖经清洗室清洗机洗净、灭菌后，送到灌封室，置于洗、灌、封联动线上准备上塞封盖。

3．灌装、上塞、旋封外盖

将配好的溶液置于洗、灌、封联动线的灌装机料斗中（局部 100 级），经灌装、自动上塞、旋封外盖后，经灭菌箱灭菌后传出洁净区。

4．外包装

将灭菌后的药液进行灯检，合格产品经贴标签，并由人工装盒、装箱，最后经封箱，打印品名、规格、批号得成品。

沙棘口服液生产工艺流程如下：

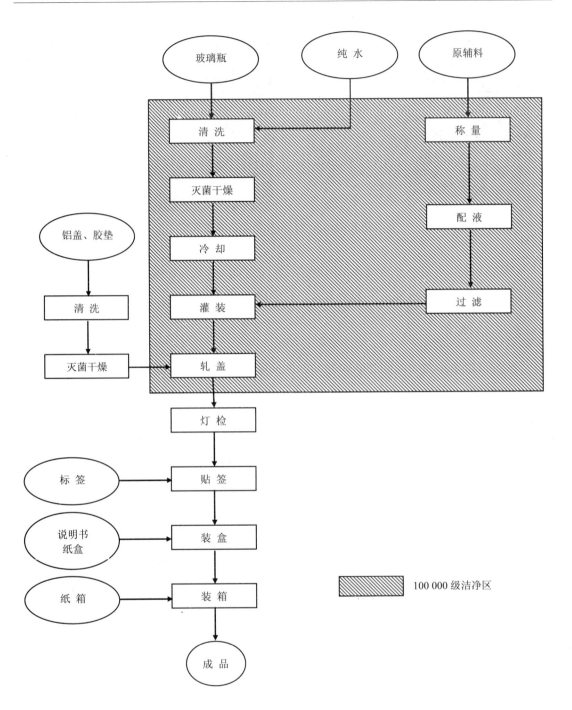

（二）固体口服制剂

沙棘固体口服制剂指硬胶囊、颗粒剂和片剂，主要生产原料为沙棘黄酮、沙棘油及沙棘叶提取物等。其主要工艺流程包括制粒（颗粒剂）、压片（片剂）、胶囊充填（硬胶囊）、泡罩包装、塑瓶包装以及贴签、外包装等环节。

1．制粒

制粒指颗粒剂生产环节。经化验合格的原辅料，在除外包装室清洁外包装后，传入100 000级洁净区，按处方比例将原辅料粉碎过筛后，在称量室中称出每次所需用量，送入制粒、干燥室。在湿法混合制粒机中完成混合、制粒、干燥后，经整粒机整粒送入总混室。在总混室中将颗粒和辅料按一定的批量，装入混合机中充分混合均匀后，送入中转室待用。

2．压片

压片指片剂生产环节。将总混后的颗粒置于压片机料斗中，经压片机压片成型后，送入筛片机进行整理，即为片剂半成品。不需包衣的素片直接进行内包装；需包衣的素片送入包衣室。

在配浆室中按薄膜衣的配方进行配浆，将素片放入包衣机中，浆液通过蠕动泵打入包衣机中进行包衣后，送入晾片室进行晾片，待干燥后，送入中转室待内包装。

3．胶囊充填

胶囊充填指硬胶囊剂生产环节。经化验合格的空心胶囊，在除外包装室清洁外包装后，传入100 000级洁净区，置于全自动胶囊充填机料斗中，经全自动胶囊充填机完成充填后，送入胶囊抛光机进行抛光，去掉粉尘，即为胶囊剂半成品。

4．泡罩包装

经化验合格的内包材料，在除外包装室清洁外包装后，传入100 000级洁净区，置于泡罩包装机料架上。将包衣片或胶囊置于自动包装机料斗中，经泡罩包装机完成包装、打印批号后，经传递柜传出洁净区，送入包装室。

5．塑瓶包装

经化验合格的塑料瓶等内包材料，在除外包装室清洁外包装后传入100 000级洁净区，置于自动数片机的理瓶盘上。将片剂置于自动数片机料斗中，经自动数片机数片并装入塑料瓶中，再经传送带传入自动塞纸机中塞纸，再传入铝箔封口机中进行加热、封口，传入自动旋盖机中旋盖，最后经传递柜传出洁净区，送入包装室。

6．贴签、外包装

完成内包装后的塑料瓶送入贴签机。贴签后的塑料瓶、完成铝塑包装后的片剂、硬胶囊剂由人工进行装盒、装箱，最后经封箱，打印品名、规格、批号，取样化验合格后制得成品。

沙棘硬胶囊生产工艺流程如下所示：

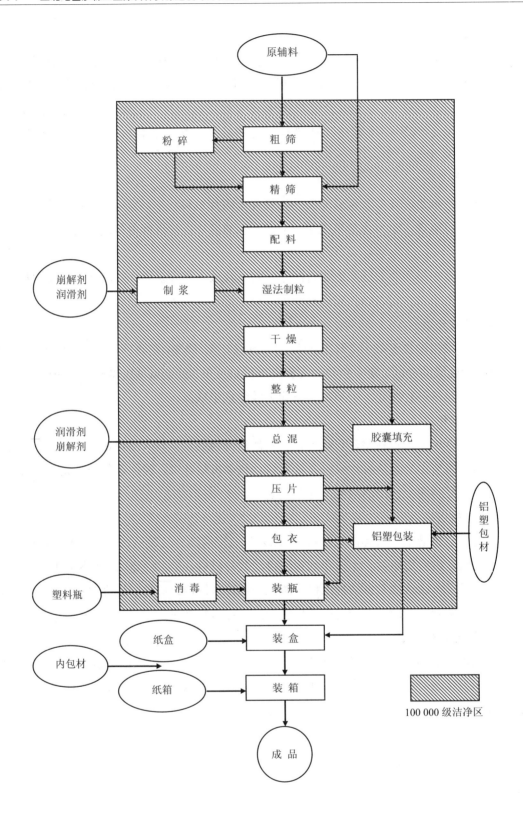

沙棘颗粒剂生产工艺流程如下：

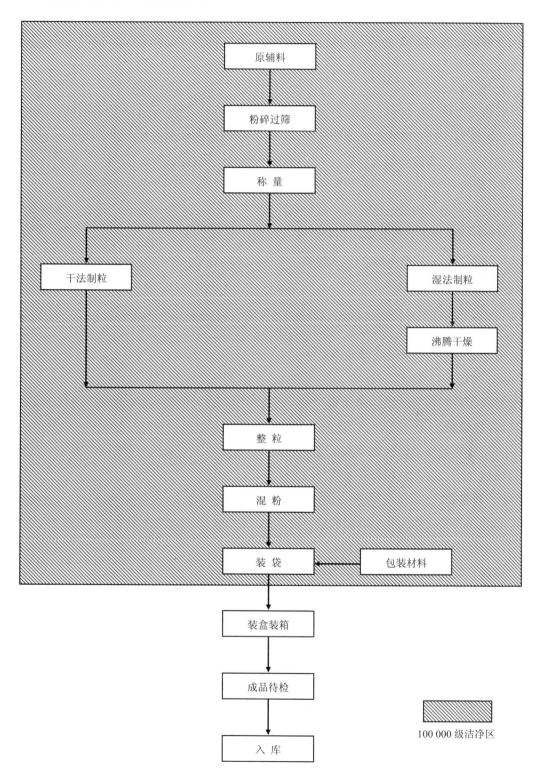

100 000 级洁净区

（三）软胶囊剂

沙棘软胶囊的主要生产原料为沙棘油。其主要工艺流程包括配液；化胶；压制、定型；抛丸；内包装；外包装等环节。

1．配液

经化验合格的原辅料，在除外包装室清洁外包装后，传入 100 000 级洁净区，按处方比例将原辅料在称量中称出每批所需用量、送入配液室置于配液罐中，加热至一定温度配液、搅拌均匀，药液经检查合格后，用不锈钢管道输至储罐待用。

2．化胶

经化验合格的明胶、辅料以及玻璃瓶、胶垫、铝盖，经除外包装室清洁外包装后，传入 100 000 级洁净区，按处方比例将明胶及辅料在称量中称出每批所需用量，送入化胶室，置于化胶罐中，加纯水加热至一定温度，熔化，去除泡沫。胶液经过滤检查合格后，用不锈钢管道输至储罐待用。

3．压制、定型

将检查合格的药液、胶液密闭输送至压丸机进料罐中，在低温、低湿的条件下压制胶囊，成型后，送入干燥室干燥定型。

4．抛丸

将干燥后的合格品送入抛丸室，置于抛丸机中，将表面抛光后，送入中转室待包装。

5．内包装

将中转待包装的软胶囊送入铝塑包装机室，置于铝塑包装机进行铝塑包装后，经缓冲室传出洁净区，送入外包中转室待外包装。

6．外包装

完成内包装后的铝塑包装软胶囊，进行人工装盒、装箱，最后经封、打印品名、规格、批号，取样化验合格后制得成品。

沙棘软胶囊生产工艺流程如下：

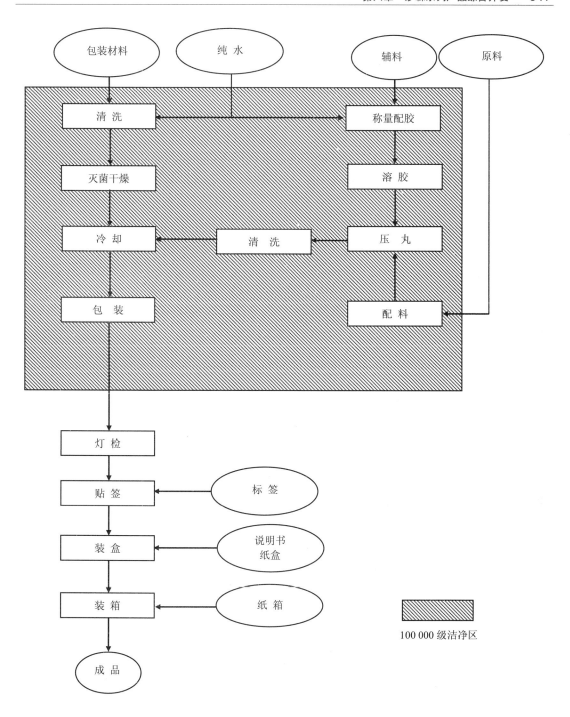

（四）膏剂

沙棘膏剂主要生产原料为沙棘油、沙棘黄酮、沙棘叶提取物等。其主要工艺流程包括配液、灌装、上塞、旋封外盖以及外包装等环节。

1. 配液

经化验合格的原辅料，在除外包装室清洁外包装后，传入 100 000 级洁净区，按处方比例将原辅料在称量室中称出每批所需用量，送入配液室。将纯水和原料置于配液罐中，加热至一定温度，搅拌溶解，检查合格后，用不锈钢管道输送至储罐待用。

2. 灌装、上塞、旋封外盖

将配好的溶液置于洗、灌、封联动线的灌装机料斗中，经灌装、自动上塞、旋封外盖后，经灭菌箱灭菌后传出洁净区。

3. 外包装

将灭菌后的药液进行灯检，合格产品经贴标签，并由人工装盒、装箱，最后经封箱，打印品名、规格、批号，取样化验合格后制得成品。

沙棘膏剂生产工艺流程如下：

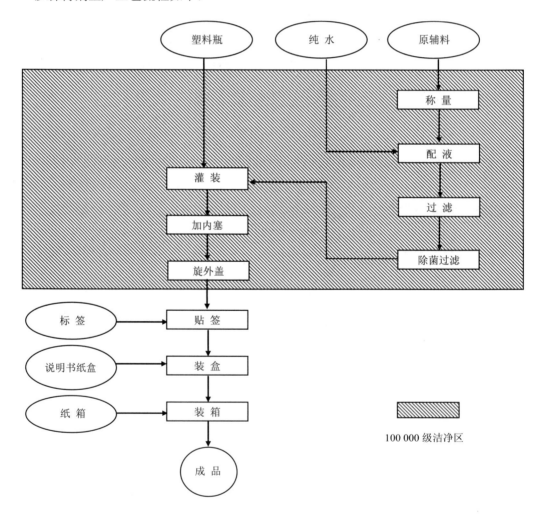

100 000 级洁净区

三、主要加工设备设施

沙棘药品制造主要包括口服液、固体口服制剂、软胶囊剂和膏剂 4 大类工艺设备及配套设施等。

（一）厂房

厂房的选址、设计、布局、建造、改造和维护必须符合药品生产要求，应当能够最大限度地避免污染、交叉污染、混淆和差错，便于清洁、操作和维护。应当根据厂房及生产防护措施综合考虑选址，厂房所处的环境应当能够最大限度地降低物料或产品遭受污染的风险。

企业应当有整洁的生产环境。厂区的地面、路面及运输等，不应当对药品的生产造成污染。生产、行政、生活和辅助区的总体布局应当合理，不得互相妨碍。厂区和厂房内的人流、物流走向应当合理。应当对厂房进行适当维护，并确保维修活动不影响药品的质量。应当按照详细的书面操作规程，对厂房进行清洁或必要的消毒。

厂房应当有适当的照明、温度、湿度和通风，确保生产和贮存的产品质量以及相关设备性能不会直接或间接地受到影响。

厂房、设施的设计和安装，应当能够有效防止昆虫或其他动物进入。应当采取必要的措施，避免所使用的灭鼠药、杀虫剂、烟熏剂等对设备、物料、产品造成污染。

应当采取适当措施，防止未经批准人员的进入。生产、贮存和质量控制区，不应当作为非本区工作人员的直接通道。应当保存厂房、公用设施、固定管道建造或改造后的竣工图纸。

1. 生产区

为降低污染和交叉污染的风险，厂房、生产设施和设备应当根据所生产药品的特性、工艺流程及相应洁净度级别要求，合理设计、布局和使用，并符合下列要求：

（1）应当综合考虑药品的特性、工艺和预定用途等因素，确定厂房、生产设施和设备多产品共用的可行性，并有相应评估报告。

（2）生产特殊性质的药品，如高致敏性药品（如青霉素类）或生物制品（如卡介苗或其他用活性微生物制备而成的药品），必须采用专用和独立的厂房、生产设施和设备。青霉素类药品产尘量大的操作区域，应当保持相对负压，排至室外的废气应当经过净化处理并符合要求，排风口应当远离其他空气净化系统的进风口。

（3）生产 β-内酰胺结构类药品、性激素类避孕药品，必须使用专用设施（如独立的空气净化系统）和设备，并与其他药品生产区严格分开。

（4）生产某些激素类、细胞毒性类、高活性化学药品，应当使用专用设施（如独立的空气净化系统）和设备。特殊情况下，如采取特别防护措施并经过必要的验证，上述药品制剂则可通过阶段性生产方式，共用同一生产设施和设备。

（5）用于前述 3 项的空气净化系统，其排风应当经过净化处理。

（6）药品生产厂房不得用于生产对药品质量有不利影响的非药用产品。

生产区和贮存区应当有足够的空间，确保有序地存放设备、物料、中间产品、待包装产品和成品，避免不同产品或物料的混淆、交叉污染，避免生产或质量控制操作发生遗漏或差错。

应当根据药品品种、生产操作要求及外部环境状况等，配置空调净化系统，使生产区有效通风，并有温度、湿度控制和空气净化过滤，保证药品的生产环境符合要求。

洁净区与非洁净区之间、不同级别洁净区之间的压差应当不低于10Pa。必要时，相同洁净度级别的不同功能区域（操作间）之间，也应当保持适当的压差梯度。

口服液体和固体制剂、腔道用药（含直肠用药）、表皮外用药品等非无菌制剂生产的暴露工序区域，以及其直接接触药品的包装材料，最终处理的暴露工序区域，应当参照"无菌药品"洁净区的要求设置，企业可根据产品的标准和特性，对该区域采取适当的微生物监控措施。

洁净区的内表面（墙壁、地面、天棚）应当平整光滑、无裂缝、接口严密、无颗粒物脱落，避免积尘，便于有效清洁，必要时应当进行消毒。

各种管道、照明设施、风口和其他公用设施的设计和安装，应当避免出现不易清洁的部位，尽可能在生产区外部对其进行维护。

排水设施应当大小适宜，并安装防止倒灌的装置。应当尽可能避免明沟排水，不可避免时，明沟宜浅，以方便清洁和消毒。

制剂的原辅料称量，通常应当在专门设计的称量室内进行。

产尘操作间（如干燥物料或产品的取样、称量、混合、包装等操作间）应当保持相对负压或采取专门的措施，防止粉尘扩散，避免交叉污染并便于清洁。

用于药品包装的厂房或区域，应当合理设计和布局，以避免混淆或交叉污染。如同一区域内有数条包装线，应当有隔离措施。

生产区应当有适度的照明，目视操作区域的照明应当满足操作要求。

生产区内可设中间控制区域，但中间控制操作不得给药品带来质量风险。

2. 仓储区

仓储区应当有足够的空间，确保有序存放待验、合格、不合格、退货或召回的原辅料、包装材料、中间产品、待包装产品和成品等各类物料和产品。

仓储区的设计和建造，应当确保良好的仓储条件，并有通风和照明设施。仓储区应当能够满足物料或产品的贮存条件（如温湿度、避光）和安全贮存的要求，并进行检查和监控。

高活性的物料或产品，以及印刷包装材料，应当贮存于安全的区域。

接收、发放和发运区域，应当能够保护物料、产品免受外界天气（如雨、雪）的影响。接收区的布局和设施，应当能够确保到货物料在进入仓储区前，可对外包装进行必要的清洁。

如采用单独的隔离区域贮存待验物料，待验区应当有醒目的标识，且只限于经批准的人员出入。

不合格、退货或召回的物料或产品应当隔离存放。

如果采用其他方法替代物理隔离，则该方法应当具有同等的安全性。

通常应当有单独的物料取样区。取样区的空气洁净度级别，应当与生产要求一致。如在其他区域或采用其他方式取样，应当能够防止污染或交叉污染。

3．质量控制区

质量控制实验室通常应当与生产区分开。生物检定、微生物和放射性同位素的实验室还应当彼此分开。

实验室的设计，应当确保其适用于预定的用途，并能够避免混淆和交叉污染，应当有足够的区域用于样品处置、留样和稳定性考察样品的存放以及记录的保存。

必要时，应当设置专门的仪器室，使灵敏度高的仪器免受静电、振动、潮湿或其他外界因素的干扰。

处理生物样品或放射性样品等特殊物品的实验室，应当符合国家的有关要求。

实验动物房应当与其他区域严格分开，其设计、建造应当符合国家有关规定，并设有独立的空气处理设施以及动物的专用通道。

4．辅助区

休息室的设置，不应当对生产区、仓储区和质量控制区造成不良影响。

更衣室和盥洗室应当方便人员进出，并与使用人数相适应。盥洗室不得与生产区和仓储区直接相通。

维修间应当尽可能远离生产区。存放在洁净区内的维修用备件和工具，应当放置在专门的房间或工具柜中。

（二）主要设备

下面按沙棘药用类4大类产品开发之需，分别加以介绍。

1．口服液

沙棘口服液生产规模，按200万支/年（10 mL），可消耗沙棘油约18 t。按此生产规模确定的主要设备见表6-1。

表 6-1　沙棘口服液生产主要设备清单

序号	名称	规格	功率/kW	数量
1	电子秤	300 kg		1
2	配液罐	800 L		1
	输送泵	6 m³/h		1
	钛棒过滤器	6 m³/h		1
3	超声波清洗机	800 瓶/min	50.0	1
4	热风循环灭菌烘箱	500～1 000 瓶/min	55.0	1
5	直线灌装加塞机	200～300 瓶/min	4.0	2
6	供瓶机	200～300 瓶/min		3
7	输送带			3
8	胶塞清洗机	12 万支/批	18.0	1
9	扎盖机	200～300 瓶/min	3.0	2
10	灯检机		0.37	2
11	不干胶贴标机	220～350 瓶/min	1.1	2
12	对开门灭菌烘箱		25.0	1
13	铝盖清洗机	40 000 个/批	15.0	1
14	自动打箱机		0.2	
15	喷墨打印机	1～4 行	0.1	1
16	捆扎机	2～3 s/次	0.62	1

2. 固体口服剂

固体口服剂的生产规模，可按中小规模设计：硬胶囊 2 000 万粒/年、颗粒剂 1 000 万袋/年、片剂 2 000 万片/年，约可消耗沙棘黄酮 1 000 kg、沙棘油 200 kg、沙棘叶提取物 900 kg。按此生产规模确定的主要设备见表 6-2。

表 6-2　沙棘固体口服剂生产主要设备清单

类别	序号	名称	规格	功率/kW	数量
	1	粉碎机	500 kg/h	2.0	2
	2	振荡筛	1 000～3 000 kg/h	2.0	4
	3	电子秤	0～300 kg	1.5	3
	4	强制搅拌混合机	500 kg/h	5.0	1
	5	真空上料机	1 500 kg/h	3.0	2
	6	湿法混合制粒机	250 kg/批	16+5.5	1
	7	干法制粒机	150 kg/批	7.0	2
	8	高效沸腾干燥机	100 kg/批	1.1	1
	9	引风机	4 830 m³/h	15.0	1
	10	穿流干燥机	300 kg/批	7.5	1
	11	摇摆颗粒机	400 kg/批	5.0	1
	12	二维混合机	500 kg/h	3.0	1
片剂	13	旋转式压片机	25 万片/h	2.0	1
		自动加料器	700 kg/h		1
		工业吸尘器	700 m³/h	1.5	1
		多层筛片机	10 万片/h	0.75	1
	14	高效包衣机	250 kg/次	2.5	2
		热风机	4 500 m³/h	1.1	2
		排风机	3 000 m³/h	5.5	2
		保温罐蠕动泵		0.37	2
		保温罐	700 L		2
		可倾式夹层锅	300 L	0.55	2
	15	平板式自动泡罩包装机	10～23 万粒/h	5.5+1.1	2
	16	高效数粒装瓶生产线	10～23 万粒/h	5.5+1.1	2
	17	自动装盒机	50～100 盒/min	1.5	1
	18	热收缩包装机	15～30 包/min	15.0	1
	19	喷墨打印机	1～4 行	0.1	1
	20	捆扎机	2～3 s/次	0.62	1

类别	序号	名称	规格	功率/kW	数量
硬胶囊	1	自动胶囊充填机	3 000 粒/h	7.5	2
		自动加料器	1 000 kg/小时	1.0	
		吸尘器	200 L/s	2.0	
		抛光机	7 000～10 000 粒/min	1.5	
	2	自动双铝包装机	6～10 万粒/h	5.0	2
	3	平板式自动泡罩包装机	10～23 万粒/h	5.5+1.1	2
	4	高效数粒装瓶生产线	10～23 万粒/h	5.5+1.1	2
	5	自动装盒机	50～100 盒/min	1.5	1
	6	热收缩包装机	15～30 包/min	15.0	1
	7	喷墨打印机	1～4 行	0.1	1
	8	捆扎机	2～3 s/次	0.62	1
颗粒剂	1	四边封条袋包装机	360～500 袋/h	7.0	4
		自动加料器	500～1 000 kg/h	1.5	4
	2	自动装盒机	15 包/min	1.5	1
	3	热收缩包装机	15～30 包/min	15.0	1
	4	喷墨打印机	1～4 行	0.1	1
	5	捆扎机	2～3 s/次	0.62	1
其他	1	驱鼠器		0.015	2
	2	工业洗衣机	15 kg（干衣）	5.0	1
	3	自动干衣机	15 kg（干衣）	2.5	1
	4	电熨斗		2.0	1
	5	烘手器		2.0	6
	6	纯水机			1
压缩空气系统	1	空压机	20 m³/min，1MPa	75.0	1
	2	空气缓冲罐	2.0 m³		1
	3	预过滤器	20 m³/min		1
	4	冷冻干燥机	25 m³/min，露点 3℃	4.5	1
	5	精过滤器	1 μm，20 m³/min；残油：0.1 mg/kg		1
	6	超精过滤器	0.01 μm，20 m³/min 残油：0.01 mg/kg		1
	7	活性炭过滤器	残油：0.003 mg/kg；20 m³/min		1

3．软胶囊剂

沙棘软胶囊剂的生产规模，按 2 000 万粒/年，约可消耗沙棘油 9 t。按此生产规模确定的主要设备见表 6-3。

表 6-3　沙棘软胶囊剂生产主要设备清单

序号	名称	规格	功率/kW	数量
1	地磅	500 kg		1
2	配液罐	500～1 000 L		1
3	化胶罐	1 000 L		1
4	料桶	220 L		4
5	明胶桶	220 L		4
6	冷却器	换热面积 3.5 m^2		1
7	冷凝水罐	150 L		1
8	真空缓冲罐	500 L		1
9	水环真空泵 水槽	50 m^3/min	4.0	1 1
10	换热器			1
11	管道泵	12 m^3/h	1.5	1
12	料液泵	3 L/min	1.0	1
13	压丸机 输送机 冷风机		7.0+3.0 1.5	1 1 1
14	干燥机			2
15	风机	4 000～5 000 m^3/h	1.1	4
16	洗涤槽			2
17	灯检仪			2
18	胶体磨		5.5	1
19	高效过滤器	3 m^3/h；效率 99.999%		1
20	自动双铝包装机	6～10 万粒/h	5.0	1
21	平板式自动泡罩包装机	10～23 万粒/h	5.5+1.1	1
22	高效数粒装瓶生产线	10～23 万粒/h	5.5+1.1	1
23	自动装盒机	50～100 盒/min	1.5	1
24	热收缩包装机	15～30 包/min	15.0	1
25	喷墨打印机	1～4 行	0.1	1
26	捆扎机	2～3 s/次	0.62	1

4．膏剂

沙棘膏剂生产规模，按10万瓶/年（100 mL瓶），可消耗沙棘油约4 t，沙棘黄酮约200 kg，沙棘叶提取物约2 t。按此生产规模确定的主要设备见表6-4。

表6-4　沙棘膏剂生产主要设备清单

序号	名称	规格	功率/kW	数量	附注
1	电子秤	300 kg		1	
2	配液罐	1 500 L		2	
3	输送泵	6 m³/h	1.0	2	
4	钛棒过滤器	6 m³/h		1	
5	储罐	1 000 L		2	
6	化糖罐	1 000 L		1	
7	输送泵	2 m³/h		2	
8	化糖储罐	1 000 L		1	
9	钛棒过滤器	2 m³/h		1	
10	供瓶机		1.5	2	生产线
	直线式液体灌装机	200 瓶/min	1.0	2	
	旋盖机		1.0	2	
	铝箔封口机	200 瓶/min	2.0	2	
	自动不干胶贴标机		0.5	2	
11	自动装盒机	70～100 盒/min	2.0+3.0	2	生产线
12	热收缩包装机	15～30 包/min	15.0	2	生产线
13	喷墨打印机	1～4 行	0.1	2	生产线
14	捆扎机	2～3 s/次	0.62	2	生产线
15	对开门灭菌烘箱		25.0	1	生产线

中药提取设备机组由提取罐、列管式加热器、蒸发器、冷凝器、油分器、收油器、药液泵、计量槽、贮液罐、过滤器、真空泵、配电柜等组成。提取罐、蒸发器顶蒸汽出口均设备了除沫器。无蒸汽加热的单位，可加配导热油加热系统。机组可进行热回流循环提取、浓缩，常规提取、浓缩、水沉（醇沉）、渗漉等操作，能在负压、常压、正压状态下工作。机组可适应水提、醇提或溶剂提取，符合制药 GMP 和食品 HACCP 要求。水提低温可达40℃，适合低温鲜品提取浓缩。机组在多功能、高效率、节能、操作范围广等方面具有很大优势。机组外仅需设水、电，占地面积小，有效缩短实验时间，中央控制器控制，操作方便，自动化程度高。

提取部分可选常规提取和超声波提取。超声波独具的物理作用、空化作用能促使植物细胞组织破壁或变形，溶质的质点间的振动、加速度冲击、声压剪切等效应力加强，使物料形成局部点的极端高温高压，同时，TS-NS 系列提取浓缩机组采用聚能式超声波发生器，框式搅拌，使大体积的中药材可充分接触到超声波探头，加速原料药内有效成分均匀析出，提取率比传统工艺显著提高。超声波提取是常温提取，有效减少热敏性成分的丧失。

中药提取液精制浓缩设备适用范围，包括中药浸膏预浓缩、中药口服液浓缩、中药颗粒剂提高澄清度和溶解性、中药注射剂备用液精制、药酒、保健酒澄清等。

以下是宇航人公司的中药提取物车间主要设备（图 6-32）。

图 6-32　中药车间主要提取设备（内蒙古和林格尔）

（三）配套质检实验室

为确保产品质量，了解原料的品质，以及今后工厂的产品开发，与生产工厂配套建设一个能够满足工厂需要的相应实验室，是非常必要的。该实验室所配备的仪器设备，以满足工厂对沙棘药品质量检验的要求为宜。实验室需要与之相配套的实验室质检化验人员。

该实验室主要可完成的工作为：

沙棘原料的水分、糖度、含杂量等测定；

沙棘黄酮含量的测定；

沙棘果、汁、叶等各项理化指标的测定；

沙棘药品产品中常规生化指标的测定；

沙棘药品中主要成分含量的测定；

满足一般工厂产品开发的研究需要。

（四）原材料、燃料和动力供应

沙棘药材贮存在沙棘药材库内。沙棘提取所得的流浸膏或干粉，储存在提取车间内仓库。

化学原料药贮存于危品库。乙醇、正己烷罐贮存于罩棚（含原料罐区及钢瓶贮存）。

制剂车间设原料库、包材库、成品库。

工厂水、电、汽、气等动力的消耗及其来源如表6-5所示：

表6-5　沙棘药厂的水、电、气基本配备

序号	名称	消耗量		来源
1	水	0.24 MPa	20 m³/h	市政管网
2	电	约 500 kW（全厂动力装机容量）		厂外进线
3	饱和蒸汽	0.60 MPa	4 t/h	厂内锅炉房供热
4	循环水	0.30 MPa	120 t/h	厂区内循环水站

（五）公用工程和辅助设施

在企业土建正式开始以前，施工现场应达到水通、电通、道路通和场地平整等条件（以下简称"三通一平"），即能满足施工高峰需要的水源、电源引入建设工程的建筑红线以内，为大型施工和运输机械提供进入现场的道路，整个施工现场的障碍物已清除、场地经过平整。在经过"三通一平"的基础上，就要开展布设服务于前述4大类专用工程之外的公用部分。

1. 电气

电气指厂区所涉及各类电气设备。

（1）供电要求、负荷等级、环境划分

1）供电要求：厂内设变电站一座，规模为1 200 kVA变压器。

2）用电负荷等级：全厂用电负荷等级均为三级，单电源供电。

3）爆炸性气体环境划分：沙棘提取车间的醇沉及浓缩厂房、乙醇回收厂房及危品库为二级爆炸危险环境，其余均为一般生产环境。安装在爆炸危险区域的电气设备选用隔爆型，电缆选用全塑铜芯电力电缆。

4）电源电压及厂区配电电压选择：厂区动力配电电压用交流 380 V；厂区照明配电电压用交流 380 V/220 V。

（2）电力设计

用电负荷等级为三级，单电源供电。消防泵采用柴油驱动泵。

采用 380 V/220 V 低压供电，所有动力负荷的用电电压均为交流 380 V/220 V。

厂区内采用三相五线制供电，配电方式为树干及放射式供电，供电电缆采用直埋、穿钢管及沿电缆桥架的铺设方式。

车间设有低压配电室，动力电缆由变电站低压配电屏采用铠装电力电缆室外埋地的方式，引到各车间低压配电室。

（3）洁净区照明、火灾报警

制剂车间的洁净生产区的空气洁净度等级为 100 000 级。在洁净区采用洁净荧光灯，并设置供人员疏散用的应急照明灯，在安全口、疏散口和疏散转弯处设置疏散标志。在洁净区内设置感烟探测器、手动报警按钮及声光报警器。在吊顶内设烟感探测器，在各生产车间设置手动报警按钮，当火灾发生时，消防信号能立即传送到消防值班室，并关闭防火阀停止相应的空调循环风机、排风机。火灾发生时排烟口能瞬间打开，排烟风机开启，空调器、排风机关闭。280℃时排烟防火阀熔断，排烟风机关闭。

（4）照明设计

各生产车间照明柜电源由变电站低压配电柜供给。照明灯具的电源分别由各分配电箱以不同的回路供给，分配电箱的插座回路均加 30 mA 漏电保护。

（5）设备选择

包括种类灯具、线路以及安全配套设施等。

1）主要灯具：

非防爆照明配电箱 VK 型或 kV 型；

防爆照明配电箱 XMB 型；

防爆灯 CBG 型，内装 100 W 金属卤化物灯泡；

工厂灯 GC1—A；

仓库灯 DFB 8501/C（金属卤化物）；

洁净荧光灯（电子型）TBS088/236.P6（SP）；

荧光灯管选用 YZ36RZ；

安全出口灯 HJD701；

紧急出口灯 HJD703；

导线 BV—500 V。

2）光源：

荧光灯：办公楼及化验、车间办公室、洁净区。

金属卤化物：仓库等。

荧光灯管：采用飞利浦灯管，光通量不小于 2 850 lm。

3）照度：按不同区域有：

洁净区不小于 300 lx；

非洁净区不小于 200 lx；

实验室不小于 300 lx；

办公室不小于 200 lx；

车间不小于 150 lx；

仓库不小于 100 lx。

4）事故照明措施：利用应急灯作事故照明。

5）照明线路铺设方式：按不同区域

防爆区采用 BV—500 2.5 mm² 塑料铜芯线穿镀锌钢管明设；

洁净区采用 BV—500 2.5 mm² 塑料铜芯线穿钢管沿吊顶内暗设；

办公楼采用 BV—500 2.5 mm² 塑料铜芯线穿硬质 PVC 管沿墙、楼板暗设；

一次水消防水站、库房等，采用 BV—500 2.5 mm² 塑料铜芯线穿钢管沿墙、楼板暗设。

6）生产事故时电力设计的应急措施：洁净区内设有应急照明、诱导灯和非常出入口灯，以便在停电时疏散。

7）电缆线路铺设方式及要求：厂区电力电缆采用 YJV22—1000 交联聚氯乙烯电力电缆，或 KVV22—500V 控制电缆沿地直埋铺设，室外埋深 900 mm 左右，所有电缆铺设时均不得见中间接头。

8）照明灯具选择和线路铺设方式：全厂路灯均选用 250 W 金属卤化物灯，所有照明线路，均采用 YJV22—1 000V 电力电缆，沿地直埋铺设，室外埋深-900 mm 左右。

9）防雷及接地：厂区内防爆场所的车间设有防雷、防静电接地，民用建筑高度约等于 14 m，设有防直击雷、感应雷措施。在二区爆炸危险的建筑物屋顶上装有避雷带，作防直击雷及感应雷保护。爆炸危险建筑物内设专用接地系统，在爆炸危险场所的工艺管道及设备做防静电接地。所有电气设备外壳做保护接地，保护接地与防静电接地装置共用，接地电阻不大于 4 Ω。

10）电信：在综合楼内设自动电话交换机 1 台，供传真、外线及各车间内部通信使用。

2．水道

包括厂区生产、生活用水，给排水等范畴。

（1）给水系统

消防给水系统与生产、生活给水系统分开设置。生产、生活给水由市政自来水直接供给。消防水通过消防泵加压供给。室外给水管（不包括消防管）DN≥100 的采用球墨铸铁管，柔性胶圈接口；DN≤80 采用镀锌钢管，丝扣连接，铸铁管埋地刷乳化沥青两道。消防管采用焊接钢管，焊接，阀门处法兰连接。

（2）循环冷却水系统

选用角型横流式冷却塔 $\Delta t=8℃$，$N=8kW$，1 台。冷却塔置于循环水池之上，在泵房内设有循环水加压泵 2 台，1 开 1 备。

空调系统循环冷却水，选用角型横流式冷却塔，$\Delta t=8℃$，2 台。在泵房内设有循环水加压泵 3 台，2 开 1 备。循环水供回水管道在厂区内埋地铺设，采用焊接钢管，焊接与法兰连接。

（3）节水设施

为节约用水，所有卫生设备、给水阀门及配件均选用节水型，水嘴选用陶瓷磨片型。

（4）厂区排水

厂区排水为污水系统、雨水系统分流制。雨水经雨水口收集后，经暗管重力流进市政雨水管网。

1）污水系统：生产废水经污水处理，生活粪便污水经化粪池后，厨房含油污水经隔油池后，一并排入市政排水管网。

2）管道材料：排水管地上部分采用 UPVC 管、地下部分采用铸铁管；洁净区内采用不锈钢器具、不锈钢管及不锈钢地漏。

3）厂区污水管、雨水管：DN200 采用混凝土管，DN≥300 采用钢筋混凝土管。

4）管道基础：污水管、雨水管做 180°混凝土基础。

5）管道接口：混凝土管、钢筋混凝土管采用水泥砂浆抹带接口。

（5）室内给排水

给水：自来水压力为 0.24 MPa，常温，能满足生产、生活用水要求。室内给水包括消防给水，采用镀锌钢管，丝扣连接，阀门处法兰连接。卫生设备及供水阀门配件均采用节水型。

排水：生活污水、车间内生产废水及冲洗地面水分开排放。室内地面 1.00 m 以上采用 UPVC 排水管及管件，1.00 m 以下采用铸铁排水管及管件。

3．暖通

包括采暖及相关环保设施。

（1）采暖设计方案

采暖房间采用供、回水温度 60～85℃热水，热水由设在锅炉房内的换热站供给。

采暖系统采用上供、下回双管系统。综合楼、各车间参观走廊采暖设备，采用铝合金散热器，其余房间采暖设备为四柱760型铸铁散热器，采暖管道采用焊接钢管。各车间参观走廊采暖立管及支管采用铝塑管。

换热站内设有水—水板式换热器、热水循环泵、补水定压泵、除污器。换热流程为60℃的采暖回水，经水—水板式换热器与130℃热水换热后，变成85℃热水，经室外管网供各采暖系统使用。换热站内一次水供回水温度为130/70℃热水。换热站内的管道均采用无缝钢管，弯头为冲压无缝弯头。换热站内的采暖供、回水管道，保温材料为超细玻璃棉保温管壳外包金属铝箔。换热站内设有补水箱，用于采暖系统补水。补水定压泵的开停，根据系统压力变化自动控制。

（2）通风设计方案

制剂车间洁净区域产生粉尘的房间，室内空气不循环使用，室内空气经单层百叶排风口、排风管道、止回阀、斜流风机，排至室外高空排放。各车间卫生间设有排气扇，全面通风换气。各车间仓库设有屋顶风机，全面通风换气。

危品库设有防爆轴流风机，全面通风换气。

沙棘提取车间醇沉、乙醇回收工序为甲类厂房，设有防爆轴流风机，全面通风换气。

通风管道采用镀锌钢板制作，法兰连接。

轴流风机设置在外墙上。屋顶风机、斜流风机设置在屋顶上。

（3）除尘设计方案

制剂车间粉碎、过筛、制粒在生产过程中产生粉尘，含尘空气经除尘罩、除尘管道、除尘器净化后高空排放。除尘罩、吊顶以下的除尘管道及吊顶以上 500 mm 范围内的除尘管道，采用不锈钢板制作，法兰连接。其余除尘管道采用镀锌钢板制作，法兰连接。

（4）排烟系统

各车间洁净区域洁净走廊均设有排烟系统，设置排烟风口、排烟管道、排烟防火阀、高温消防排烟风机。排烟管道采用镀锌钢板制作，法兰连接。排烟管道需保温，保温材料为超细玻璃棉保温板外包金属铝箔。

（5）空调设计方案

制剂车间洁净区域，洁净级别为 100 000 级。冬季室内温度 20±2℃，相对湿度55%±10%；夏季室内温度24±2℃，相对湿度55%±10%。为满足这一要求，均设有金属组合式空调器。冬季向室内送热风，夏季向室内送冷风。金属组合式空调器，均设置新、回风混合段、初效过滤段、加热段（冬）、表冷段（夏）、加湿段（冬）、送风机段、中效过滤段和出风段。

洁净度为 100 000 级的空调系统，空气处理流程为室内回风经双层百叶风口、回风管道，至空调器与室外新风混合，经初效过滤段过滤、经加热段加热（冬）、经表冷段降温（夏）、经加湿段加湿（冬）、经送风机段加压、经中效过滤段过滤、经出风段、送风管道、高效过滤器送风口送至室内。送风口设在房间上部，回风口设在房间侧下部。

空调系统送、回风管道均采用镀锌钢板制作，法兰连接。

空调系统送、回风管道均需保温，保温材料为超细玻璃棉保温板外包金属铝箔。

空调机房设在各车间内，空调机房内设有金属组合式空调器，供各车间洁净区域使用。机房内还设有凝结水泵凝结水箱。空调机房内还设有冷水机组、冷冻水循环泵、冷冻水补水定压泵。

金属组合式空调器，冬季采用蒸汽加热、加湿，蒸汽由开发区室外管网供给。空调器夏季采用 7～12℃冷冻水降温，冷冻水由设在空调机房内的冷水机组供给。

空调机房内的蒸汽管道，冷冻水供、回水管道，均采用无缝钢管，弯头为冲压无缝弯头。凝结水管、排水管采用焊接钢管。

空调器加热、加湿后的凝结水进入凝结水箱，经凝结水泵、室外管网，至开发区锅炉房凝结水箱回收利用。

空调机房内的蒸汽管道，冷冻水供、回水管道，均需保温，保温材料采用超细玻璃棉保温管壳外包金属铝箔。

4．其他

沙棘提取车间的醇沉及浓缩厂房、乙醇回收厂房及危品库为二区爆炸危险环境，其余均为一般生产环境。

安装在爆炸危险区域的电气设备选用隔爆型，电缆选用全塑铜芯电力电缆。

第四节　沙棘化妆类产品开发利用

随着生活和文化水平的提高，化妆类产品越来越受到人们的重视。由于植物活性成分具有功效好、副作用小的特点，所以以植物活性成分为主的美容化妆品，越来越受到消费者的青睐。崇尚绿色、回归自然，已成化妆品产业的大势所趋。

一、沙棘化妆价值

人类早期多利用纯天然动植物资源作为化妆品，但随着工业革命的来临，人类逐渐使用比天然产物更容易形成规模化生产的化学合成制品。然而，化学产品的毒性、刺激性、过敏性和残留杂质的不确定性，使人们对使用这类产品产生了极大的担忧。随着科技的进步，环保意识及生活水平的不断提高，人们重新开始寻求天然、绿色、无毒副作用，而又有多重生理、营养作用的植物资源类化妆品。值此之际，沙棘化妆品应运而生。

沙棘是少数浆果含油的药用植物，它含有大量的维生素、油脂、游离氨基酸、超氧化物歧化酶（SOD）等多种生物活性物质，能够延缓皮肤的衰老过程，是非常理想的美容护肤用品。正因为沙棘油是多种维生素和生物活性物质的复合体，它能滋养皮肤，促进新陈代谢，抗过敏，杀菌消炎，促进上皮组织再生，对皮肤有修复作用，能保持皮肤的酸性环境，具有较强的渗透性，因而已成为美容护肤品的重要原料之一。

沙棘果实富含各种维生素和黄酮类物质。维生素 A 是人体正常生长发育不可缺少的物质，其对上皮细胞影响很大。维生素 C 在细胞氧化还原过程中是氢的转运者，并参与氨基酸及碳水化合物的代谢过程，影响结缔组织的形成和黑色素的合成。维生素 E 能减少或阻止不饱和脂肪酸和维生素 A 的氧化，维持细胞的正常结构和功能，增加细胞的渗透性，参与细胞内各种酶的反应，从而延缓细胞的衰老。黄酮类化合物能强化皮肤的血液循环，使肌肉得以松弛，还可促进头发的生长。植物甾醇能恢复青春活力，保湿、抗皱。氨基酸和脂肪酸能增强皮肤弹性。

沙棘果实还含有超氧化物歧化酶（SOD），这种酶类在生物氧化代谢过程中，通过歧化超氧阴离子自由基，来减轻氧自由基的毒害作用。近年来大量医学研究表明，人体的多种疾病如癌症、心脏病、中风、肺气肿、炎症等病的发生、发展与恶化，都与氧自由基有直接的关系。因此，作为清除这些自由基的 SOD，备受世人青睐。沙棘是抗氧化剂植物，沙棘果所含的 SOD 是人参液的 4 倍，所以沙棘已成为许多高档化妆品必不可少的重要原料。

同时，沙棘化妆品还有消炎止痒、软化保湿、收敛、调理、防色素斑、抗晒、防裂、防腐、抗氧化和抑汗防臭等多种作用。

二、沙棘化妆品研发

利用沙棘油富含饱和脂肪酸、游离脂肪、碳氢化合物、甾醇类、磷脂及脂溶性维生素 E、维生素 A 等易被皮肤吸收的化合物的特点，以沙棘油为原料生产美容护肤品，包括有美容霜、润肤乳、按摩乳等普通化妆品，口腔清洁剂、防晒乳等特殊化妆品，另外还有护发类（发胶、洗发液）、日化用品（牙膏和洗手液）等，其突出特点是天然、无毒副作用。

沙棘用于化妆品研发，还基于沙棘油含有丰富的超氧化物歧化酶（SOD）。沙棘化妆品总体工艺流程如下：

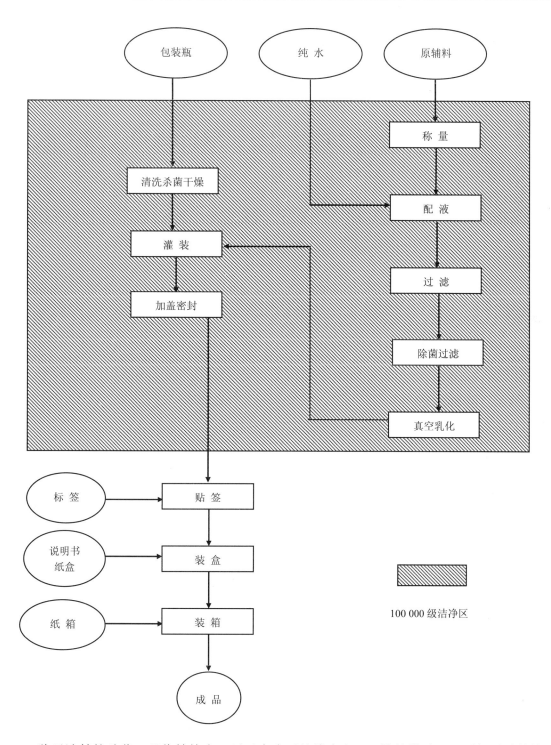

鉴于沙棘的杀菌、吸收等特点，以及富含天然维生素 E、植物甾醇、必需氨基酸等特性，国内有关企业研究开发了一系列特殊功效的沙棘日化产品，如沙棘防晒液、沙棘按摩乳、沙棘洁面乳、沙棘护手霜等产品（图 6-33）。

图 6-33　沙棘化妆品产品

中国的沙棘美容护肤品还有香波、洗面奶、护发素、乌发灵、营养发乳、营养面霜、早霜、日霜、晚霜、去斑霜、中老年霜、儿童霜、男士霜、抗皱维他霜、增白维他霜、按摩霜、沙棘复方粉刺霜、沙棘防龋牙膏等。品种繁多，花色齐全。现将部分产品工艺分类简介如下。

（一）面部用品

沙棘面部用品，包括常用的洁面乳、按摩乳、面霜、防晒液等。

1．沙棘洁面乳

参考配方：单硬脂酸甘油酯2%～4%，羊毛脂5%～10%，液态羊毛脂1%～4%，凡士林4%～6%，羟乙基油醇1%～4%，矿物油2%～4%，单硬脂酸二甘酯5%～10%，沙棘油1%～5%，沙棘水溶物1%～10%，去离子水（含防腐剂0.5%～0.2%）43%～78%。

制法举例：将8 g单硬脂酸甘油酯与8 g羊毛脂、4 g矿物油、1 g液态羊毛脂、6 g凡士林、8 g单硬脂酸二甘酯混合在一起，加热至60～75℃后，再加入3 g羟乙基油醇和61.8 g含防腐剂0.2%的蒸馏水，乳化0.5～1 h，冷却至40～50℃后，加入5 g沙棘油和1 g沙棘水溶物，调整pH至5～6，匀质之后，冷却至30～35℃，包装。

2．沙棘按摩乳

参考配方：聚乙二醇（300）单油酸脂2%～4%，鲸蜡5%～10%，鲸蜡醇1%～3%，凡士林5%～12%，沙棘油5%～10%，羊毛脂5%～15%，水46%～77%。

制法举例：先把4 g聚乙二醇（300）单油酸脂、6 g鲸蜡、2 g鲸蜡醇、12 g凡士林、15 g羊毛脂加在一起，加热至70～75℃，搅拌，加入46 g水，停止加热，冷却至50℃时，加入5 g沙棘油，再冷却至30℃，加入适量香精，并在匀质机中进行匀质，包装。

3. 沙棘昼用乳霜

参考配方：单硬脂酸甘油酯 2%～4%，羊毛脂 5%～10%，液态羊毛脂 1%～4%，凡士林 4%～6%，羟乙基油醇 1%～4%，矿物油 2%～4%，单硬脂酸二甘酯 5%～10%，沙棘油 1%～5%，沙棘水溶物 1%～10%，去离子水（含防腐剂 0.5%～0.2%）43%～78%。

制法举例：将 8 g 单硬脂酸甘油酯与 8 g 羊毛脂、4 g 矿物油、1 g 液态羊毛脂、6 g 凡士林、8 g 单硬脂酸二甘酯混合在一起，加热至 60～75℃后，再加入 3 g 羟乙基油醇和 61.8 g 含防腐剂 0.2%的蒸馏水，乳化 0.5～1 h，冷却至 40～50℃后，加入 5 g 沙棘油和 1 g 沙棘水溶物，调整 pH 至 5～6，匀质之后，冷却至 30～35℃，包装。

4. 眼用沙棘润滑霜

参考配方：聚乙二醇（300）单硬脂酸酯 1%～4%，聚乙二醇（400）单硬脂酸酯 1%～3%，羊毛脂 5%～10%，乙酰化羊毛脂 1%～3%，部分羟乙基化羊毛脂 2%～5%，支化脂肪酸酯 5%～15%，单硬脂酸二醇酯 5%～10%，沙棘油 5%～15%，沙棘水溶物 5%～15%，蒸馏水（含防腐剂 0.05%～0.1%）15%～70%。

制法举例：将 4 g 聚乙二醇（300）单硬脂酸酯、3 g 聚乙二醇（400）单硬脂酸酯、8 g 羊毛脂、3 g 乙酰化羊毛脂、5 g 部分羟乙基化羊毛脂、10 g 支化脂肪酸酯和 6 g 单硬脂酸乙二醇酯混合在一起，加热至 75℃混溶，加入 75℃的含 0.05 g 防腐剂的蒸馏水 4 g，一起进行乳化，冷却至 50℃时，加入 5 g 沙棘油和 5 g 沙棘水溶物，继续匀质，冷却至 40℃，并在此温度下保持 24～72 h，使其均一化，包装。

5. 沙棘复方粉刺霜

采用沙棘油作为添加剂，天然、安全、无毒、无刺激、无副作用，具有抑菌、收敛、加快伤口愈合的作用；同时加入了对粉刺有治疗作用的中草药剂，使效果更加明显和广泛。其工艺流程如下所示：

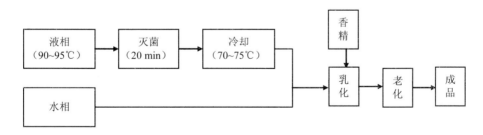

其配方为：十八醇 2%，沙棘油 3%，白油 4%，白蜡 2%，乳化剂一 1%，乳化剂二 2%，防腐剂适量，水加至 100%。其中的水相为黄芩、黄柏、大黄、连翘、防风、川芎、白芷、当归等中草药的水提取液。

6. 沙棘防晒液

参考配方：乙醇 5%～10%，4-胺基苯甲酸乙酯 0.5%～2%，羟乙基化羊毛脂 1%～5%，丙二烯醇 1%～3%，甘油 1%～4%，单硬脂酸聚乙二醇（400）酯 1%～6%，单硬脂酸二甘醇酯 5%～10%，沙棘总抽出物 1%～10%，香精 0.1%～0.3%，水 40%～85%。

制法举例：将 1 g 羟乙基化羊毛脂与 2 g 丙二烯醇、2.5 g 甘油、69.4 g 水混合，加热至 70℃；与此同时，将 6 g 单硬脂酸聚乙二醇（400）酯与 8 g 单硬脂酸二甘醇酯混合在一起加热至 70℃，再与上述混合物混合，在 70℃下加热 30 min 后，降温至 50℃，加入 5 g 沙棘总抽提物；再冷却至 40℃，将 1 g 的 4-胺基苯甲酸乙脂溶于 5 g 乙醇中，再加入 0.1 g 香精，在 40℃下加入到上述已冷却至 40℃的混合物中，匀质即成。

7．沙棘专用洗洁灵

主要用于油性面部皮肤。

参考配方：乙醇 25%～40%，水杨酸 0.3%～2.0%，沙棘浸膏 7%～25%，刺柏浸膏 7%～25%，日本槐浸膏 7%～25%，对苯酚甲酸甲酯 0.05%～0.25%，刺柏精油 0.05%～0.5%，欧菁草精油 0.05%～0.5%，柠檬醛 0.2%～0.4%，水稀释至 100%。

制法举例：将 35 g 乙醇（96.2%）与 1 g 水杨酸、15 g 沙棘浸膏、10 g 刺柏浸膏、15 g 日本槐浸膏混溶，加入 0.1 g 对苯酚甲酸甲酯、0.1 g 刺柏精油、0.1 g 欧菁草精油和 0.5 g 柠檬醛，再加入 23.2 g 水。

8．沙棘卸妆乳液

参考配方：聚乙二醇（300）单油酸酯 2%～4%，矿物油 5%～10%，凡士林 5%～8%，羟乙基硬脂醇 1%～3%，硬脂精 0.5%～2%，沙棘油 3%～5%，液体羊毛脂 3%～5%，香精 0.2%～0.4%，水 54%～79%。

制法举例：将 3 g 聚乙二醇（300）单油酸酯与 9 g 矿物油、5 g 凡士林、3 g 羟乙基硬脂醇、1 g 硬脂精和 4 g 液态羊毛脂混合一起，加热至 75℃，加水 75 g，乳化近 30 min 后，冷却至 50℃，加入沙棘油 4 g，再冷却至 30～35℃，加入 0.2 g 香精，搅拌均匀，包装。

9．沙棘润肤乳液

主要用于浴后美容润肤之用。

参考配方：聚乙二醇（300）单油酸酯 3%～4%，矿物油 5%～10%，羊毛脂 5%～10%，支化脂肪酸酯 5%～12%，金盏花浸膏 1%～3%，鲸蜡醇（十六烷基醇）1%～2%，沙棘总浸膏 1%～10%，防腐剂 0.1%～0.2%，香料 0.1%～0.2%，水 49%～74%。

制法举例：将 4 g 聚乙二醇（300）单油酸酯与 8 g 矿物油、8 g 羊毛脂、10 g 支化脂肪酸酯、2 g 金盏花浸膏、1 g 鲸蜡醇混合在一起，加热至 75℃，再加入 75℃的水 62 g（含 0.1 g 防腐剂），乳化之，冷却至 50℃后，加入 5 g 沙棘浸膏，匀质，冷却至 40℃，在不断搅拌下加入 0.1 g 香精，包装。

以下为我国沙棘化妆品生产龙头企业——宇航人公司生产的几款产品（图 6-34）介绍。

沙棘龙血护肤精华液

清玉珍珠沙棘活肤霜

眼眸精质霜

图 6-34　几款沙棘化妆品

10．沙棘龙血护肤精华液

该产品沙棘富含ω-7，以帮助皮肤细胞再生，增进肌肤的年轻化，加上龙血素有强大的美白与修复能力，可以实现保湿、美白、修复、抗老一次完成。

主要成分：沙棘提取物，龙血提取物，透明质酸，氨基酸保湿剂。

使用方法：洁肤后，将本品上下摇动至上层沙棘精华与下层龙血精华混合均匀后，即适量涂于面部，轻拍吸收即可。

11．清玉珍珠沙棘活肤霜

该产品添加了沙棘精油与纳米级珍珠粉，珍珠粉中富含珍珠蛋白等多种氨基酸和微量元素，能抑制肌肤在空气中的自然氧化，阻断自由基对细胞造成的伤害，并抑制过氧化脂质的形成。

主要成分：沙棘提取物，珍珠粉，透明质酸，乳木果油，萄聚糖，神经酰胺，阿魏酸。

使用方法：洁肤爽肤后，取适量本品均匀涂于面部与颈部，轻柔按摩至吸收即可。

12．眼眸精质霜

该产品来自沙棘精萃与苹果干细胞，具有保湿、抗皱、祛黑、消除眼袋等作用。

主要成分：沙棘提取物，苹果提取物，大豆肽，水解米糠蛋白，透明质酸。

使用方法：洁肤后，取适量本品涂于眼部皮肤，按摩至完全吸收即可。

（二）口腔用品

沙棘口腔用品，包括口腔清洁剂、牙膏等产品。

1．沙棘口腔清洁剂

以沙棘的天然组分和草炭蜡为基础制得。富含一整组生物活性物质（植物甾醇、不饱和脂肪酸、类胡萝卜素、叶绿素化合物、黄酮类化合物、生育酚、聚戊醇等），具有较高的杀菌和防龋作用。所选药物还能成功地消除过敏作用，去除口臭，并能在口腔内形成凉爽的感觉。该清洁剂的连续使用能预防口腔黏膜的炎症，减少龋齿的发生。

2．沙棘防龋牙膏

沙棘防龋牙膏不仅具备其他高级牙膏防止口腔感染、预防各类牙病及促进口腔内营养组织再生的功效，而且还有特殊的预防和治疗龋齿的作用。

配方：白垩 35%～45%，甘油 15%～25%，羧甲基纤维钠 0.5%～1.5%，十二烷基硫酸钠 0.1%～0.2%，沙棘全果碳酸萃取物 0.05%～0.20%，茴香籽碳酸萃取物 0.01%～0.10%，胡萝卜籽碳酸萃取物 0.2%～0.4%，香精油 0.5%～1.5%，对羟基苯甲酸丙醚 0.2%～0.4%，香料 0.5%～1.5%，其余为水。其工艺流程如下：

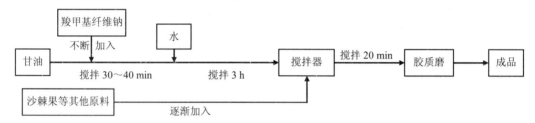

操作要点：先将甘油放入搅拌机，在搅拌的过程中逐步加入羧甲基纤维钠，搅拌 30～40 min，使混合物达到均匀状态。添加水后再搅拌 3 h，使混合物达到均匀状态。然后将这种混合液倒入另一搅拌器，并在机械搅拌的情况下，按规定配比逐渐添加白垩、沙棘全果、茴香籽、胡萝卜籽的碳酸萃取物、对羟基苯甲酸丙醚、十二烷基硫酸钠、香精油，继续搅拌 20 min，使混合物成为膏状，停止搅拌。取出膏状物在胶质磨上加工后，使牙膏成型。

（三）洗发用品

沙棘洗发常用产品，主要有洗发剂、洗发香波等。

1．沙棘洗发剂

参考配方：十二烷基硫酸钠 30%～60%，沙棘油 0.5%～2%，沙棘水溶物 5%～10%，香精 0.1%～0.5%，水 27.5%～64.4%。

制法举例：将 0.3 g 香精、0.5 g 沙棘油和 50 g 十二烷基硫酸钠混合在一起，与此同时，将 5 g 沙棘水溶物溶于 44.2 g 水中，再将这种水溶液加入到上述的十二烷基硫酸钠混合物中即可。

2．沙棘洗发香波

参考配方：乙醇 20%～30%，羟乙基油醇 1%～3%，沙棘水溶物 3%～6%，沙棘油 1%～2%，甘油 1%～2%，香精 0.3%～0.5%，水冲稀释至 100%。

制法举例：将 2 g 羟乙基油醇与 1 g 沙棘油混合，加热 40℃，加入 1 g 甘油和 3 g 沙棘水溶物，混匀之后再加入 20 g 乙醇（含 0.3 g 香精），用水冲稀至 100 g，并过滤之。

图 6-35 为宇航人公司生产的洗发用品。

图 6-35 沙棘洗发用品

3. 沙棘去屑营养洗发乳

本品基于头发主要是由蛋白质和氨基酸组成的链键结构、在弱酸性条件下才能得以保护的事实，运用沙棘和蜂胶提取物的双效配方，来代替化学基合成去屑剂，健康调理头皮，温和去除头屑，同时滋养头皮，强健发根。

4. 沙棘滋养柔顺洗发乳

本品运用沙棘和草本绿茶萃取物的配方，来保健与活化头皮。沙棘提取物能舒缓头皮负担，提升头皮表层的抗敏能力，形成的保护膜能补充发根营养，是染烫发质的最好选择；而绿茶萃取物富含多酚类，能帮助秀发强韧，减少头发断裂分叉，改善发质。特别是添加 D-泛醇（维生素 B_5 的前体），可增强头发毛麟片结构的强韧度，有效保护新生发丝，并帮助受损及脆弱的发丝回到原来丰盈及柔顺的最佳状态。

（四）其他用品

除上述产品外，还有沙棘洁手剂、护手霜、沐浴液等一些沙棘清洁类产品。

宇航人公司生产的一款沙棘丝滑柔嫩沐浴乳，该品含有沙棘提取物、蜂蜜、兰花等，所含的沙棘多酚与蜂蜜氨基酸能牢牢锁住肌肤水分，轻柔的兰花整日散发花香，在冲洗完成后还能提供额外的保湿效能，让肌肤洗后不易干涩。

以下是沙棘护手霜的配方和制法：

参考配方：沙棘油 20 mL，蒸馏水 70 mL，简易乳化剂 2 mL，桂花香精 15 滴，甘油 5 mL，尿素 1 茶匙，化妆品级抗菌剂 0.5 mL。

制法举例：将沙棘油 20 mL、简易乳化剂 2 mL 及甘油 5 mL 倒入瓶中，再加入抗菌剂后，用筷子搅拌均匀；然后将 1 茶匙的尿素溶液、70 mL 的蒸馏水倒入原瓶中；加入桂花香精，盖上瓶盖，充分摇晃均匀，包装。

三、主要加工设备设施

沙棘化妆品类产品加工，一般可委托专门厂家生产。如果要新上生产线，一般要进行详细论证，加工设备等可适当简陋一些，能省就省，规模以小型为主，再逐步升级换代。

（一）主要生产设备

主要有电子秤、配液罐、输送泵、微孔过滤器、储罐、供瓶机、真空乳化机、液体灌装机、膏体灌装机、旋盖机、封口机、贴标机、装盒机、打码机、捆扎机、灭菌烘箱等。图 6-36 为宇航人公司化妆品车间一角。

图 6-36　化妆品车间（内蒙古呼和浩特）

（二）原材料、燃料和动力供应

工厂水、电、汽、气等动力的消耗及其来源，如表 6-6 所示：

表 6-6　沙棘化妆品生产厂的水、电、气基本配备

序号	名称	消耗量	来源
1	水	0.24 MPa　20 m³/h	市政管网
2	电	约 150 kW（全厂动力装机容量）	厂外进线
3	饱和蒸汽	0.60 MPa　2 t/h	厂内锅炉房供热
4	循环水	0.30 MPa　50 t/h	厂区内循环水站
5	沙棘油或提取物	10～20 kg/d	
6	辅助原料	1 000～2 000 kg/d	

（三）所需厂房和库房建设

对于化妆品的生产而言，生产车间需经过洁净处理，至少满足 300 000 级空气净化的要求。按此需要的生产厂房面积应为 8 000 m²，配套的库房面积约为 1 000 m²。

除此之外还需要常规的水、电、汽供应。如果和其他的沙棘生产车间共用这些基础设施，则可降低基建的投资额度。

第五节 沙棘其他类产品开发利用

沙棘除了围绕果实、叶子进行开发外，沙棘枝干、沙棘果叶加工过程中产生的渣料等都是优良的原料，可用于加工饲料添加剂（或预饲料）、食用菌基料、颗粒燃料以及人造板等[12]。沙棘地上部分的开发，完全可以做到无废料利用。同时，沙棘工业原料林本身，也是观光采摘、旅游等的优秀资源。以下只是对这些方面开发利用所做的一些初步探讨和建议。

一、沙棘饲料

饲料是所有人饲养动物的食物的总称，比较狭义的一般饲料主要指的是农业或牧业饲养的动物的食物。优质的饲料才会有优质的产品，社会公众的健康才会得到保障。随着畜牧业的飞速发展，研发新兴饲料已成为畜牧业持续发展的主要趋势。

尽管 2017 年全球部分主产区爆发了禽流感和猪瘟病，但全球畜禽与水产动物配合饲料产量仍然达到9.1 亿 t，较 2016 年的8.932 亿 t 增加近 2%。2000 年以来，全球配合饲料产量一直呈稳定上升的趋势，2015—2017 年后，基本稳定在 9 亿 t 左右。全球不同区域的配合饲料产量与其自身地缘环境、国情、资源等因素相关，也呈现出不同的区域特色。其中，亚太地区配合饲料产量依然处于主导地位，主要原因是亚太地区就是主要消费及养殖区域，占据相当大的地缘优势；北美洲配合饲料产量占比提高至 22%，欧洲与俄罗斯 2017 年配合饲料产量降低 1%，分列第二位、第三位；拉丁美洲占据原料优势，饲料产业发展持续稳定；中东与非洲地区属于后起之秀，维持原有产量，未来发展空间巨大[13]。

根据 2013 年 12 月 4 日国务院第 32 次常务会议修订通过《饲料和饲料添加剂管理条例》，饲料是指经工业化加工、制作的供动物食用的产品，包括单一饲料、添加剂预混合饲料、浓缩饲料、配合饲料和精料补充料。

（一）生产工艺

沙棘果实加工后分离出来的沙棘籽粕、果渣等，含有大量的生物活性成分，详见表6-7、表6-8、表6-9。同时，沙棘叶中蛋白质含量丰富，还含有多种氨基酸和微量元素。对沙棘叶、渣的毒理学特性分析结果表明，长期饲喂动物安全可靠，无蓄积性毒害，对畜禽的生长、生产性能具有不同程度的促进作用。

表6-7 沙棘果渣提取物中的活性成分 单位：mg/100 g

成分	含量	成分	含量	成分	含量
维生素 B_1	10.0	维生素 B_2	25.0	维生素 B_6	148.0
维生素 B	51.3	维生素 C	89.8	类黄酮	1 400
类胡萝卜素	114.6	游离氨基酸	0.818		

表6-8 沙棘种子中氨基酸含量占比与鸡蛋、大豆中必需氨基酸及生物值占比对比 单位：%

必需氨基酸	鸡蛋	沙棘籽	大豆	鸡蛋	沙棘籽生物值	大豆生物值
赖氨酸	5.5	4.1	2.4	100	75	44
蛋氨酸+胱氨酸	3.5	0.7	0.5	100	23	14
异亮氨酸	4.0	2.8	2.1	100	73	51
亮氨酸	7.0	4.7	2.9	100	90	42
苏氨酸	4.0	3.1	1.5	100	73	38
缬氨酸	5.0	3.6	2.0	100	68	40
苯丙氨酸+酪氨酸	6.0	7.9	2.8	100	98	52

表6-9 沙棘果实中各种矿物质含量 单位：mg/kg

类别	铁	铜	锰	锌	硒	钙	磷	镁
沙棘干果肉	3 264.3	未检出	93.7	30.4	5.0	3 119.3	959.6	2 222.2
沙棘籽	750.7	未检出	53.9	83.2	2.1	3 484.3	310.6	2 376.2
沙棘果渣	218.28	未检出	11.9	34.7	未检出	1 945.3	1 510.7	1 199.2
大豆	110	13.0	22.9	35.1	—	—	—	—
豆饼	1 600	18.0	32.3	59.0	—	—	—	—

沙棘叶中蛋白质含量丰富，它还含有多种氨基酸和微量元素。详见表6-10、表6-11、表6-12。

表6-10　沙棘叶与常规饲料中基本营养成分含量对比　　　　单位：%

类别	林龄/a	粗蛋白	粗脂肪	粗纤维	无氮浸出物	磷	钙	灰分	水分
沙棘	9	24.15	4.20	17.41	45.08	0.26	1.08	4.85	4.31
柠条	6	23.91	2.90	23.13	38.09	0.27	2.14	7.41	4.56
狼牙刺	9	28.63	2.83	17.93	39.90	0.34	1.57	6.69	3.95
杭子梢	8	30.34	4.00	15.52	30.07	0.47	1.45	7.64	4.42
紫花苜蓿		14.90	2.30	28.30	37.30	—	—	9.60	8.60
草木樨		18.95	5.16	17.67	17.07	—	—	11.25	—
谷草		4.10	1.60	44.70	38.70	—	—	16.90	—
玉米秸		4.72	1.31	29.22	48.87	—	—	3.40	8.34

表6-11　沙棘叶中氨基酸含量与常规饲料中含量对比　　　　单位：%

类别	赖氨酸	蛋氨酸	胱氨酸	苏氨酸	异氨酸	组氨酸	缬氨酸	亮氨酸	精氨酸	苯丙氨酸	甘氨酸
沙棘叶	0.32	0.07	0.00	0.90	0.57	0.10	0.09	0.73	0.03	0.72	0.20
紫花苜蓿	0.25	0.07	0.06	0.21	0.22	0.10	0.27	0.36	0.21	0.23	—
箭舌豌豆	0.24	0.05	0.05	0.09	0.25	0.17	0.15	—	0.21	0.10	0.10
聚合草	0.11	0.02	微	0.10	0.08	0.05	0.12	0.15	0.12	0.12	0.10

表6-12　沙棘叶中微量元素含量与常规饲料中含量对比　　　　单位：mg/kg

类别	铁	铜	锰	锌	硒	钙	磷	镁
沙棘叶	544.28	未检出	84.48	9.26	41.89	2 631.73	50.0	4 888.7
紫花苜蓿	0.10	2.5	13.0	—	—	—	—	—
草木樨	—	2.5	31.4	12.5	—	—	—	—
玉米	38.0	5.5	5.9	18.7	—	—	—	—
大豆	110.0	13.0	22.9	35.1	—	—	—	—

表6-13、表6-14分别给出了沙棘与15种常规饲料的营养成分对比。

表 6-13　沙棘与其他常规饲料中营养成分含量对比　　　　　　单位：%

类别	粗脂肪	粗蛋白	粗纤维	赖氨酸	蛋氨酸+胱氨酸	钙	磷
沙棘叶片	4.1	20.7	15.6	0.73	0.13	1.18	0.18
沙棘种子	10.2	26.4	12.3	0.42	0.59	0.31	0.34
沙棘果渣	11.6	18.3	12.7	0.84	0.06	0.19	0.15
紫花苜蓿（青绿）	—	5.3	10.7	0.20	0.08	0.49	0.09
苜蓿干草	—	15.7	23.9	0.61	0.26	1.25	0.23
草木樨（青绿）	—	3.3	4.2	0.17	0.08	0.22	0.06
聚合草（青绿）	—	3.2	1.3	0.13	0.12	0.16	0.12
槐叶粉	—	17.8	11.1	1.35	0.37	1.91	0.17
玉米（青贮）	—	1.6	6.9	0.17	0.09	0.10	0.06
胡萝卜	—	0.9	0.9	0.04	0.06	0.03	0.01
大豆秸粉	—	8.9	39.8	0.27	0.14	0.87	0.05
高粱籽	3.3	8.5	1.5	0.24	0.21	0.09	0.36
玉米籽	3.5	8.5	1.3	0.26	0.48	0.02	0.21
小麦籽	1.8	11.1	2.2	0.35	0.56	0.05	0.32
蚕豆	1.4	35.2	5.9	1.82	0.79	0.09	0.38
大豆	1.6	37.1	4.9	2.51	0.92	0.25	0.55
豌豆	1.5	22.2	5.6	1.88	0.42	0.14	0.34
豆腐渣	—	3.9	2.3	0.26	0.12	0.02	0.04

表 6-14　沙棘叶、果渣中的氨基酸含量占比　　　　　　单位：%

氨基酸	沙棘叶	沙棘果渣	苜蓿干草	氨基酸	沙棘叶	沙棘果渣	苜蓿干草
苏氨酸	0.76	0.68	0.51	酪氨酸		0.61	0.37
甘氨酸		0.86	0.56	苯丙氨酸	0.91	0.82	0.76
缬氨酸	0.94	0.83	0.74	赖氨酸	1.13	0.84	0.60
蛋氨酸	0.19	0.06	0.26	组氨酸		0.51	0.29
异亮氨酸	0.71	0.69	0.53	精氨酸		2.42	0.38
亮氨酸	1.31	1.38	0.88	色氨酸		1.15	0.20

从中可以看出：

（1）沙棘种子粗蛋白含量仅次于大豆、蚕豆，甚至比豌豆还高；叶片中含量也仅次于3种豆类；

（2）沙棘叶片、种子、果渣中粗纤维含量较高；

（3）沙棘果渣、叶片中赖氨酸含量较高，虽比3种豆类及槐叶粉低，但高于其他各对比材料；

（4）蛋氨酸+胱氨酸含量，以大豆中含量最高，沙棘种子低于蚕豆而位居第3；而沙棘果渣的这一含量很低，与胡萝卜相同，位居倒数第1；

（5）钙以槐叶粉中含量最高，苜蓿干草次之，沙棘叶片居第3；

（6）磷以大豆中含量最高，沙棘种子、豌豆并列第3。

可见，沙棘籽粕、果渣、果肉、叶片作为饲料的价值很高，将它们混合起来，更能取长补短，增强饱喂效果。

1. 饲料添加剂

饲料添加剂的加工工艺技术，是配合饲料加工技术与医药化工加工技术相互渗透、相互结合而产生的一项新技术，它要求达到高效、低耗、无交叉污染、能连续生产的程度。采用沙棘叶（渣）、籽粕、果渣和果肉，按一定比例混合后作为饲料添加剂，其工艺相对较为简单，流程如下所示：

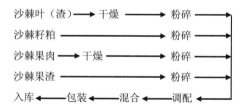

2. 添加剂预混合饲料

在此基础上，添加其他载体制作预混料。沙棘饲料添加剂预混料的加工工艺流程为：

$$稀释剂$$
$$\downarrow$$
$$稀释 \leftarrow 溶解 \leftarrow 计量 \leftarrow 碘、钴、硒等$$
$$\downarrow$$
$$载体及添加剂原料 \rightarrow 烘干 \rightarrow 粉碎 \rightarrow 筛粉 \rightarrow 计量 \rightarrow 混合 \rightarrow 成品$$

（1）原料的选择

添加剂原料的要求是：①动物吸收利用率高，生物学效价高；②有害重金属含量符合规定标准；③适口性好，无不良异味；④不易吸潮结块；⑤不易氧化分解；⑥无静电感应，流动性良好；⑦粒度符合要求；⑧纯度达到饲料级要求；⑨来源广泛，价格合理；⑩在动物体内无残留，对人体无害。

沙棘饲料添加剂基本符合上述要求。

（2）载体的选择与加工

选择载体要能对微量元素成分起到稀释作用，而且要有良好的表面特性和水载能力，使微小添加剂成分的颗粒能进入载体的凹面，孔穴内还应具有散落性、流动性、化学稳定性等好的特性。一般选择三级粉、糠饼粉、蒸制骨粉等作载体。载体的水分要在10%以下，细度在30～80目。

（3）稀释剂的选择和加工

稀释剂首先要求具备化学稳定性，不与被稀释的各种微量元素发生化学反应和生物拮抗作用。其次为容重相似性，即被稀释组分的容重约等于稀释剂的容重，也约等于载体的容重。$CaCO_3$作稀释剂，其容重为 2.7 g/cm^3，并且其成本低、来源广泛，动物能很好地作为钙源利用。

（4）有毒微量元素的处理

硒、钴、碘等微量元素有较大毒性，饲料中局部地方超量，就可使动物中毒，必须特殊处理，通常采用水化预处理，把以上3种元素制剂，称好后溶在一定温水中，然后喷到经过细化处理的稀释剂上，再混合均匀，干燥，粉碎，准备配料。

（5）干燥

添加剂原料中往往含有超量水分，需要进行干燥处理，通常采用可调温的电烘箱作干燥设备，经过干燥处理的添加剂，可以延长保管期限，有利于粉碎加工。

（6）粉碎

生产添加剂所需的各种原料都需要粉碎，对于硒、钴、碘3种元素的稀释剂，采用专用粉碎机粉碎，把粉碎的各种原料，分品种筛分到所需的细度，筛上的粗粒重新进粉碎机粉碎。

（7）配料

一般采用人工配料，专人负责，专人校核，使用一定精度的天平或台秤，有的使用电子计量器。

（8）混合

采用高速、密封的混合机，要求机内残留物不超过 0.3%。加料顺序是先放载体，然后加进微量成分，混合时间每批 10～15 min。

（9）包装

饲料添加剂装袋时，要求质量精度达到 1/500，封口严密，无漏料，附有产品质量检验合格证，注明适用对象、添加量和使用方法。

（二）设备与设施

主要设备：饲料加工机组、永磁清选机、锤片式粉碎机、桶仓、计量包缝机组、混合桶等，详见表6-15。

表6-15　饲料添加剂设备一览表

序号	名称	型号	数量	功率/kW	备注
1	脉冲除尘器	TNLMa.6	1		3 mm/Q235板制作，带下料斗
2	提升机	TDTG36/23	1	3.00	头轮覆胶，防逆装置，周边采用咬合工艺，刚度好
3	待混合仓		1		3 mm/Q235板制作
4	成品斗		2		
5	脉冲除尘器	TBLMa.4	1		新型高效除尘设备
6	添加斗		1		304不锈钢制作
7	双轴高效混合机（不锈钢）	SSHJ.1	1	11.0	物料接触部分不锈钢制作，带喷吹装置，残留少
8	成品斗		1		304不锈钢制作
9	脉冲除尘器	TBLMa.9	1		3 mm/Q235板制作，带下料斗
10	流化床干燥箱		1	54	
11	调整粉碎机	WF-30B	1	5.5	
12	振荡筛	ZS-350	1	0.55	
13	磅秤	TGT-100	2		量程0.05～100 kg
14	电子称	ACS-6	2		量程6～40 g

公共设施：配电、办公等。

二、沙棘人造板

我国目前已经成为人造板生产大国，人造板的产量和种类都有了较大幅度的增加，质量也得到了提升。我国人造板产业已逐步形成从资源培育、加工利用到出口贸易较为完善的人造板产业体系，整体有了巨大提升[14]。随着建筑业、房地产业的发展，人造板贸易增长迅速。我国刨花板产业内贸易水平较高，其发展水平受到产品异质性、规模经济等因素的影响；纤维板产业内贸易与产业间贸易并存，且产业内贸易以垂直型贸易为主，受到资源禀赋、产品质量差异的影响较大；胶合板的产业内贸易水平较低，受资源禀赋和规模经济的影响较大[15]。人造板作为一种标准工业板材，给室内装修带来了革命性的变化，它不仅节省木材原料，而且克服了天然木材易受潮变形、裂缝等缺点，从而为室内装修工业化生产带来了方便[16]。

我国大径级木材资源的稀缺以及逐年减少，使得在人造板这种资源密集型产业上并不具备比较优势。开发灌木等非大径级木材人造板是我国发展木材工业、缓解木材供需矛盾的长期战略。王喜民等[17]通过对两种沙生灌木人造板生产工艺和关键技术的试验研究发现，制造沙生灌木人造板与乔木人造板的主要区别在备料工段，充分了解原料的特性对其开发利用非常必要。

在三北地区，沙棘一般生长到一定年限时，如黄土高原在8年前后时，树势会逐渐衰弱，易感染病虫害，必须进行有计划的平茬更新复壮。对于平茬更新的沙棘枝干如何利用，目前已经成为亟待解决的一个问题，也是利用经济效益拉动生态效益的关键。一条出路是用于生物发电，但由于生物质周转太快，刚固定的碳物质很快就被释放出去，加之千辛万苦生长出的生物质，立即就被付之一炬，确实有些可惜。另一条出路也就是最常规的出路，将有限的沙棘生物质资源，通过特定的工艺技术，加工成人造板（如刨花板、纤维板等），以解决我国木材紧缺的问题，同时也有利于碳汇。

沙棘材质构造与特性测试分析所用沙棘来自内蒙古。按所提供的原材料（取材直径在3～5 cm）所进行的材质构造与特性测试分析，发现主要物理力学性能为：绝干密度为0.552 g/mm³，径向干缩率为3.51，弦向干缩率为4.43，体积干缩系数为0.068；主要化学组分如表6-16所示。

表6-16　沙棘木材主要化学组分

成分		含量/%
水分		13.11
灰分		0.26
抽提物	冷水	1.65
	热水	2.35
	苯醇	3.08
	1%NaOH	20.44
木质素		27.45
纤维素		78.94

沙棘的纤维素含量较高，其综合纤维素含量为78.94%，是生产人造板较为优质的原料。另外，沙棘的抽提物含量高于一般木材。因此，沙棘的制板工艺与一般木材的制板工艺有一定区别之处[18,19]。

（一）刨花板

与常规制造刨花板木材相比，沙棘制造刨花板具有一定特点，主要表现在：材质坚硬，径级较小，不易加工成理想形态的刨花，但由于纤维较长，可适当弥补这种缺陷；由于径级较小，制成刨花后树皮含量较高，不利于刨花板内部胶结；干缩系数相对较大，制造出的刨花板尺寸稳定性不易保证。尽管如此，如果采取适当措施和相应工艺，仍可生产出符合国家质量要求的刨花板[20]。

胶黏剂：针对沙棘自身材性及刨花中树皮含量较高的特点，采用自己配置的改性脲醛胶。

刨花制备：沙棘原料含水率为 50%～60%，原料分为直径 10 mm 以上和 10 mm 以下两种，经过削片和再碎后制成刨花。削片在北京林业大学人造板实验室进行，再碎在中国林科院木工所进行。所加工刨花分为：10 mm 以下枝条刨花、通常规格刨花、中片刨花和大片刨花。寻优工艺试验采用通常规格刨花。

干燥：刨花干燥是在箱式干燥机内进行，干燥温度 80～100℃，干燥后的刨花含水率为 2%～4%。

施胶：施胶量根据经验，确定在 6%、8% 和 10%。

预压、热压：沙棘刨花板制造过程在北京林业大学人造板实验室进行。刨花板密度确定为 0.65 g/cm³、0.70 g/cm³ 和 0.75 g/cm³，相应热压温度确定为 150℃、170℃ 和 190℃，热压时间为 3 min、4 min 和 5 min。

热压后的板材，冷却后进行锯解裁边，再经过定厚砂光，表面平整无漏砂现象，厚度偏差为 ±0.2 mm，最后检验入库。

试验条件：按照所确定的试验因素和水平（表 6-17），利用 L9（3⁴）正交试验表（表6-18）进行工艺寻优。

表 6-17　试验因素和水平

水平	热压温度/℃	施胶量/%	密度/（g/cm³）	热压时间/min
1	150	6	0.65	3
2	170	8	0.70	4
3	190	10	0.75	5

表 6-18 沙棘刨花板试验条件和结果

试验号	热压温度/℃	施胶量/%	热压时间/min	密度/（g/cm³）	板含水率/%	实测密度/（g/cm³）	静曲强度/MPa	内结合强度/MPa	吸水厚度膨胀率/%
1-1	150	6	3	0.65	7.8	0.68			
1-2	150	6	3	0.65	8.0	0.68	18.5	0.63	16.5
2-1	150	8	4	0.70	7.9	0.78			
2-2	150	8	4	0.70	7.7	0.78	24.75	0.59	15.03
3-1	150	10	5	0.75	8.3	0.76			
3-2	150	10	5	0.75	7.9	0.76	25	0.57	14.3
4-1	170	6	5	0.70	8.5	0.69	17.2		21.8
4-2	170	6	5	0.70	8.7	0.69			
5-1	170	8	3	0.75	9.2	0.73	20.15	0.6	11.5
5-2	170	8	3	0.75	8.6	0.73			
6-1	170	10	4	0.65	9.7	0.63			
6-2	170	10	4	0.65	8.8	0.69	20	0.37	13.93
7-1	190	6	4	0.75	9.1	0.75	22.25	0.68	21.33
7-2	190	6	4	0.75	9.5	0.75			
8-1	190	8	5	0.65	8.6	0.68	16	0.78	23
8-2	190	8	5	0.65	7.9	0.68			
9-1	190	10	5	0.70	8.5	0.75			
9-2	190	10	5	0.70	8.4	0.75	23.8	0.63	12.8

由表 6-18 中可以看出，静曲强度（MOR）和内结合强度（IB）值均高于国家 A 类刨花板优等品指标，吸水厚度膨胀率（TS）均高于国家 A 类刨花板二等品指标，TS 值高的主要原因是试验中没有加入防水剂。

沙棘刨花板的参考工艺流程如下：

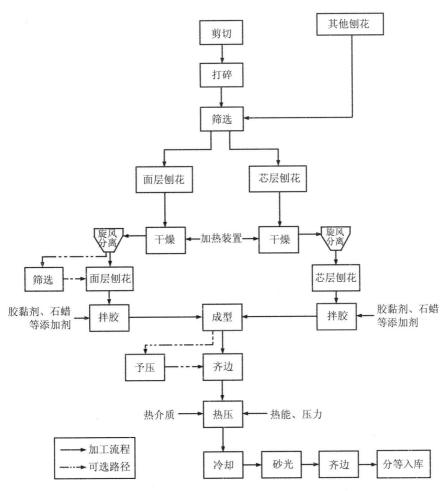

利用改性脲醛胶制造密度为 0.75 g/cm^3 的沙棘刨花板是可行的,优选生产工艺参数为:

板厚: 12 mm;

热压温度: 170℃;

热压时间: 4 min;

施胶量: 8%。

热压温度和热压时间对刨花板的物理力学性能影响显著,但温度超过 170℃以上、热压时间 10 min 以上时,提高幅度较小。施胶量的增加可以显著地增加内结合强度,后期热处理可以显著提高内结合强度和吸水厚度膨胀率性能。同时,可全树(地上部分)利用沙棘,以生产刨花板。

按照此工艺又进行了验证实验,并且分别压制了由直径 10 mm 以下枝条的刨花板、中片刨花和大片刨花压制的刨花板。经过物理力学性能测试,除吸水厚度膨胀率指标外,其余均符合国家 A 级优等品刨花板质量标准。

根据沙棘刨花板初步实验结果,以及长期对传统人造板和农作物秸秆人造板的研究及生产实践[21]，无论从沙棘的生物构造、物理特性还是化学特性来说，与传统的刨花板生产原料成材相近，优于农作物，是一种制造刨花板的优质原料，用其制造刨花板是完全可行的。

（二）中密度纤维板

中密度纤维板的密度范围为 0.50～0.88 g/cm³，密度在此范围之外的分别叫作轻质中密度纤维板和高密度纤维板。中密度纤维板具有十分合理的纤维结构，较好的物理力学性能和机械加工性能，产品厚度达 2.5～60 mm，板面幅度大，所以被广泛应用于建筑业、家具制造业和家居装饰行业。

选用国产多层压机生产线的工艺流程如下所示，年生产能力按 8 万 m³ 计。

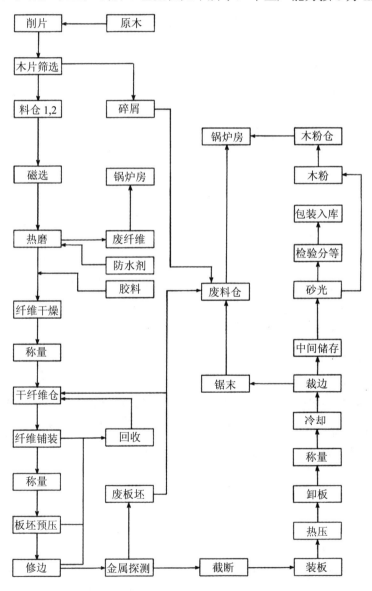

主要流程包括：削片→筛选；热磨→施胶→干燥；铺装→预压→热压→冷却→裁边；冷却→裁边→储存→砂光。

其生产工艺特点有：

原木不要求剥皮，树皮允许体积分数小于20%；

软材硬材按比例混合，一般为2∶8和3∶7（体积分数）；

木片不采用干洗或水洗；

纤维先施胶后干燥。石蜡可以热磨前施加，也可与胶料一起在排料管后施加；

板坯铺装成型采用机械成型、气流真空成型和机械真空成型3种类型；

废板坯可回收利用的送回干纤维料仓，不能回用的送往锅炉房作为燃料；

毛板先裁为规格板再砂光；

成品板的幅面为1 220 mm×2 440 mm，厚度为6～20 mm。

一个年产8万 m² 多层压机中密度纤维板厂，其一般设备选型可参见表6-19，主要技术经济指标参见表6-20。

表6-19 年产8万 m² 国产多层压机中密度纤维板厂设备

序号	设备名称	型号规格	单位	数量	备注
1	备料工段				
1.1	上料皮带运输机		台	1	上海人造板机器厂
1.2	金属探测器	WJJ-1	台	1	
1.3	鼓式削片机	BX2113A	台	1	镇江林机厂
1.4	皮带运输机		台	1	
1.5	木片转筛		台	1	上海人造板机器厂
1.6	皮带运输机	Φ500 mm，长7 500 mm，斜度约30°	台	1	
1.7	斗式提升机		台	1	
1.8	皮带运输机		台	1	
1.9	分料器		台	1	
1.10	木片料仓	2×100 m³	台	1	供图自制
1.11	振动下料槽		台	2	
1.12	皮带运输机		台	1	
1.13	斗式提升机		台	1	
1.14	皮带运输机		台	1	
1.15	悬挂电磁除铁器	RCDE-8	台	1	
2	纤维制备工段				

序号	设备名称	型号规格	单位	数量	备注
2.1	预热料仓	V=30 m³	台	1	上海人造板机器厂
2.2	热磨机组	M200BW1111/15，主电机：1 800kW，10kV	套	1	上海人造板机器厂
2.3	排料三通阀	X611A	台	1	上海人造板机器厂
2.4	废料分离系统		台	1	上海人造板机器厂
2.5	原胶储罐	30 m³	台	2	上海人造板机器厂
2.6	原胶泵		台	1	上海人造板机器厂
2.7	石蜡熔化罐		台	1	上海人造板机器厂
2.8	石蜡储存罐		台	1	上海人造板机器厂
2.9	石蜡施加设备	X614D	套	1	上海人造板机器厂
2.10	胶料、固化剂调配设备	X615D	台	1	上海人造板机器厂
2.11	胶料、固化剂喷施设备	X616D	台	1	上海人造板机器厂
2.12	纤维干燥机	X850，包括风机、热交换器、旁道管	套	1	上海人造板机器厂
2.13	纤维干燥风管	Φ1 450	套	1	供图自制
2.14	纤维干燥分离器	Φ3 500	台	2	供图自制
2.15	纤维干燥下料转阀	ZRC-3	台	2	上海人造板机器厂
2.16	火花探测及灭火系统		套	1	
2.17	增压水装置		套	1	上海人造板机器厂
2.18	防火螺旋运输机	X625A	台	1	上海人造板机器厂
2.19	干纤维料仓	X826	台	1	上海人造板机器厂
2.20	纤维气力输送系统	干纤维仓—铺装机	套	1	
3	铺装热压工段				
3.1	纤维铺装成型机	BP2115X829，成型宽 1 460 mm	台	1	上海人造板机器厂
3.2	板坯称重装置	LC-3101	台	1	上海人造板机器厂
3.3	连续预压机	X830	台	1	上海人造板机器厂
3.4	板坯齐边锯	SC15	台	1	上海人造板机器厂
3.5	板坯横截锯	SJ21	台	1	上海人造板机器厂
3.6	同步运输机	SB16	台	1	上海人造板机器厂
3.7	金属探测器	JT3-1796×300	台	1	
3.8	一号加速皮带运输机	SL834	台	1	上海人造板机器厂
3.9	废板坯回收装置	X637A，排料量：270 m³/h	台	1	上海人造板机器厂
3.10	二号加速皮带运输机	SL835	台	1	上海人造板机器厂
3.11	三号加速皮带运输机	SL836	台	1	上海人造板机器厂

序号	设备名称	型号规格	单位	数量	备注
3.12	装板运输机	X831	台	1	上海人造板机器厂
3.13	预装机	X832	台	1	上海人造板机器厂
3.14	无垫板装板机	BZX114×16/15X853	台	1	上海人造板机器厂
3.15	热压机	BY124×16/28X854	台	1	上海人造板机器厂
3.16	热压机油压系统	X855 LA	套	1	上海人造板机器厂
3.17	卸板机	BZX124×16×15X856	台	1	上海人造板机器厂
3.18	热压机排汽罩	配有6台轴流风机	台	1	供图自制
3.19	铺装负压回收系统	风量：11 500 m^3/h	套	1	管道供图自制
3.20	二次除尘系统	风量：6 500 m^3/h	套	1	管道供图自制
3.21	扫平辊纤维回收系统	风量：23 500 m^3/h	套	1	管道供图自制
3.22	板坯齐边横截纤维回收系统	风量：18 500 m^3/h	套	1	管道供图自制
3.23	废板坯纤维回收系统	风量：23 500 m^3/h	套	1	管道供图自制
4	成品制备工段				
4.1	冷却进板运输机	X846B	台	1	上海人造板机器厂
4.2	翻板冷却机	X224，64格	台	1	上海人造板机器厂
4.3	冷却出板运输机	X848D	台	1	上海人造板机器厂
4.4	纵向锯边机	X565D	台	1	上海人造板机器厂
4.5	横锯进板辊筒运输机	X575	台	1	上海人造板机器厂
4.6	横向锯边机	X576C	台	1	上海人造板机器厂
4.7	横锯出板辊筒运输机	X577	台	1	上海人造板机器厂
4.8	板垛堆垛机	X227	台	1	上海人造板机器厂
4.9	液压升降台	X228	台	2	上海人造板机器厂
4.10	板垛辊台	X229	台	2	上海人造板机器厂
4.11	叉车辊台	X230	台	2	上海人造板机器厂
4.12	锯边机除尘系统	风量12 500 m^3/h	台	1	管道供图自制
4.13	方料仓	容积100 m^3	台	1	上海人造板机器厂
4.14	冷却机排汽罩	配有2台轴流风机	台	1	供图自制
5	砂光工段				
5.1	辊式干板运输机	BZY519			
5.2	横向辊台运输机	BZY513	台	1	
5.3	液压升降台	BSJ1348B	台	1	
5.4	推板机	BZY8212	台	1	

序号	设备名称	型号规格	单位	数量	备注
5.5	纵向进料辊台	BZY3112B	台	1	
5.6	二砂架双面砂光机	BSG2613GA	台	1	
5.7	过渡辊台	BZY3812E	台	1	
5.8	四砂架双面砂光机	BSG2813QJ	台	1	
5.9	出板运输机	BZY3812C	台	1	
5.10	堆垛机	BDD1148E	台	1	
5.11	横向辊台运输机	BZY513	台	2	
5.12	液压升降台	BSJ1348B	台	2	
5.13	辊式干板运输机	BZY519	台	2	
5.14	砂光机控制台		套	1	
5.15	砂光机粗砂除尘系统	风量：26 000 m^3/h	套	1	管道供图自制
5.16	砂光机精砂除尘系统	风量：34 000 m^3/h	套	1	管道供图自制
5.17	木粉回收系统	风量：11 000 m^3/h	套	1	管道供图自制
5.18	木粉仓	容积 100 m^3	台	1	上海人造板机器厂
6	电气控制系统				
6.1	主生产线控制系统	PLC 控制 100～400	套	1	
6.2	砂光线电气控制系统	O500	套	1	
7	其他				
7.1	空压机	10 m/min，0.8 MPa	台	2	
7.2	试验室设备		套	1	
7.3	砂轮机		台	1	
7.4	磨锯机	MR186（120～630）	台	1	
7.5	嵌焊装置	最大锯片直径 Φ400 mm	台	1	
7.6	磨刀机	BM114	台	1	
7.7	电动葫芦	起重量 2 t	台	3	
7.8	电动葫芦	起重量 3 t	台	1	
7.9	叉车	载重量 3 t	台	2	
7.10	叉车	载重量 2 t	台	2	
7.11	手推车			5	

表 6-20　年产 8 万 m³ 国产多层压机中密度纤维板厂主要技术经济指标

序号	项目名称	单位	指标	备注
1	产品产量			
1.1	年产量	m³/a	80 000	以 16 mm 板厚计算
1.2	产品规格	mm×mm	1 220×2 440	幅面
		mm	6～20	厚度
2	工作制度			
2.1	年工作日	d	280	
2.2	日工作班	班	3	
2.3	班工作时	h	8	有效工作时 22.5 h/d
3	原料消耗			
3.1	木材	m³/a	92 000	
4	辅料消耗			
4.1	甲醛（质量分数 37%）	t/a	8 520	
4.2	尿素（纯度 98%～99%）	t/a	4 946	
4.3	氢氧化钠	t/a	29	
4.4	氯化铵	t/a	101	
4.5	石蜡	t/a	640	
4.6	氨水	t/a	56	
5	动力消耗			
5.1	水	m³/h	43.8	不包括冷却水
5.2	装机容量	kW	5 800	其中 10 kV 电机：1 800 kW
5.3	热能	t/h	20	2.5 MPa
6	职工总人数	人	205	
6.1	管理人员	人	38	
6.2	生产工人	人	167	
7	总用地面积	m²	67 602	
8	总建筑面积	m²	12 026	

由于天然林资源的迅速减少，自然环境的日益恶化，国家实施了天然林保护工程，天然林采伐量大幅度减少。我国木材的缺口很大，为满足国民经济的发展和人民生活的需要，加速开发利用其他材料已势在必行。

沙棘作为一种新的人造板材料，具有许多优点，如木纤维含量高、质量好，原材料利用率高，成本相对较低。因此，利用沙棘制造中密板、纤维板等人造板（图 6-37），其实施难易程度、产品质量、生产成本，都要优于利用农作物秸秆制造人造板。同时，更为重要的是利用沙棘枝干制造人造板，能够取得可观的经济效益，是激发地方和个人种植沙棘，平茬更新沙棘积极性的重要手段，是以经济效益拉动生态效益的良好措施。因此，利用沙棘制造人造板具有广阔的市场前景，并且与传统木材人造板和农作物人造板具有较大的竞争优势，不但经济效益不错，而且社会效益和生态效益更加明显，符合国家可持续发展战略思想。

图 6-37　沙棘纤维板（内蒙古准旗）

三、沙棘生物质能

我国现在的主要能源利用形式是以煤为代表的传统化石能源，随着社会和经济的发展，化石能源越来越不能适应未来能源的发展要求。其不可再生性导致了我国能源市场供求失衡的现象进一步加剧，对国际能源市场的依赖程度不断加大，经济安全和国家发展受制于人。化石能源的污染性使我国未来承担的国际责任加大，为环境污染而付出的代价增大。基于以上两条主要原因决定了我国发展适应未来能源发展的林木生物质能源是有一定的必然性的。

植物热值是其重要的生物学特性，它是在长期与自然界相适应的过程中形成的，在燃料林植物种选择中是评价其薪材价值的主要标准之一。以往植物热值的研究结果表明，热值大小随树种类型、植物器官、植物的生长发育阶段等因素的变化而变化，同时还受纬度、海拔等环境因素的影响[22-24]，表 6-21 列出了黄土高原主要灌木树种热值测定结果[25]。

表 6-21 黄土高原主要灌木树种热值

序号	树种	热值/（kJ/kg）	序号	树种	热值/（kJ/kg）
1	爬地柏	21 365	23	枸子木	19 728
2	伞花胡颓子	21 122	24	山杏	19 711
3	荒漠锦鸡儿	20 737	25	西北枸子	19 694
4	楼豆菜叶绣线菊	20 716	26	山桃	19 426
5	枣	20 645	27	中宁枸杞	19 372
6	美丽绣线菊	20 574	28	沙柳	19 305
7	达旦锦鸡儿	20 520	29	胡枝子	19 276
8	小叶鼠李	20 469	30	黄蔷薇	19 268
9	火炬树	20 444	31	杠柳	19 180
10	甘蒙怪柳	20 398	32	黄刺玫	19 125
11	细枝岩黄耆	20 386	33	忍冬	18 966
12	中国沙棘	20 377	34	梭梭	18 924
13	黄芦木	20 339	35	紫穗槐	18 920
14	黄柳	20 306	36	多花怪柳	18 807
15	小红柳	20 306	37	籽蒿	18 761
16	太平花	20 298	38	虎榛子	18 728
17	连翘	20 293	39	卫矛	18 510
18	毛樱桃	20 289	40	狼牙棒	18 426
19	文冠果	20 058	41	悬钩子	18 372
20	小蘖	19 979	42	酸枣	18 292
21	红皮沙拐枣	19 795	43	葛藤	18 208
22	紫丁香	19 791	44	狼牙刺	18 862

从表 6-21 中可以看出，44 种黄土高原主要灌木的热值比较接近，说明对于干燥的木材来说，尽管树种不同，但细胞物质是很相似的，只是在化学组成上稍有不同。因此，相似的细胞壁物质决定了树种之间热值的相似性，化学组成上的差异，又导致各树种热值之间的相异性。在 44 种灌木树种热值对比中，中国沙棘的热值位于第 12 位，达20 377 kJ/kg，已经实属不易，而且还高于黄土高原常见造林树种，证明了沙棘优良的燃烧性能。

（一）沙棘颗粒燃料

目前，生物质能应用技术，主要包括气化、液化、直接燃烧和固化成型燃烧 4 个方面，见表 6-22。

表 6-22　生物质不同应用方式

应用方式	转化方式	生物质收集半径对成本的影响	现有技术应用局限
生物质气化、液化	利用高温裂解反应或微生物发酵反应将生物质气化或液化	收集半径问题未能解决，储运成本高，严重制约着其大规模推广应用；成品成本高	气化过程中焦油问题尚未解决；前期铺设管道等投资高；使用过程存在安全隐患
生物质直接燃烧	规模化应用方式为将生物质材料加压、打包，运至电厂发电	采用加压、打包技术缩小生物质材料体积，但压缩比例小，打包成本高，收集半径仍成问题；发电成本高于燃煤火电厂	建设投资大，1 个 2×1.2 万 kW 的秸秆发电厂，需投资 1.7 亿元人民币；年处理仅 20 万 t 秸秆资源
生物质固化成型	现有技术利用木质素高温塑化成型工艺，将生物质压缩成比重 $1.1 \sim 1.4$ kg/cm^2 的成型燃料，直接燃烧或制炭等	压缩后成型燃料容重可达 625 kg/m^3，极大降低了储运成本	现有成型技术工艺复杂，成型设备体积庞大，不能移动，能耗高，成型燃料综合成本高，不具备大规模推广应用的商业条件

由表 6-22 可见，生物质能收集半径问题，始终是制约生物质能大规模应用的高成本"瓶颈"问题。在上述生物质能利用的 4 个方面，固化成型应用方式是解决收集半径的有效途径。

生物质固化成型技术能够将粉碎后的生物质原料，在一定的外力、温度和湿度的情况下压缩成具有一定长度和密度的块状、棒状和颗粒状的燃料。生物质燃料具有储运方便、燃烧热值高、无污染等优点。生物质固化成型设备主要有 3 种形式，即螺旋挤压式成型机、活塞冲压式成型机和模辊式成型机，其中模辊式成型机又可分为环模式成型机、平模式成型机和对辊式成型机。生物质固化成型影响因素的选择，对生物质固化成型过程影响显著。较高的木质素含量、适宜的原料含水率、较小的原料颗粒度、适宜的模辊间隙和模辊直径比，以及合理的成型模具结构尺寸、压辊转速、成型压力，均能够有效促进生物质的固化成型。由于各类型生物质固化成型设备的工作原理不同，都存在不同的优缺点，如何克服各类型生物质固化成型设备的不足将成为未来亟待解决的问题。发展一种低能耗、高生产率、关键零部件耐久性较强的生物质固化成型设备，将成为未来的发展方向和目标[26]。

李海龙[27]从生物质原料的组成成分入手，分析了其能被挤压成型的原因；同时，研究了生物质颗粒燃料成型的方式以及制粒时压力与密度之间的关系，并在对生物质燃料成型机理宏、微观分析的基础上，建立了成型过程中的原料颗粒机械接触几何模型；分析了影响生物质燃料成型过程及其产品性能的因素。同时，对环模成型设备结构及工作原理进行了研究，并推导了影响制粒过程的搜取角和搜取层厚度两参数的计算公式，又在此基础上对设备生产率进行了分析；建立了模孔轴向挤压力模型，并研究了环模主要失效形式的成因。并从材质、热处理工艺、模孔形状结构、开口锥度、长径比、开孔率等方面对环模和压辊进行了参数设定分析，并利用三维造型软件对其进行三维造型。还研究了成型过程中原料的流动变化规律、位移情况以及应力应变结果，并分析了不同开口锥度下的原料流动情况，找出较为适宜原料成型的模孔开口锥度；分析了不同温度载荷下原料内部的温度场分布状态，从而研究、了解生物质原料的软化和熔融温度范围，以便掌握最佳成型温度的数值大小。

下面是对清华大学 CZSN 技术（车载式生物质能生产技术的简称）的有关介绍。

1．技术基础

CZSN 技术的核心是生物质碾切搭接成型技术，保障实现了生物质的常温固化成型，以及成型设备的小型化和移动化。该技术主要包括 18 项国内专利和 3 项国际专利技术，完成了如下技术创新：

一是发明了生物质碾切搭接成型技术，与现有的木质素高温黏结成型技术相比，实现了原生态生物质不用任何添加剂、黏接剂的常温压缩成型，明显减少了固化成型工艺流程，缩小了固化成型设备体积。

二是首次提出了"车载式生物质能移动生产基站"的概念，变原有生物质固化成型的"固定式"生产为"可移动式生产基站"方式，彻底解决了生物质能收集半径问题。

三是应用生物质常温压缩固化成型新机理，极大降低了成型过程生产能耗，使生物质固化成型燃料综合成本大大降低，解决了生物质成型燃料大规模应用的经济性、实用性问题。

四是不仅解决了松散状生物质能应用的收集半径问题，而且通过新的成型机理，大大降低了固化成型燃料的综合成本，解决了生物质能大规模应用的经济性和实用性问题。

该项技术解决了生物质能应用上下游之间的高成本"瓶颈"，将对生物质能应用的各个领域产生重要的影响。

利用 CZSN 技术，提出的沙棘生物质颗粒燃料产品主要加工工艺如下：

螺旋高压推挤到加热成型炉

↓

沙棘生物质→粉碎→软化和紧密黏结→固化成型→颗粒燃料产品

↑

一定温度（通常 170～220℃）和压力下

2．成型机理

原生态生物质的结构特性，不是某一构成物质的单纯特性，而是其构成元素的综合特性。纯粹的木质素不溶于水，但具有吸水性。原生态生物质材料中木质素与水等其他元素是兼容共存的。生物质材料的力传导性极差，但通过缩短力传导距离，给其一个剪切力，可使纤维素分子团错位、变形、延展成薄片，在较小的压力下，使其相邻相嵌、层层相叠、严密包裹、重新组合而成型。利用这一原理制造的机械设备，可以实现自然含水率生物质不用任何添加剂、黏结剂的常温压缩成型。成型机理结构如图 6-38 所示。

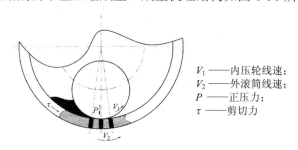

V_1 ——内压轮线速；
V_2 ——外滚筒线速；
P ——正压力；
τ ——剪切力

图 6-38　CZSN 技术成型机理结构图示

CZSN 技术比现有的热压成型技术减少了烘干、成型时加热以及降温等 3 个耗能程序，而且 CZSN 技术的颗粒燃料产品成型后可直接包装，无密封、防潮等特殊要求。此外，这两种技术在成型过程中，均不需要任何添加剂和黏结剂。CZGN 还具有以下一些技术优势：

成型设备不要庞大的电加热及温控设备系统，降低了系统的复杂程度、占地面积、厂房要求及加热所需的电耗。

变原有的"正压力高温固化成型"为"碾切薄片镶嵌成型"，解决了生物质原料"力传导性差"的问题，降低了成型所需的压力。同时，物理的压缩成型工艺，保持了生物质材料的原有特性。

常温固化成型不存在当水分过高时，加热过程中产生蒸汽的矛盾，无须严格控制含水率（8%～12%），不仅省却了复杂的干燥降温及测控系统，又降低了成型能耗。

成型棒（或粒）成品因是常温成型，无须冷却即可包装储存。

成型设备在常温下工作，提高了设备的使用寿命，使操作、维护更为方便、安全。

3．成型设备

CZSN 技术不需要在加热条件下生产，其成型能耗比国外同类产品降低 50%，每生产 1 t 生物质燃料，仅耗电约 40 kW·h，成型设备体积减少 70%，综合生产成本降低 60% 以上，去掉购买秸秆的原料成本每吨 100 元，每生产 1 t 生物质燃料的加工成本仅约 100 元，所产燃料热值为 12 560～20 934 kJ/kg，与煤炭接近。

沙棘颗粒燃料主要设备及产品如图 6-39 所示。

平板成型设备　　　　　　　　　　　　滚筒成型设备

图 6-39　沙棘颗粒燃料

黄雷[28]认为，从我国利用林木生物质能源的历史和当今国外利用这种能源形式的成功经验来看，林木生物质能源可以作为我国未来能源形式之一，只不过在其利用方式上需要加以改进，以适应未来能源利用形式的要求。

在林木生物质能源产业发展过程中，政策因素对其发展的贡献是最大的。无论是强制性的政策，还是激励性的政策，都在林木生物质能源产业的发展过程中起到了推动和引导作用，并且在很大程度上又决定了其他影响林木生物质能源产业发展的因素。当然，政策因素在整个林木生物质能源产业发展的各阶段中所起到的作用强弱是不同的，在产业发展初期，政策因素作用的力度最强；随着产业的不断成长，作用力度逐渐减弱。

资源因素是决定林木生物质能源产业能否持续发展的关键。从对现有资源和资源发展潜力的分析中可以看出，林木生物质能源产业可利用资源在总量上和发展潜力上是比较可观的。但是由于各行业之间对林木资源的争夺加剧，以及生物质能源原材料分布较为分散的弱点，在林木生物质能源产业的发展过程中，资源的供给方式在产业发展的各阶段是变化的，从分散的林木生物质原材料供给形式，向集中定点的林木生物质原材料供给形式，特别是以能源林培育基地化为主的林木生物质原材料供给方式发展。

市场因素是林木生物质能源产业发展的驱动力。但是在产业发展初期，尚处于幼稚产业阶段的林木生物质能源产业，仅仅依靠市场因素是不行的，需要前述政策因素对市场进行必要的干预，但是在产业发展的各阶段对市场干预的力度是不一样的。所以政策因素和市场因素在林木生物质能源产业发展的过程中，呈现出此消彼长的态势，它们分别是产业发展不同阶段的主要驱动力。即无论在一次能源市场还是在二次能源市场，在产业发展初期，政策因素是主要驱动力，市场因素的作用相对较弱；随着产业的不断成长，市场干预的政策则部分撤销，市场因素对产业发展的驱动作用不断增强，最终成为产业发展的主要驱动力。

技术与设备因素是影响产业发展各阶段成本的重要因素。从技术的角度上说，无论是能源林培育技术还是各种林木生物质能源产品的生产技术，对我国林木生物质能源产业发展造成的障碍并不大。但是在设备方面，无论是能源产品生产设备还是原材料预处理设备，它们的国产化率偏低，大部分设备不得不依赖于进口，无形中加大了生产成本。因此短期内需要制定优惠的设备进口政策，长远来看要加大各种设备的国产化率，尽可能降低生产成本。

（二）沙棘生物质发电

改革开放以来，我国经济实现了跨越式发展，经济总量和增长率都保持了较高的水平，年平均经济增长速度保持在 8%以上。然而，同期我国能源消费也呈现飞速增长，能源供需形势经历了一个由生产与消费基本平衡的自给自足状态到能源进口的过程。随着我国人口增长和工业化进程的加快，能源危机与环境污染，已成为制约社会经济可持续化发展的关键问题。在这种形势下，积极开发包括林木生物质能源在内的可再生能源，实现对能源资源的高效化、清洁化利用，促进能源结构从单一性向多元化转变，成为当前解决能源—经济—环境问题的重要举措之一。

生物质发电是一种高效的林木生物质能源开发利用方式。近年来，北美和欧洲的一些发达国家，在林木生物质发电的原料资源获取途径、电能转化技术和电力市场推广方面，已经取得了长足的进步。在我国，丰富的林木生物质能源资源，大量的宜林荒山荒沙地，为发展林木生物质发电产业提供了重要的资源基础。

我国发展林木生物质发电产业具有以下优点：一是资源具有可再生性，耐旱、耐贫瘠；二是不与粮食生产争地；三是改善生态环境；四是提供新的就业机会；五是带动新农村建设等。目前一些中小规模的林木生物质发电项目正在兴起，并且得到了我国政府越来越多的重视与相关政策的支持。2007 年，我国《可再生能源中长期发展规划》中提出，到 2020

年农林生物质发电总装机容量达到 2 400 万 kW 的目标，并通过颁布系列优惠政策来促进该产业的发展。林木生物质发电作为一种十分重要和有效的生物质能源利用方式，在我国的发展时机已经日趋成熟。

但是，如何合理开发林木生物质能源资源，并将其用于生物质发电，在我国还缺乏成功的案例或项目经验。相对滞后的原料供应系统、不成熟的原料要素市场，以及不断攀升的原料供应价格，严重制约了林木生物质发电在我国的形成与发展。张兰[29]从能源发展战略的角度，结合产业发展规律和资源配置的原理，对我国林木生物质发电产业化形成，以及原料资源供应问题展开了研究。研究中主要得出的结论如下：

（1）我国已经基本上具备了林木生物质发电产业兴起的技术、经济、资源和市场等基础条件，其产业化的形成与发展过程表现为零星生产、项目推广和产业化发展 3 个阶段。

（2）我国森林资源总量丰富，在满足森林系统基本功能的同时，仍有大量的林木生物质剩余物产出，且堆积在相对集中的林地，成为林木生物质发电的主要原料来源。这部分原料资源现阶段以灌木平茬剩余物、商品林采伐剩余物和薪炭林采伐物为主，专门能源林被列入未来原料供应的重要方向。通过估算我国各省区的原料资源量，发现我国林木生物质发电原料资源地区分布差异较大。

（3）原料供应系统的构建，包括原料生产技术路线和供应模式的合理设计及组合。根据对削片地点的选择提出了"林地削片""收购点削片"和"电厂削片"3 种生产技术路线；并根据原料收购方式和组织者的不同，提出了"直接收购""设置收购点"和"能源林直供"3 种基本的原料供应模式。

（4）采取工程经济估计法，从原料资源的生产和成本方面着手，选取"边际成本"为核心要素，构建原料供应成本模型，进而讨论了供应规模和成本的关系，开展了原料供应经济性分析。另外，对成本项的分解反映了技术水平、原料类型或来源以及地理交通等因素引起的原料供应经济性的差异。

（5）选定内蒙古奈曼旗和阿尔山两个地区的林木生物质发电项目案例的原料供应问题，进行了实证研究和比较分析。林木生物质发电的项目经济性研究表明，林木生物质发电项目的整体经济性较差，发电成本远远高于传统火力发电的经济成本，产业初期国家政策的大力扶持，应成为该类项目获得经济收益并且得以持续经营的必要条件。

（6）我国林木生物质发电产业布局和优先区域的选择，以地区原料资源条件、劳动力、地理交通和市场需求等作为区位因子。通过对以上各项指标进行综合评价和排序，将我国各省区划分为 4 个等级，其中内蒙古、四川和云南省区被列入 I 级优先区域，成为开展林木生物质发电项目的优先考虑区域。

王朝子[30]对某生物质发电厂的解剖发现，2015 年 1—7 月利润完成–984 万元，较设计进度减少盈利 1 647 万元。主要原因：一是利用小时增加 326 h，增加利润 369 万元；二是电价每兆瓦时升高 63.98 元，增加利润 554 万元；三是秸秆料耗升高 0.861 6 kg/（kW·h），减少利润 2 317 万元；四是秸秆单价每吨升高 9.52 元，减少利润 177 万元；五是综合厂用电率升高 2.49%，减少利润 183 万元；六是其他费用增加 287 万元，减少利润 287 万元。单从生物质燃料的角度分析存在的问题：一是燃料采购受天气、季节、假日影响较大，燃料出现硬缺口；二是受周边生物质能电厂争抢燃料影响，燃料采购价格和运距运费不断升高；三是由于软质燃料采购较少，造成燃料成本较高。原设计硬质料与软质料掺兑比为 7∶3，但目前锅炉燃烧和出力无法达到设计值，硬质燃料必须超过 82% 以上机组才能满负荷运行，硬质燃料比例的提高，拉高了燃料单价；四是与设计比，燃料价格大幅升高。设计燃料为棉花秸秆，发热量为 13 440 kJ/kg，单价为每吨 248 元。目前采购的燃料平均发热量为 10 290 kJ/kg，单价为每吨 253.14 元。

　　生物质发电厂的问题很多，但具体生物质品种的选择应是一个重要原因。沙棘枝干的燃料用途，除了传统的燃烧取能，现代技术制作生物质成型燃料，沙棘枝干还可用来直接发电，将生物质能转变为电能。如前所述，沙棘的热值高达 20 377 kJ/kg，相当于前述棉花秸秆实际热值 10 290 kJ/kg 的 1.98 倍，设计热值 13 440 kJ/kg 的 1.52 倍。这也足以证明，沙棘枝干作为生物质发电原料是相当优秀的，加之中国三北地区沙棘人工种植面积大，平茬、修枝物多，将沙棘作为主要生物质发电原料之一，并配以其他灌木或秸秆资源，将会促进我国生物质发电企业的效益的提高。

　　在沙棘生物质发电实践中，应建立健全燃料收储运服务体系，切实降低运营成本，这应该是推动这一工作的重要措施。严格沙棘枝干收储验收标准，分析水分变化对热值的影响，以质定价，控制好燃料质量。根据季节特点灵活调整好燃料收储策略，不仅局限于沙棘这一燃料品种，还应收购其他灌木、乔木或作物秸秆种类。因地因时制宜，不断改进燃料收储方式。对于沙棘枝干收储运模式，可考虑采取以下短、中、长期战略：

　　短期内，发电厂可采取自行运作，在厂区周边半径为 200 km 以内的范围内，在沙棘生物质资源较丰富的地区建立生物质原料收购点，在收购点进行燃料的初加工（压缩、打捆），并建立一定规模的初级储存场，将打捆处理后的原料进行堆垛储存。

　　中长期，发电厂可采取订单收购的方式，在厂区周边半径为 100 km 以内的范围内，对签订订单的合作者给予一定的优惠政策，鼓励广大农民或农业合作组织购买原料，加工生物质发电厂所需要的燃料，发电厂直接收购成型燃料。

　　长远考虑，发电厂可考虑向纵深发展，在厂区周边半径为 50 km 以内的范围内，直接租赁厂区附近农民的三荒地，全部回收沙棘等生物质原料。专业化程度的增加，运距的减少，将大大降低燃料成本。

四、沙棘食用菌

我国是世界上认知和利用食药用菌最早的国家，如公元前475—前221年战国时期的《列子》中就有"朽壤之上，有菌芝者"的记载。公元前239年的《吕氏春秋》上记载浙江香菇"味之美者，越骆之菌"。《神农本草经》记载灵芝有"益心气""安精魂""补肝益气""好颜色""久食可轻身不老，延年益寿"的功效。《礼记》记载"燕食所加庶馐，有芝栭"。中国也是世界上栽培食用菌最早的国家，首次栽培记录的品种超过了34个之多，而国外首次栽培的种类仅有14个。目前，食用菌产业已成为我国农业种植业中继粮食、蔬菜、果树、油料之后的第五大产业，超过了棉花、茶叶、糖类等传统产业。我国食用菌工厂化产能稳居全球首位，占全球食用菌工厂化总产量的43%。2015年产量已超过3 400万t，产值超过2 500亿元[31]。

食用菌属于异养型生物，必须由外界提供所需的养分，才能生存和生长。培养基就是用人工方法，配制各种基质，供给食用菌生长繁殖所需的营养物质。就像栽培作物需要土壤和和肥料一样，食用菌菌丝必须生长在合适的培养基上。

沙棘果渣等下脚料中含有较为丰富的营养成分，可以用作食用菌基料。为了更好地促进食用菌丝体的生长发育，可在沙棘培养基中添加适量的无机盐类或某些天然有机物，形成半合成培养基。

（一）基料制备

沙棘果渣、碎叶及枝条等，均含有较为丰富的营养成分，可用于制备食用菌基料。

1．常规工艺

利用沙棘下脚料、枝条制备食用菌基料的工艺流程如下：

```
                          辅料      加水
                           ↓        ↓
沙棘下脚料/枝条 → 晒干 → 粉碎 → 过筛 → 木屑 → 搅拌 → 过筛 → 装袋 → 灭菌 → 接种……
                                   └── 当天8 h完成 ──┘ 10 h ┘
```

同时，为了促进食用菌丝体的生长发育，可在沙棘培养基中添加适量的无机盐类或某些天然有机物，形成半合成培养基料。

2．原料配制

沙棘下脚料配方：下脚料78%，细米糠或麸皮20%，蔗糖1%，碳酸钙或石膏粉1%。料∶水=（1∶1.3）～1.5。按培养基配方要求，称取各种成分的配料，先干拌，后湿拌，注意在水中预先溶解糖、碳酸钙等各种可溶性配料，然后配入干料中。特别注意掌控含水量。

沙棘枝条配方：枝条10 kg，红糖0.4 kg，米糠或麸皮2 kg，水适量。应将枝条剪为长

10 cm 左右的小段，放入 1%糖水中浸泡约 12 h 后，与米糠或麸皮按比例拌匀。

本培养基适用于各种木生食用菌的菌种生产。

3．容器选择

包括菌瓶和栽培袋等。母种和栽培种常用透明良好的 750 mL 菌瓶，栽培种也可用直径 12～17 cm、厚度 0.04～0.06 mm 的聚丙烯或聚乙烯塑料袋。

银耳栽培多采用 12 cm×50 cm 的长袋（图 6-40），两头扎紧，上表面打 4 个接种孔。香菇栽培多采用 15～17 cm×55 cm、厚度为 0.04～0.06 mm 的长袋，两头扎紧，一面打 3 个接种穴，另一面打 2 个接种穴。黑木耳、毛木耳、平菇、金针菇多采用 17 cm×35 cm 的短袋，接种口上套颈圈、塞棉塞。

图 6-40　用沙棘下脚料制作的银耳栽培袋（新疆青河）

注意，在配料前，木屑必须过筛，以免杂物刺破塑料袋。装短袋时，塑料袋底部两端的边角要用手向内压进，以利摆放。装袋培养基要求偏紧，以便能固定成形。

4．分装与灭菌

装瓶时，手握瓶颈，瓶底在木屑料堆上进行装料。装料过程中要上下轻轻拍打几下，使培养基向下沉实，料装到瓶肩时，料面要用 T 形或 L 形工具压平。培养基的松紧度要以下部稍松、上部稍实为好。培养基装完后，用一根尖头木棒在培养基中央钻一个通达瓶底的洞，以利通气，利于菌丝繁殖。培养基装瓶结束后，把瓶子内外洗净、擦干，再塞上棉塞，包上牛皮纸。注意：在枝条装瓶后，表面再盖一薄层沙棘下脚料米糠培养基。

装瓶/装袋后，应及时进行灭菌。通过灭菌，可杀死混在培养料中的杂菌，是控制污染、取得制成功的关键措施之一。

灭菌常用高压蒸汽灭菌和常压蒸汽灭菌两种方法。用高压灭菌锅灭菌，需要 147.1 kPa 压力下保持 1.5～2 h。用常压蒸锅需要温度达 100℃后连续灭菌 6～8 h。

（二）菌种培育

包括母种、原种、栽培种培养，以及随后的栽培工作。

1. 母种培养

母种菌丝分移接入新的培养基后，应旋转在培养室或恒温箱中培养，温度控制在 23～25℃；每天检查有无杂菌感染，发现杂菌要及时淘汰，经 5～7 天待菌丝长满整个斜面后，即可用于接种原种用。

2. 原种培养

接种后的原种菌瓶，放入培养室内培养。温度一般控制在 25℃左右，空气相对湿度不要超过 75%。每天定期检查，发现有杂菌感染的瓶子要及时拣出清理。定期倒换菌种瓶的位置，使菌丝均匀生长。培养室切忌阳光直射，但也不要完全黑暗。注意通风换气，室内保持清洁。刚接种的菌瓶，瓶口向上直立放在架上，待菌丝吃料后可卧放重叠，但不要堆叠过高，瓶间要有空隙，以防温度过高造成菌丝衰老，生活力降低。在条件适宜情况下，原种培养 30～35 天，菌丝长满培养料瓶，即可扩大培养栽培种用。

3. 栽培种培养

接种后的菌袋矗立旋转在培养架上，不要卧倒叠放，否则菌种块落在代壁，影响发菌。在 25℃左右培养（草菇在 30℃左右）温度下培养，经 25～30 天，菌丝长满料袋，即可供栽培使用。

（三）栽培

栽培设施包括菇房、塑料薄膜菇棚、阳畦、荫棚、床架等（图 6-41）。

榆黄蘑　　　　　　　　　　　　　　平菇

图 6-41　沙棘下脚料培养出的食用菌（青海西宁）

栽培机具包括配料、装料、灭菌、接种、增湿及栽培等机具或容器。

食用菌的品质和营养成分随培养基配料的不同而有所区别。使用沙棘木屑培养的香菇品质好，口感脆，香气浓。辽宁建平（刘喜杰，2004）通过农业部（上海）食用菌产品质量监督检验测试中心检测，发现使用沙棘木屑培养的香菇中，对人体有利的营养保健成分含量超过其他一些树种（表6-23、表6-24）。

表6-23　沙棘下脚料与普通木屑培养基培养的营养成分检测结果

序号	检测项目	单位	检测依据	实测值			
				柞木木屑	沙棘木屑	沙棘木屑香菇	普通木屑香菇
1	全氮	%	GB 8856—1998	0.32	0.72	/	/
2	粗蛋白	%	GB/T 15673—1995	未检	未检	27.54	19.05
3	粗纤维	%	GB 10469—1989	55.49	64.45	4.15	3.57
4	粗脂肪	%	GB/T 6433—1994	0.72	0.32	2.17	1.39
5	粗灰分	%	GB 12532—1990	未检	未检	7.43	5.55
6	磷	%	GB/T 6437—1996	0.03	0.03	/	/
7	钾	mg/kg	GB/T 15402—1994	2.79×10^3	1.13×10^3	/	/
8	钙	mg/kg	GB 12398—1990	1.27×10^4	2.53×10^3	/	/
9	镁	mg/kg	GB 12396—1990	4.22×10^2	53.15	/	/
10	氨基酸		GB/T 12292—1990	—	—	—	—

表6-24　沙棘下脚料与普通木屑培养基培养的食用菌氨基酸含量检测结果　　　　单位：%

氨基酸	沙棘木屑香菇	普通木屑香菇
天门冬	1.89	1.36
苏氨酸	0.98	0.71
丝氨酸	0.91	0.69
谷氨酸	5.84	3.43
脯氨酸	/	/
甘氨酸	1.29	0.98
丙氨酸	1.06	0.80
胱氨酸	/	/
缬氨酸	1.53	0.94
蛋氨酸	0.73	0.18
异亮氨酸	1.29	0.88
亮氨酸	1.46	1.05
酪氨酸	0.24	0.22
苯丙氨酸	0.72	0.58
赖氨酸	1.67	1.65
组氨酸	1.20	0.17
精氨酸	/	0.7
色氨酸	/	/

沙棘木质组织细密，经加工后可作为香菇等食用菌（木腐菌类）的栽培料，而且由于沙棘枝干所含的特有成分，致使生产出的香菇营养保健价值大大提高，因此利用沙棘木屑栽培食用菌价值高、潜力大。

食用菌保鲜法，包括简易包装法、冷藏法、气调法、辐射法、化学法等。

食用菌深加工，包括干制、腌制以及制作菇类小食品、酒、饮料及调味品等。

食用菌栽培技术，主要包括栽培季节、场地与设施、栽培工艺及技术等，因菌种不同而异。在此不再详述。

五、其他

沙棘其他类产品，除了前述 4 大类外，还有沙棘林下经济、沙棘旅游采摘等。

（一）林下经济

沙棘林下经济，又分为种植业与养殖业两大类。沙棘林下可以间作、套种作物、牧草、药材等，前面有关种植模式章节已有所叙述。而养殖业，即在林间、林下散养鸡、鸭、鹅等禽类，以及适度规模的猪、羊等家畜类，一是沙棘林本身可以提供嫩枝叶饲料，同时沙棘林生态系统中的昆虫等更是畜禽的优质蛋白质来源；二是通过畜禽放养，直接消灭林间、林下土壤中的有害昆虫，而且动物粪便及时归还林下土壤，增加沙棘林有机肥供给。沙棘林下养殖业是一种种植、养殖双赢的模式（图 6-42），综合成本下降，经济收入倍增。

图 6-42 沙棘林下养殖（新疆额敏）

（二）旅游采摘

沙棘旅游采摘，实际上适应于三北沙棘种植的任何地区。一入秋季，红、橙、黄、绿不同色泽的沙棘果实，挂满枝头，招徕着四方的游客，或远足观光，或采摘游憩。策划好了，是一种非常好的旅游资源。

黑龙江省林口县巧用"深秋红"沙棘品种的晚熟特征，以及当地低温、果实易冻的自然条件，在每年年底 12 月甚至新年之际，举办林口县冬果沙棘节，吸引游客打冻果、拍照，提供专用场所用于联络、交流、合作，还配备有雅俗共赏的各种讲座，对当地整体知名度的提高、经济的发展，特别是沙棘产业的宣传，作用巨大（图6-43）。

图6-43　沙棘采摘文化节（黑龙江林口）

沙棘旅游业连带着交通、餐饮、住宿、娱乐、购物等关联产业，经济开发潜力和规模相当可观。在沙棘开发链条中，沙棘旅游经济有着独特的、不可替代的地位，在一些地区，有可能成为主打产业，前景十分看好。

参考文献

[1]　全国沙棘协调办公室. 中国沙棘开发利用（1985—1995）. 西安：西北大学出版社，1995：2.

[2]　胡建忠. 沙棘的生态经济价值及综合开发利用技术. 郑州：黄河水利出版社，2002：184-185.

[3]　严娅. 沙棘叶茶加工工艺研究. 乌鲁木齐：新疆农业大学，2015.

[4]　江平安. 功能性食品与药食同源之说探析. 食品工业科技，1995（3）：68-69.

[5]　陈雪峰，李广亮. 沙棘低度白酒的研制. 西北轻工业学院学报，1996，14（2）：103-107.

[6]　刘岩松. 沙棘果酒的研制. 酿酒科技，2003（2）：84-85.

[7]　赵宏军. 沙棘果酒的研制. 呼和浩特：内蒙古农业大学，2010.

[8]　侯廷帅. 沙棘汽酒的研制. 天津：天津科技大学，2015.

[9]　林崇德. 心理学大辞典. 上海：上海教育出版社，2003：1-25.

[10]　张卫明. 植物资源开发研究与应用. 南京：东南大学出版社，2005：203-233.

[11]　国家药典委员会. 中华人民共和国药典（2010年版）一部. 北京：中国医药科技出版社，2010：171-172.

[12]　胡建忠，邰源临，李永海，等. 砒砂岩区沙棘生态控制系统工程及产业化开发. 北京：中国水利水电出版社，2015：348-357.

[13]　赵楠. 2018年全球饲料业全景：尽管挑战重重，全球配合饲料产量仍增加. 产业经济，2018，54（8）：153-156.

[14]　崔敏，段新芳，吕斌，等. 我国人造板标准化工作现状及建议. 木材工业，2013，27（1）：28-31.

[15]　马爽，赵金龙，田明华. 中国人造板产业内贸易情况及影响因素分析. 林业经济，2018（4）：70-74.

[16]　王真洁，高立. 人造板产品在现代室内装修中应用与需求. 中国人造板，2018，25（4）：22-25.

[17]　王喜明，高志悦. 沙生灌木人造板的生产工艺和关键技术. 木材工业，2003，17（1）：11-13.

[18]　成俊卿. 木材学. 北京：中国林业出版社，1995：76-98.

[19]　陆仁书. 刨花板制造学（第2版）. 北京：中国林业出版社，1992：122-143.

[20]　蔡力平. 木材加工优化技术. 哈尔滨：东北林业大学出版社，1992：46-82.

[21]　陆仁书，花军，濮安彬，等. 论发展麦秸人造板的生态效应. 世界林业研究，1999，12（6）：28-31.

[22]　李立，周泽生，汪有科，等. 黄土高原水土保持型薪炭林建立途径的研究. 中国科学院水利部西北水土保持研究所集刊，1992（15）：1-18.

[23]　李立，周泽生，王晗生，等. 黄土高原主要树（草）热值试验. 中国科学院水利部西北水土保持研究所集刊，1992（15）：97-102.

[24]　汪有科，王晗生，付左，等. 薪炭林植物选择指标数值分析. 中国科学院水利部西北水土保持研究所集刊，1992（15）：124-130.

[25]　赵金荣，孙立达，朱金兆. 黄土高原水土保持灌木. 北京：中国林业出版社，1994：322-323.

[26]　宁廷州，刘鹏，侯书林. 生物质固化成型设备及其成型影响因素分析. 可再生能源，2017，35（1）：135-140.

[27]　李海龙. 生物质颗粒燃料成型技术及设备研究. 昆明：昆明理工大学，2017.

[28]　黄雷. 中国开发林木生物质能源与其产业发展研究. 北京：北京林业大学，2008.

[29] 张兰. 中国林木生物质发电原料供应与产业化研究. 北京：北京林业大学，2010.

[30] 王朝子. 生物质能发电厂的实践与思考. 中国电力企业管理，2018（5）：80-82.

[31] 李玉. 中国食用菌产业发展现状、机遇和挑战——走中国特色菇业发展之路，实现食用菌产业强国之梦. 菌物研究，2018，16（3）：125-131.

跋

凡事预则立，不预则废。在三北地区开展沙棘工业原料林建设，既不会一蹴而就，更不会一帆风顺。按照本书框架建设沙棘工业原料林，不仅要关心其面积、产量，更要关心这些资源的去向，市场能否消化得了这些资源。如果市场能够有效消化沙棘资源产量，一切进入良性运转，本书写作的目的就已达到。

第一节　三北地区沙棘工业原料林面积和果实产量预估

目前，国内沙棘资源面积数量多沿用 20 世纪 80 年代数据，而工业原料林面积更无从查到。本书所谈面积均是近年来作者典型调研后概括而得。至于产量，更是水分很大。书中有关建成面积、新建面积、果实产量数据，均非官方数据，仅供参考。

一、适宜种植面积区划

从现阶段来看，分析现有企业、现有宜林地，特别是地方政府、部门意愿，三北地区可以建成的沙棘工业原料林面积以 120 万亩为宜，其中已建成 50 万亩，拟新建 70 万亩。

在东北"自然型"沙棘种植区 30 万亩沙棘工业原料林面积中，包括已建的 12 万亩面积，需要新建 18 万亩面积，主要布局于黑龙江省。

在华北北部"集流型"沙棘种植区 10 万亩沙棘工业原料林面积中，已建面积太少，可以忽略不计，全应为新建面积，主要布局于辽宁阜新、朝阳，河北承德、张家口，内蒙古赤峰等地。

在黄土高原中部"集流型"沙棘种植区 20 万亩沙棘工业原料林面积中，已建面积 5 万亩，拟新建面积 15 万亩，主要布局于山西省大同、忻州、朔州、吕梁，内蒙古鄂尔多斯，陕西榆林、延安、咸阳，甘肃庆阳、平凉、天水、定西、甘南、陇南，宁夏固原等地。

河套"灌溉型"沙棘种植区 2 万亩沙棘工业原料林面积中，已建面积几乎没有，全应为新建面积，主要布局于内蒙古前套（呼和浩特市、包头等）、后套（巴彦淖尔），以及宁夏西套（银川、中卫等）。

河西走廊"灌溉型"沙棘种植区 3 万亩沙棘工业原料林面积中，全应为新建面积，主要布局于甘肃武威、张掖等地。

在新疆北疆/南疆"灌溉型"沙棘种植区 55 万亩沙棘工业原料林面积中，包括已建的 33 万亩面积，需要新建 22 万亩，主要布局于新疆北疆的阿勒泰、塔城、伊犁、石河子、克拉玛依、乌鲁木齐、昌吉、博州等地，南疆的克州、阿克苏、喀什、和田等地。

作为一项成熟产业的资源面积，从全球来看基本上都是稳定的，如法国普罗旺斯的薰衣草面积，多年来种植面积维持不变；面积过大，必然物贱伤农，甚至毁掉整体产业。按 120 万亩区划方案、在 5 年内全部实施完毕，则在此后较长一个时间段内（至少 10 年），这一面积要保持动态平衡，即通过老龄林抚育或更新的"以新换老"措施，保持总面积基本不变。

二、果实产量估算

按 5 年进入盛果期，东北采果持续 10 年、新疆（含河套、河西走廊）采果持续 7 年、其他地区（华北北部、黄土高原中部）持续 5 年，均发生大小年，匡算如下：

东北"自然型"沙棘种植区：面积 30 万亩，亩产每年 0.9 t，生长周期 15 年（盛果期 10 年），平均亩产为 0.9 t/a×10 年÷2÷15＝0.3 t（按 15 年平均）；该区每年共可生产沙棘果实：0.3 t/亩×30 万亩＝9 万 t。

华北北部"集流型"沙棘种植区：面积 10 万亩，亩产每年 0.6 t，生长周期 10 年（盛果期 5 年），平均亩产为 0.6 t/a×5 年÷2÷10＝0.15 t（按 10 年平均）；该区每年共可生产沙棘果实：0.15 t/亩×10 万亩＝1.5 万 t。

黄土高原中部"集流型"沙棘种植区：面积 20 万亩，亩产每年 0.6 t，生长周期 10 年（盛果期 5 年），平均亩产为 0.6 t/a×5 年÷2÷10＝0.15 t（按 10 年平均）；该区每年共可生产沙棘果实：0.15 t/亩×20 万亩＝3 万 t。

河套"灌溉型"沙棘种植区：面积 2 万亩，亩产每年 0.9 t，生长周期 12 年（盛果期 7 年），平均亩产为 0.9 t/a×7 年÷2÷12＝0.262 5 t（按 12 年平均）；该区每年共可生产沙棘果实：0.262 5 t/亩×2 万亩＝0.525 万 t。

河西走廊"灌溉型"沙棘种植区：面积 3 万亩，亩产每年 0.9 t，生长周期 12 年（盛果期 7 年），平均亩产为 0.9 t/a×7 年÷2÷12＝0.262 5 t（按 12 年平均）；该区每年共可生产沙棘果实：0.262 5 t/亩×3 万亩＝0.787 5 万 t。

新疆北疆/南疆"灌溉型"沙棘种植区：面积 55 万亩，亩产每年 0.9 t，生长周期 12 年（盛果期 7 年），平均亩产为 0.9 t/a×7 年÷2÷12＝0.262 5 t（按 12 年平均）；该区每年共可生产沙棘果实：0.262 5 t/亩×55 万亩＝14.437 5 万 t。

则：三北地区每年可生产沙棘果实：9+1.5+3+0.525+0.787 5+14.437 5＝29.775 5 万 t≈30 万 t。

鉴于目前叶子作为资源加工茶叶、饲料等的产业、市场还很小，而且叶子资源量足够使用，因此，叶子产量估算在此省略。

第二节　三北地区沙棘工业原料林果实资源开发利用最佳方向确定

沙棘果实年产量30万 t，多吗？看看国内当家水果品种的年产量：苹果超过4 000万 t，柑桔接近4 000万 t，葡萄接近2 000万 t！沙棘仅有这些单种水果的1/100左右！看来，关键是其开发利用方向的科学谋划！

未来预测期间（5～15年）内，对于每年生产的30万 t沙棘果实资源量，科学预测的原料流向主要有：单一沙棘综合开发、沙棘与其他果品的复合开发、沙棘果鲜食和沙棘冻果出口4个方面。

一、单一沙棘综合开发

这一方向预计消耗沙棘果实原料量12万 t，主要用于沙棘食品类、保健品类、药品类、化妆品类等前述十大类产品的开发，也就是近30多年来的主战场。市场布局基本完成，重要工作是精益求精，狠抓产品质量，出大招，占领市场，增加销售额。

二、沙棘+其他果品饮料开发

这一方向预计消耗沙棘果实原料量5万 t，主要用于与其他大宗果品一起生产复合饮料，如沙棘+柑桔、沙棘+苹果、沙棘+葡萄等。这一领域是新增的，需要重新瓜分市场、切蛋糕，占领他人地盘，想方设法打入或联合其他大宗果类产品市场，搞联合开发。因此，需要姿态低一些，与其他果品业无缝链接，保证提供优质原料。剩下的事，就是做好产品宣传营销。

三、沙棘果鲜食

这一方向预计消耗沙棘果实原料量5万 t，提供沙棘果给普通大众百姓，让沙棘果进入普通百姓家餐桌。沙棘直接鲜食，拌糖上餐桌，做成沙棘蛋糕，用沙棘炒菜、炖菜，作为一种新型食材，推而广之。特别是作为第三代水果的头牌，要努力将沙棘果打入超市，并在大型批发市场占有一席之地。

四、沙棘冻果出口

这一方向预计消耗沙棘果实原料量8万 t，出口到不产沙棘或沙棘资源量少的国家和地区，如东亚、北美、欧洲、非洲等。这些市场原来就有，量不大不小，随经济、政治等摆动很大。这方面关键是做好产地和产品两方面的绿色认证，按照欧盟、北美、日本等的具体要求办事。

第三节　三北地区沙棘工业原料林资源建设与开发利用成败的确保措施

沙棘资源建设、开发利用以及营销工作，三个领域三个战场，丝丝紧扣，环环相通，容不得一点马虎。

一、加强基础研发

有关沙棘基础研发，主要包括品种和产品工艺。

沙棘工业原料林建设，需要的是好的沙棘品种。因此，通过选、引、育等传统手段，或倍性育种、分子育种、转基因育种等现代手段，不断研发、创新出新的优良品种来，方能为上述布局保驾护航。

沙棘产品也要有好的品牌、好的点子和好的谋略。先进的设备，科学的工艺，认真的态度，肯定是保证产品质量的关键。但还要进行攻关研发，不断创新，永远较同行领先一步。勤勤恳恳做事，踏踏实实做人，也是必不可少的。

二、种植、加工各司其职

种植与加工是上下游关系，虽然各司其职，但也相互影响，彼此间作用与反作用共存。种植要提供优质沙棘果实，加工要提供适销对路的沙棘产品。只有这样，才能互相促进，共同进步。

三、狠抓销售，纲举目张

再好的沙棘产品，也需要销售人员的艰辛工作，方能卖出去，回收投入，实现盈利。

在种植、加工、销售三者中，虽然都相当重要，但销售更加重要。内蒙古鄂尔多斯有家企业直接聘请东部的销售团队来，全权委托专业团队搞销售，效果很好。中西部地区有好的资源，最为缺少的是销售人才。销售好了，可以反弹琵琶，能够加大种植投入、加工投入，并形成良性循环。

第一作者简介

胡建忠，男，甘肃天水人，农学博士，理学博士后，教授。先后师从于我国著名水土保持学家、北京林业大学高志义教授，著名林业生态工程专家、北京林业大学原校长朱金兆教授，著名生态学家、中国科学院院士、中国林业科学研究院蒋有绪研究员等。曾任水利部黄河水利委员会西峰水土保持科学试验站总工、青海省大通县副县长等职，现任水利部水土保持植物开发管理中心科技合作处处长。在《中国水土保持科学》《水土保持学报》《水土保持通报》等刊物发表科技论文 200 余篇。出版专著 13 部，其代表性著作有：《黄土高原重点水土流失区生态经济型乔木树种的区位环境适宜性》（2000 年）、《沙棘的生态经济价值及综合开发利用技术》（2000 年）、《植物引种栽培试验研究方法》（2002 年）、《国外优良草本植物在黄土高原引种的适应性与生态经济价值》（2004 年）、《黄河上游退耕还林还草工程区植被恢复重建与可持续经营技术》（2007 年）、《砒砂岩区沙棘生态控制系统工程及产业化开发体系》（2015 年）、《南方坡耕地苎麻生态产业化体系建设》（2015 年）、《全国水土流失区高效水土保持植物资源配置与开发利用》（2016 年）、《全国忍冬属药典植物生态建设与开发利用》（2016 年）等。目前主要从事生态修复、植物开发等方面的研发和推广工作。

内容简介

本书开宗明义，首先点明沙棘工业原料林的概念，指出它包含国家林业行业标准中一级林种——用材林的二级林种——工业纤维林，一级林种——薪炭林，以及一级林种——经济林的二级林种——果品林、其他经济林，用于反映我国三北地区以经济利用为主要目的的沙棘人工林，而不同于一般的沙棘生态林。沙棘工业原料林的建设，既是解决企业原料供给、增加农民收入的重要手段，也是有效保护现有天然林资源和公益林的客观要求。书中首次将全国沙棘工业原料林种植区域，划分为半润湿气候"自然型"沙棘种植带、半干旱气候"集流型"沙棘种植带、干旱气候"灌溉型"沙棘种植带等 3 个一级区，又在每个一级区下，按现阶段适宜种植的范围划出 7 个二级区——东北"自然型"沙棘种植区、华北北部"集流型"沙棘种植区、黄土高原中北部"集流型"沙棘种植区、河套"灌溉型"沙棘种植区、河西走廊"灌溉型"沙棘种植区、北疆"灌溉型"沙棘种植区、南疆"灌溉型"沙棘种植区，并就每个二级区提出了良种选择、苗木繁育、种植模式等对应方案，在此基础上，简要介绍了沙棘果实、枝、叶的采收和储运，详述了资源初加工和有效成分提取方法，特别是对 10 大类沙棘产品的开发利用工艺技术，浓墨重彩，用笔颇多。为了方便规划设计参考，书中对食品类、保健品类、药品类、化妆品类等 4 大类开发利用，均专门列有主要加工设备设施一节，附有较为详尽的设备清单等资料。全书基于生态文明建设，着眼于培育沙棘生态产业化体系，努力推动从"绿水青山"向"金山银山"的转变与交融，立意新颖，信息量大，知识点多，且图文并茂，注重方法，深入浅出，可供从事农业、林业、水保、生态、环境、医药、食品等方面科研、生产、管理人员，以及有关大专院校师生参考使用。

丘伊斯克

橙色

巨人

优胜

太阳

克拉维迪亚

伊丽莎白

格诺姆

阿尔泰斯卡亚

伊尼亚

杰塞尔

苏达鲁斯卡

热姆丘任娜

蒙中红

达拉特

俄中丰

大田硬枝扦插（黑龙江绥棱）

大田硬枝扦插苗人工拔草（辽宁阜新）

大棚硬枝扦插苗（新疆青河）

大田硬枝扦插苗（新疆布尔津）

大棚硬枝扦插苗（新疆额敏）

大棚嫩枝扦插苗（黑龙江孙吴）

全光喷雾嫩枝扦插苗（甘肃庆阳）

大田嫩枝扦插（新疆温宿）

东北小兴岭余脉沙棘工业原料林（黑龙江林口）

神东矿区复垦沙棘工业原料林（内蒙古鄂尔多斯）

戈壁滩沙棘工业原料林（新疆青河）

东北漫川漫岗区沙棘+菜豆（黑龙江孙吴）

河套平原沙棘+油葵（内蒙古达拉特）

北疆阿尔泰山麓沙棘+小麦（新疆青河）

北疆准噶尔盆地沙棘+雪菊（新疆布尔津）

北疆准噶尔盆地沙棘+西瓜（新疆哈巴河）

林地配套大型悬臂式喷灌机（内蒙古达拉特）

荒漠林地利用洪水漫灌淤地（新疆温宿）

荒漠化土地必备厩肥（新疆青河）

沙棘种植园防鸟网（甘肃庆阳）

剪果枝（内蒙古鄂尔多斯）

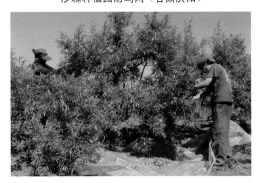
手工采果（黑龙江孙吴）

冻果（黑龙江林口）

打冻果（黑龙江林口）

沙棘干果

沙棘汁

沙棘原浆

沙棘茶

沙棘调味品

沙棘保健品

沙棘药品

沙棘化妆品

考察沙棘品种试验圃（内蒙古准格尔）

考察沙棘工业原料林资源建设（内蒙古达拉特）

调研沙棘野生资源（青海达日）

检查沙棘引种试验（新疆额敏）

考察沙棘工业原料林资源建设（新疆温宿）

考察沙棘工业原料林资源建设（新疆额敏）

检查沙棘抗旱试验（辽宁沈阳）

考察沙棘企业（黑龙江延寿）

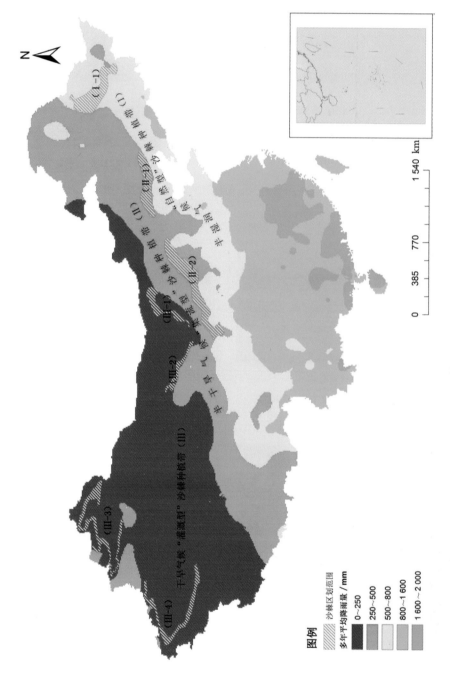

图例

▨	沙棘区划范围

多年平均降雨量/mm

▨	0~250
▨	250~500
▨	500~800
▨	800~1 600
▨	1 600~2 000

三北地区沙棘工业原料林建设区划图

干旱气候"灌溉型"沙棘种植带（III）

（III-3）
（III-4）
（III-2）
（III-1）

半干旱气候"集流型"沙棘种植带（II）

（II-2）
（II-1）

湿润气候"自然型"沙棘种植带（I）

（I-1）

0　　385　770　　　1 540 km

N